工程软件数控加工自动编程经典实例

UG 数控加工自动编程经典实例教程

第 2 版

肖军民　编　著

机械工业出版社

全书内容共分 6 章，第 1 章介绍 UG NX8.0 软件及数控编程技术；第 2 章介绍 3 个典型二维零件的数控编程；第 3 章介绍 3 个典型三维曲面零件的数控编程；第 4 章介绍 3 个典型数控技工及技师鉴定零件的数控编程；第 5 章介绍 2 个典型模具成形零件的数控编程；第 6 章介绍 3 个典型多轴加工零件的数控编程。第 2～6 章均配以图片详细演示了其自动编程的步骤和技巧。为便于读者学习，本书同时配备光盘，盘中含书中实例及练习文件。

　　本书可以供普通高等学校、高等职业技术学院作为教材使用，同时也可以供工厂、企业、大专院校等从事 CAD/CAM 的专业人员使用。

图书在版编目（CIP）数据

UG 数控加工自动编程经典实例教程/肖军民编著. —2 版.
—北京：机械工业出版社，2015.8（2018.1 重印）
（工程软件数控加工自动编程经典实例）
ISBN 978-7-111-51228-8

Ⅰ . ①U… Ⅱ . ①肖… Ⅲ . ①数控机床—加工—计算机辅助设计—应用软件
Ⅳ . ①TG659-39

中国版本图书馆 CIP 数据核字（2015）第 195530 号

机械工业出版社（北京市百万庄大街 22 号 邮政编码 100037）

策划编辑：周国萍 责任编辑：周国萍
责任校对：张玉琴 封面设计：马精明
责任印制：李 洋

三河市国英印务有限公司印刷

2018 年 1 月第 2 版第 3 次印刷
184mm×260mm · 16 印张 · 396 千字
4001— 5000 册
标准书号：ISBN 978-7-111-51228-8
　　　　　ISBN 978-7-89405-815-7（光盘）
定价：46.00 元（含 1CD）

第 2 版前言

UG 是集 CAD/CAE/CAM 于一体的三维参数化软件，被广泛应用于航空、航天、汽车、造船、通用机械和电子等工业领域。UG NX 8.0 为用户提供了一套集成的、全面的产品开发解决方案，逐渐成为业界所公认的领先软件，牢固地占领了高端产品设计和制造领域的大部分市场。

UG 数控加工自动编程模块（CAM 模块）为数控机床编程提供了一套经过企业生产实践证明的完整解决方案，即先进的编程技术和一个完整的 NC 编程系统所需的全部组件，改善了 NC 编程和加工过程，提高了产品加工质量与制造效率。UG CAM 模块提供了数控车床、数控铣床（加工中心）、线切割机床等多个功能强大的数控编程子模块。其中，UG CAM 的数控铣床（加工中心）编程模块不仅可以实现所有二轴联动、三轴联动、四轴联动和五轴联动的数控编程，而且支持高速铣削的数控编程。UG NX 8.0 对多轴加工过程中的过切和干涉问题处理更加智能化，编程者利用 UG NX 8.0 的整体叶轮五轴铣模块已可方便实现像整体叶轮等复杂五轴零件的数控编程。

本书在介绍 UG 软件和数控编程技术的基础上，通过对典型零件数控编程的详细讲解，向读者清晰地展示了 UG 软件数控加工模块的主要功能和操作技巧。根据读者的反映和数控技术的最新发展，在保留第 1 版 8 个经典编程实例的基础上，又重新精选了 6 个数控编程实例。这 14 个典型实例包括了普通机械零件、三维曲面模型零件、数控技工及技师实操考试零件、模具成形零件和多轴加工零件（包含整体叶轮五轴零件）。

全书内容共分 6 章，第 1 章介绍 UG NX 8.0 软件及数控编程技术；第 2 章介绍 3 个典型二维零件的数控编程；第 3 章介绍 3 个典型三维曲面零件的数控编程；第 4 章介绍 3 个典型数控技工及技师鉴定零件的数控编程；第 5 章介绍 2 个典型模具成形零件的数控编程；第 6 章介绍 3 个典型多轴加工零件的数控编程。第 2～6 章均配以图片详细演示了其自动编程的步骤和技巧。

本书结构紧凑，实例丰富而经典，讲解详细且通俗易懂，能帮助 UG NX 8.0 用户迅速掌握和全面提高 UG 软件数控编程的操作技能，对具有一定数控编程基础的用户也有非常好的参考使用价值。本书可以供普通高等学校、高等职业技术学院作为教材使用，同时也可供工厂、企业等从事 CAD/CAM 的专业人员使用。

为方便读者学习，书中所有实例的 UG CAD 实体模型文件都收录在本书配套光盘的"Source"文件夹中。光盘中的内容是按照书中的章节来组织的，每个文件夹的数字即对应书中相应的章节。为了使读者更好地完成书中所有实例的编程操作，光盘中除提供每个实例的 CAD 模型之外，还提供了作者已编程完成的 UG CAM 文件，这将非常便于读者参考和自学。为了加强学习效果，本光盘还为读者提供了针对性极强的训练题。

全书由中山职业技术学院肖军民编写，由于作者水平和时间有限，书中疏漏之处在所难免，恳请使用本书的专家和读者批评指正。

肖军民

目　　录

第 2 版前言

第 1 章　UG 软件与数控加工概述 1

1.1　UG 软件概述 1

1.1.1　UG 软件的历史及应用 1

1.1.2　UG 软件的特点 1

1.2　UG 软件数控加工自动编程模块 2

1.2.1　UG 软件 CAM 功能模块 2

1.2.2　UG CAM 数控铣自动编程模块 3

1.2.3　UG 数控加工自动编程的基本流程 4

1.2.4　其他发展较为成熟的 CAM 软件 5

1.3　UG NX 8.0 无法启动的解决方案 6

1.4　UG NX 8.0 数控加工操作界面及公用项 9

1.4.1　UG NX 8.0 数控加工操作界面 9

1.4.2　UG NX 8.0 公用项 12

1.5　UG NX 8.0 软件安装 16

1.6　数控编程技术 18

1.6.1　数控技术的发展趋势 18

1.6.2　数控加工编程的结构和代码 20

1.6.3　机床原点及工件坐标系 21

1.7　数控加工工艺 21

1.7.1　零件的数控加工工艺性分析 21

1.7.2　数控加工方法的选择与方案的制订 22

1.7.3　逆铣与顺铣的概念及选择 23

1.7.4　数控加工切削液的选择 24

1.8　数控加工刀具的选择 26

1.8.1　刀具材料的选择 26

1.8.2　铣削刀具类型的选择 27

1.8.3　铣削刀具大小和长度的确定 29

1.8.4　刀具几何参数的选择 30

1.9　数控切削参数的确定与计算 31

1.9.1　数控切削参数的确定 31

1.9.2　数控切削参数计算实例 33

第 2 章　典型二维零件数控加工自动编程实例 36

2.1　二维数控加工概述 36

2.1.1　二维数控加工刀具轨迹生成 36

2.1.2　UG 二维数控加工功能 37

2.1.3　二维数控加工时应注意的问题 39

2.2　平面凸轮零件数控加工自动编程 39

2.2.1　实例介绍 39

2.2.2　数控加工工艺分析 39

2.2.3　创建数控编程的准备操作 40

2.2.4　创建数控编程的加工操作 42

2.2.5　实体模拟仿真加工 51

2.2.6　后处理与数控代码输出 51

2.2.7　实例小结 53

2.3　注塑模 B 板零件数控加工自动编程 53

2.3.1　实例介绍 53

2.3.2　数控加工工艺分析 53

2.3.3　创建数控编程的准备操作 54

2.3.4　创建数控编程的加工操作 57

2.3.5　实体模拟仿真加工 66

2.3.6　实例小结 66

2.4　平面印章零件数控加工自动编程 67

2.4.1　实例介绍 67

2.4.2　数控加工工艺分析 67

2.4.3　创建数控编程的准备操作 67

2.4.4　创建数控编程的加工操作 69

2.4.5　实体模拟仿真加工 76

2.4.6　实例小结 76

2.5　数控加工自动编程训练题 77

第 3 章　典型三维曲面零件数控加工自动编程实例 78

3.1　三维曲面数控加工概述 78

3.1.1　曲面数控加工刀具轨迹生成 78

3.1.2　UG 曲面数控加工功能 79

3.1.3　数控铣削曲面时应注意的问题 80

3.2　锥形椭圆曲面零件数控加工自动编程 81

3.2.1　实例介绍 81

3.2.2　数控加工工艺分析 81

3.2.3　创建数控编程的准备操作 81

3.2.4　创建数控编程的加工操作 84

3.2.5　实体模拟仿真加工 93

3.2.6　实例小结 93

3.3　电吹风外壳曲面零件数控加工自动编程 94

3.3.1　实例介绍 94

3.3.2　数控加工工艺分析 94

　　　3.3.3　创建数控编程的准备操作 94

　　　3.3.4　创建数控编程的加工操作 96

　　　3.3.5　实体模拟仿真加工 103

　　　3.3.6　实例小结 104

　3.4　手机外壳曲面零件数控加工自动编程 104

　　　3.4.1　实例介绍 104

　　　3.4.2　数控加工工艺分析 104

　　　3.4.3　创建数控编程的准备操作 105

　　　3.4.4　创建数控编程的加工操作 106

　　　3.4.5　实体模拟仿真加工 115

　　　3.4.6　实例小结 116

　3.5　数控加工自动编程训练题 116

第 4 章　典型数控铣职业资格考试零件数控加工自动编程实例 117

　4.1　数控技工职业资格考试概述 117

　　　4.1.1　高级数控铣床操作工要求 117

　　　4.1.2　数控铣技工实操考试评分标准 119

　　　4.1.3　数控铣技工技能鉴定考试说明 119

　4.2　典型中级工技能鉴定零件数控加工自动编程 120

　　　4.2.1　实例介绍 120

　　　4.2.2　数控加工工艺分析 120

　　　4.2.3　创建数控编程的准备操作 121

　　　4.2.4　创建数控编程的加工操作 123

　　　4.2.5　实体模拟仿真加工 133

　　　4.2.6　实例小结 134

　4.3　典型高级工技能鉴定零件数控加工自动编程 134

　　　4.3.1　实例介绍 134

　　　4.3.2　数控加工工艺分析 134

　　　4.3.3　创建数控编程的准备操作 135

　　　4.3.4　创建数控编程的加工操作 136

　　　4.3.5　实体模拟仿真加工 147

　　　4.3.6　实例小结 147

　4.4　典型技师技能鉴定零件数控加工自动编程 148

　　　4.4.1　实例介绍 148

　　　4.4.2　数控加工工艺分析 148

　　　4.4.3　创建数控编程的准备操作 149

　　　4.4.4　创建数控编程的加工操作 151

　　　4.4.5　实体模拟仿真加工 158

　　　4.4.6　实例小结 158

　4.5　数控加工自动编程训练题 158

第 5 章 典型模具成形零件数控加工自动编程实例 160

5.1 模具成形零件数控加工概述 160
5.1.1 模具加工的特点 160
5.1.2 模具数控加工的技术要点 160
5.1.3 数控铣床在模具加工中的主要应用 161
5.1.4 模具分类及结构 161

5.2 电风扇整体叶轮模具成形零件数控加工自动编程 163
5.2.1 实例介绍 163
5.2.2 数控加工工艺分析 163
5.2.3 创建数控编程的准备操作 163
5.2.4 创建数控编程的加工操作 166
5.2.5 实体模拟仿真加工 182
5.2.6 实例小结 182

5.3 曲面分型面注塑模型腔零件数控加工自动编程 183
5.3.1 实例介绍 183
5.3.2 数控加工工艺分析 183
5.3.3 创建数控编程的准备操作 183
5.3.4 创建数控编程的加工操作 185
5.3.5 实体模拟仿真加工 194
5.3.6 实例小结 194

5.4 数控加工自动编程训练题 195

第 6 章 典型零件多轴数控加工自动编程实例 196

6.1 多轴数控加工概述 196
6.1.1 多轴数控铣床的结构 196
6.1.2 多轴数控铣床的优点 197
6.1.3 多轴数控铣削编程技术 198
6.1.4 多轴数控加工仿真技术 199

6.2 典型非规整圆柱形零件四轴数控加工自动编程 199
6.2.1 实例介绍 199
6.2.2 数控加工工艺分析 199
6.2.3 创建数控编程的准备操作 200
6.2.4 创建数控编程的加工操作 201
6.2.5 实体模拟仿真加工 212
6.2.6 实例小结 213

6.3 典型"3+2"五轴加工件数控程序编制 213
6.3.1 实例介绍 213
6.3.2 数控加工工艺分析 213
6.3.3 创建数控编程的准备操作 214
6.3.4 创建数控编程的加工操作 216

6.3.5　实体模拟仿真加工 223

6.3.6　实例小结 223

6.4　整体叶轮零件五轴数控加工自动编程 224

6.4.1　实例介绍 224

6.4.2　数控加工工艺分析 224

6.4.3　创建数控编程的准备操作 225

6.4.4　创建五轴数控加工程序 234

6.4.5　实体模拟仿真加工 240

6.4.6　实例小结 241

6.5　数控加工自动编程训练题 241

附　　录 242

附录 A　常用材料数控铣削切削用量参考表 242

附录 B　孔数控切削用量参考表 245

附录 C　孔数控切削加工方式及加工余量参考表 247

参考文献 248

第1章 UG 软件与数控加工概述

1.1 UG 软件概述

Unigraphics（简称 UG）是集 CAD/CAE/CAM 一体的三维参数化软件，是当今世界最先进的计算机辅助设计、分析和制造软件之一，广泛应用于航空、航天、汽车、造船、通用机械和电子等工业领域。

1.1.1 UG 软件的历史及应用

1983 年，UG 产品进入市场；1990 年，UG 产品作为 McDonnell Douglas（现在的波音公司）的机械 CAD/CAM/CAE 标准；1995 年，UG 产品首次发布 Windows NT 版本；2000 年，UG 发布新版本——UG V17，从而使 UGS 成为工业界第一个可装载包含深层嵌入"基于工程知识"（KBE）语言的世界级 MCAD 软件产品的主要供应商；2001 年，发布新版本——UG V18，对旧版本中的对话框做了大量调整，使设计者在更少的对话框中完成更多的工作，从而使设计工作变得更加便捷；2001 年以后，分别又发布了 NX 1.0、NX 2.0、NX 3.0、NX 4.0、NX 5.0、NX 6.0、NX 8.0。UG 在 NX 5.0 版本之后，被德国的 SIEMENS 公司收购，UG 软件由美国公司所有变为由德国公司所有，在 NX6.0 版本的主界面中也出现了"SIEMENS"字样。

UG 在机械设计和数控加工领域得到了广泛的应用。多年来，UG 一直支持美国通用汽车公司实施目前全球最大的虚拟产品开发项目，同时 UG 也是日本著名汽车零部件制造商 DENSO 公司的计算机应用标准，并在全球汽车行业得到了很大的应用，如 Navistar、底特律柴油机厂、Winnebago 和 Robert Bosch AG 等。另外，UG 在航空领域也有很好的表现：在美国的航空业，安装了超过 10000 套 UG 软件；在俄罗斯航空业，UG 具有 90%以上的市场；在北美汽轮机市场，UG 占 80%。UG 在喷气发动机行业也占有领先地位，拥有如 Pratt & Whitney 和 GE 喷气发动机公司这样的知名客户。航空业的其他客户还有 B/E 航空公司、波音公司、以色列飞机公司、英国航空公司、Northrop Grumman 和伊尔飞机公司等。

1.1.2 UG 软件的特点

UG 软件 CAD/CAM/CAE 系统提供了一个基于过程的产品设计环境，使产品开发从设计到加工真正实现了数据的无缝集成，从而优化了企业的产品设计与制造。UG 面向过程驱动的技术是虚拟产品开发的关键技术，在面向过程驱动技术的环境中，用户的全部产品以及精确的数据模型能够在产品开发全过程的各个环节保持相关，从而有效地实现了并行工程。UG 不仅具有强大的实体造型、曲面造型、虚拟装配和产生工程图等设计功能；而且在设计过程中可进行有限元分析、机构运动分析、动力学分析和仿真模拟，提高设计的可靠性；同时可用建立的三维模型直接生成数控代码，用于产品的数控加工，其后处理程序支持多种类型的数控机床。另外，它所提供的二次开发语言 UG/OPen GRIP、UG/open API 简单易学，可实现功能多，便于用户开发专用的 CAD 系统。具体来说，该软件具有以下特点：

1）具有统一的数据库，真正实现了 CAD/CAE/CAM 等各模块之间无数据交换的自由切换，可实施并行工程。

2）采用复合建模技术，可将实体建模、曲面建模、线框建模、显示几何建模与参数化建模融为一体。

3）用基于特征（如孔、凸台、型胶、槽沟、倒角等）的建模和编辑方法作为实体造型基础，形象直观，类似于工程师传统的设计办法，并能用参数驱动。

4）曲面设计采用非均匀有理 B 样条作基础，可用多种方法生成复杂的曲面，特别适合于汽车外形设计、汽轮机叶片设计等复杂曲面造型。

5）出图功能强，可十分方便地从三维实体模型直接生成二维工程图；能按 ISO 标准和国标标注尺寸、几何公差和汉字说明等；并能直接对实体做旋转剖、阶梯剖和轴测图挖切生成各种剖视图，增强了绘制工程图的实用性。

6）提供了界面良好的二次开发工具 GRIP 和 UFUNC，并能通过高级语言接口，使 UG 的图形功能与高级语言的计算功能紧密结合起来。

7）具有良好的用户界面，绝大多数功能都可通过图标实现；进行对象操作时，具有自动推理功能；同时，在每个操作步骤中，都有相应的提示信息，便于用户做出正确的选择。

1.2 UG 软件数控加工自动编程模块

1.2.1 UG 软件 CAM 功能模块

1. UG/CAM Base（加工基础）

加工基础模块提供连接 NX 所有加工模块的基础框架，它为所有 NX 的加工模块提供了一个相同的、界面友好的图形化窗口环境，用户可以在图形方式下观察刀具沿轨迹运动的情况并可对其进行图形化修改，如对刀具轨迹进行延伸、缩短或修改等。该模块同时还提供通用的点位加工编程功能，可用于钻孔、攻螺纹和镗孔等加工编程。该模块交互界面可按用户需求进行灵活的用户化修改和剪裁，并可定义标准化刀具库、加工工艺参数样板库，使粗加工、半精加工、精加工等操作常用参数标准化，以减少使用培训的时间并优化加工工艺。NX 所有模块都可在实体模型上直接生成加工程序，并保持和实体模型全相关。

2. UG/Lathe（数控车削）

数控车削模块中刀具路径和零件几何模型完全相关，刀具路径能随几何模型的改变而自动更新，并提供高质量旋转体零件加工所需的全部功能。它有粗车、多次走刀精车、车退刀槽、车螺纹和钻中心孔等功能。输出的刀位源文件可直接进行后置处理，产生机床可读文件。用户可控制进给量、主轴转速和加工余量等参数。除非更改，这些参数就保持原有数值。通过生成并在屏幕模拟显示刀具路径，可检测参数设置是否正确。同时生成一个刀位源文件（CLSF），用户可以存储、删除或按要求修改。

3．UG/Wire EDM（线切割加工）

线切割加工模块支持线框或实体模型，以方便零件的 2 轴和 4 轴模式线切割加工。可获得多种类型的走线操作，比如多级轮廓走线、反走线和区域清除。还支持 glue stops 轨迹及各种钼线径尺寸和功率设置的使用。线切割加工模块还支持大量流行的 EDM 软件包，包括 AGIE、Charmilles 和许多其他软件包。

4．UG/MILL（数控铣削）

数控铣削模块功能非常强大，该模块包含了许多的子模块，可以完成 2 轴到 5 轴的数控编程任务；可方便地进行平面外形铣削、平面挖槽铣削、孔加工、平面加工、曲面加工及多轴加工的数控铣削自动编程。

5．UG/Vericut（切削仿真）

切削仿真模块是集成在 UG 中的第三方模块，它采用人机交互方式模拟、检验和显示 NC（Numerical Control，数控）加工程序，是一种方便的验证数控程序的方法。由于省去了试切样件，可节省机床调试时间，减少刀具磨损和机床清理工作。通过定义被切零件的毛坯形状，调用 NC 刀位文件数据，就可检验由 NC 生成的刀具路径的正确性。切削仿真模块可以显示出加工后并着色的零件模型，用户可以非常方便地检查出不正确的加工情况。

6．UG/POST（后置处理）

加工后置处理模块使用户可方便地建立自己的加工后置处理程序，该模块适用于目前世界上几乎所有主流 NC 机床和加工中心，该模块在多年的应用实践中已被证明适用于 2～5 轴或更多轴的铣削加工、2～4 轴的车削加工和电火花线切割加工。

1.2.2　UG CAM 数控铣自动编程模块

1．UG/Planar Milling（UG 平面铣削）

平面铣削模块提供加工 2～2.5 轴零件的所有功能，设计更改通过相关性而自动处理。该模块包括多次走刀轮廓铣削、仿型内腔铣削和 Z 字形走刀铣削，用户可规定避开夹具和进行内部移动的安全余量。此外，还提供型腔分层切削功能和凹腔底面小岛加工功能。该模块增强了对边界和毛坯料几何形状的定义，它还能显示未切削区域的边界，以便再做补充加工。

2．UG/Core & Cavity Milling（型芯/型腔铣削）

型芯/型腔铣削模块对加工注塑模和冲压模特别有用。它可以对单个或多个型腔进行方便而高效的粗加工，可以对任意类似型芯形状的零件进行高效率的粗加工。其最突出的功能是对非常复杂的形状产生刀具运动轨迹，确定走刀方式。

3．UG/Fixed-Axis Milling（固定轴轮廓铣削）

固定轴轮廓铣削模块提供完全和综合的功能，用于产生 3 轴联动加工刀具路径。基本上能造型出来的任何曲面和实体模型它都能加工。它具有强大的加工区域选择功能，有多种驱动方法和走刀方式可供选择，如沿边界切削、放射状切削、螺旋切削及用户定义方式切削。在沿边界驱动方法中又可选择同心圆和放射状走刀等多种走刀方式。此外，它还提供逆铣、顺铣控制以及螺旋进刀方式，还可以自动识别前道工序未能切除的加工区域和陡峭区域，以便用户进一步清理这些地方。

4. UG/Flow Cut（半自动清根）

半自动清根模块可大幅度地缩短半精加工和精加工时间。该模块和固定轴轮廓铣削模块配合使用，能自动找出待加工零件上满足"双相切条件"的区域。在一般情况下，这些区域正好就是型腔中的根区和拐角。用户可直接选定加工刀具，半自动清根模块将自动生成一次或多次走刀的清根程序。当用于复杂的型芯或型腔加工时，该模块可大大减少精加工或半精加工的工作量。

5. UG/Variable Axis Milling（可变轴轮廓铣削）

可变轴轮廓铣削模块支持定轴和多轴铣削功能，可加工造型模块中生成的任何几何体，并保持主模型相关性。该模块提供完整的、经过多年工程使用验证的 3～5 轴铣削功能，提供强大的刀轴控制、走刀方式选择和刀具路径生成功能。

6. UG/Sequential Milling（顺序铣削）

顺序铣削模块适用于需要完全控制刀具路径生成的情况，支持 2～5 轴的铣削编程。该模块和主模型完全相关，以高度自动化的方式，获得如用 APT 直接编程一样的绝对控制。它允许用户交互式地一段一段生成刀具路径，并保持对过程中每一步的全面控制。该模块适合于高难度的清根数控程序编制。

1.2.3　UG 数控加工自动编程的基本流程

UG 中各个加工模块的数控编程遵循一定规律，但每个加工模块的基本流程是相同的，只在某些个别地方有所不同。下面将简单介绍 UG 数控加工自动编程的基本流程。

1）分析工件几何体。确认零件要进行加工的结构和部位，测量与分析加工部位的尺寸，选择相应的数控加工模块。

2）进入 UG 数控加工环境，初始化 UG CAM 设置。

3）创建加工用的程序、刀具、加工坐标系、毛坯，为加工零件做好准备。

4）创建操作。在工具条上单击"创建操作"图标 后，系统进入"创建操作"对话框，如图 1-1 所示，在这里编程者需要选择程序、刀具、加工坐标系（几何体）和加工方法。

5）单击图 1-1 所示的"应用"按钮，系统进入相应的"平面铣"对话框，如图 1-2 所示。在这里，编程者需要确定加工对象（用"指定部件"图标 完成）、确定切削区域（用"指定切削区域"图标 完成），还要设置一些必要的加工参数（切削模式、步距、进给和主轴转速、非切削移动等），对零件的数控加工工艺进行优化。

6）生成刀路轨迹。完成相应加工参数的设置后应进行刀路轨迹的生成，之后屏幕中就会出现相应刀路轨迹的线条。

7）仿真模拟加工。刀路轨迹生成后，为了检验其是否正确，一般都应进行实体仿真加工。实体仿真加工可直观地检查出刀具是否发生过切、刀具轨迹不合理等问题。

8）后置处理。软件生成的刀路轨迹不能够被数控机床读取和使用，编程者必须要进行后置处理，将刀路轨迹转换成机床可识读和使用的数控代码。

9）创建车间工艺文件。将自动生成的程序文件转换成车间技术人员使用的文件，以便参看纠正。

图　1-1

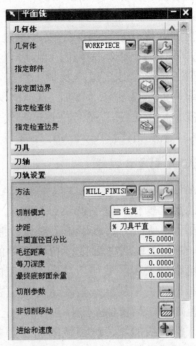

图　1-2

1.2.4　其他发展较为成熟的 CAM 软件

1. Mastercam

Mastercam 是美国 CNC Software 公司研制开发的 CAD/CAM 软件，一开始就是在 Windows 平台上开发的，分为 DESIGN（设计）模块、MILL（数控铣削）模块、LATHE（数控车削）模块和 WIRE（线切割）模块，是一种简单易学、经济实用的小型 CAD/CAM 软件。它具有方便直观的几何造型，Mastercam 具有强劲的曲面粗加工及灵活的曲面精加工功能。用 Mastercam 软件编制复杂零件的加工程序极为方便，而且能对加工过程进行实时仿真，真实反映加工过程中的实际情况。

2. Cimatron

Cimatron 属于以色列 Cimatron 公司，该软件具有功能齐全、操作简便、学习简单、经济实用的特点，受到中、小型企业特别是模具企业的欢迎，在我国有广泛的应用。该软件具有全面的 NC 解决方案（包含一系列久经市场检验的加工策略），为用户提供了无与伦比的加工效率。在制造业，Cimatron 已用于高速铣床的 2.5～5 轴刀路、毛坯残留知识能够显著减少编程与加工时间。因为它拥有完全智能和基于特征的 NC 处理，能够为高级用户提供灵活的控制权。

3. PowerMILL

PowerMILL 是英国 Delcam 公司出品的功能强大、加工策略丰富的数控加工编程软件系统。它采用全新的中文 Windows 用户界面，提供完善的加工策略，帮助用户产生最佳的加工方案，从而提高加工效率；减少手工修整，快速产生粗、精加工路径，并且任何方案的修改和重新计算几乎在瞬间完成，缩短了 85%的刀具路径计算时间，对 2～5 轴的数控加工包括刀柄、刀夹进行完整的干涉检查与排除；具有集成一体的加工实体仿真，方便用户在加工前了解整个加工过程及加工结果，节省加工时间。PowerMILL 是独立运行的、智能化程度最高的三维复杂形体加工 CAM 系统。其 CAM 系统与 CAD 分离，在网络下实现一体化集成，更能适应工程化的要求，代表着 CAM 技术最新的发展方向。与当今大多数的曲面 CAM 系统相比，PowerMILL 有着无可比拟的优越性。

4. CAXA 制造工程师

CAXA 制造工程师将 CAD 模型与 CAM 加工技术无缝集成，可直接对曲面、实体模型进行一致的加工操作。它支持轨迹参数化和批处理功能，明显提高了工作效率；支持高速切削，大幅度提高加工效率和加工质量；通用的后置处理可向任何数控系统输出加工代码；在 2～2.5 轴加工模式中可直接利用零件的轮廓曲线生成加工轨迹，而无需建立其三维模型；提供轮廓加工和区域加工功能，加工区域内允许有任意形状和数量的岛；可分别指定加工轮廓和岛的拔模斜度，自动进行分层加工；在三轴加工模式中，多样化的加工方式可以安排从粗加工、半精加工到精加工的加工工艺路线；4～5 轴加工模块提供曲线加工、平切面加工、参数线加工、侧刃铣削加工等多种 4～5 轴加工功能。CAXA 制造工程师是完全由中国公司开发的 CAM 产品，拥有自主的知识产权，操作界面非常适合中国人使用，目前在部分企业和一些学校得到应用。

5. CATIA

CATIA 系统是 IBM 公司推出的产品，是最早实现曲面造型的软件，它开创了三维设计的新时代。它的出现，首次实现了计算机完整描述产品零件的主要信息，使 CAM 技术的开发有了现实的基础。目前，CATIA 系统已发展成从产品设计、产品分析、加工、装配和检验，到过程管理、虚拟运作等众多功能的大型 CAD/CAM/CAE 软件。该软件以强大的功能在飞机、汽车、轮船等设计领域享有很高的声誉，当然其 CAM 数控编程功能稍弱于其 CAD 的强大功能。

6. Pro/Engineer

Pro/Engineer 是美国 PTC 公司研制和开发的软件，它开创了三维 CAD/CAM 参数化的先河。该软件具有基于特征、全参数、全相关和单一数据库的特点，可用于设计和加工复杂零件。另外，它还具有零件装配、机构仿真、有限元分析、逆向工程、同步工程等功能。Pro/Engineer 广泛应用于模具、工业设计、汽车、航天、玩具等行业，并在国际 CAD/CAM/CAE 市场上占有较大的份额。

1.3　UG NX 8.0 无法启动的解决方案

UG NX 8.0 如果长期不用，则经常发生无法启动软件的现象。为了能解决 UG NX 8.0

软件无法启动的问题，这里依据作者的经验提供了一套解决方案，读者可以按照下面的解决方案进行操作。

1）UG NX 8.0 无法启动有可能是某种原因无意改变了你计算机的"计算机名称"，由于名称的改变而导致 UG NX 8.0 授权文件的主机名称与你现在计算机的"计算机名称"不一致。

为了排除这种可能性，你必须确认图 1-3 中所示的计算机名称和图 1-4 中所示的部分完全相同，如果不同则请将图 1-4 中的部分更改成图 1-3 中所示的计算机名称。特别说明的是，计算机名称有大小的区分，因此建议使用复制和粘贴的方法完成图 1-4 中的计算机名称更改，而不建议使用手动输入字母的方法。

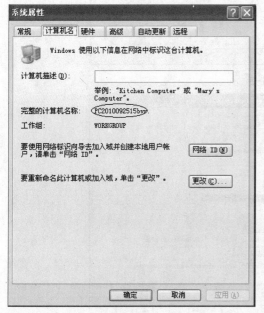

图　1-3　　　　　　　　　　　　　　　　图　1-4

2）UG NX 8.0 无法启动也有可能是计算机中的授权文件没有正常自行启动。为了启动 UG NX 8.0 的授权文件，你需要手动强行启动它。在计算机"开始"的"所有程序"菜单中找到 UGS 许可命令"LMTOOLS"，并单击启动该许可命令，打开授权文件窗口，并单击"Config Services"选项卡，如图 1-5 所示。首先需要确保图中的"Path to the license file"后面对应的授权文件是正确的，如果是正确的话，则可以进行下面的操作。单击"Save Service"按钮，单击"Start/Stop/Reread"选项卡，然后勾选"Force Server Shutdown"复选框，如图 1-6 所示。接着依次单击"Stop Server"和"Start Server"两个按钮，则可手动启动 UG NX 8.0 的授权文件。

3）如果在上述两步操作完成后，仍然不能启动 UG NX 8.0，则需要采用更为直接的方法来启动 UG NX 8.0 的授权文件。在"我的电脑"图标单击鼠标右键，弹出右键菜单，选择"管理"项并单击，如图 1-7 所示。弹出"计算机管理"窗口，单击"服务和应用程序"项下的"服务"，并选择 UGS8.0 或 UGS LICENSE SERVER 项目进行"停止"和"重启"操作，如图 1-8 所示。进行完上述操作后，请不要关机而直接启动 UG8.0。如果还是不行的话，建议多次重复步骤 2）和步骤 3）。

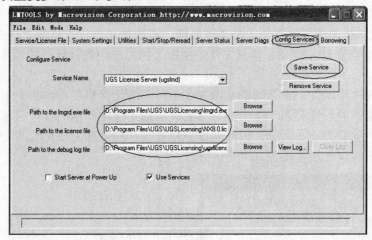

图　1-5

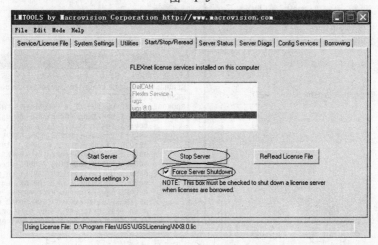

图　1-6

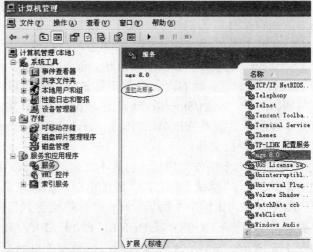

图　1-7　　　　　　　　　图　1-8

1.4　UG NX 8.0 数控加工操作界面及公用项

1.4.1　UG NX 8.0 数控加工操作界面

　　UG NX 8.0 数控加工操作主体界面如图 1-9 所示，主要有 5 个部分：1——刀轨生成与模拟图标；2——后处理图标；3——程序创建图标；4——加工操作导航器区；5——零件实体区域。要进入到 UG NX 8.0 数控加工操作主体界面，需要执行菜单命令"开始"→"加工"，如图 1-10 所示。

　　UG NX 8.0 生成数控程序的操作图标是其数控编程部分最核心的部分，所有零件的加工编程都需要依靠该部分的操作来完成。单击图 1-9 第 3 区域所标示的"创建操作"图标，即可进入"创建操作"对话框。该对话框可实现平面铣编程、曲面铣编程、刻字加工编程、多轴铣编程、孔加工编程、车加工编程、线切割加工编程等多种类型的数控编程，具体如图 1-11 所示。其中，mill_planar 是创建平面铣编程模块；mill_contour 是创建三维曲面铣编程模块；mill_multi_axis 是多轴铣编程模块；drill 是孔加工编程模块；turning 是车加工编程模块；wire_edm 是线切割编程模块。

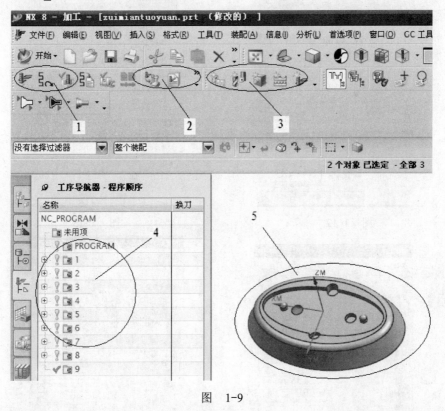

图　1-9

　　UG NX 8.0 常用操作主要有平面铣编程模块（mill_planar），其操作界面如图 1-12 所示；三维曲面铣编程模块（mill_contour），其操作界面如图 1-13 所示；多轴铣编程模块（mill_multi_axis），其操作界面如图 1-14 所示；孔加工编程模块（drill），其操作界面如图 1-15 所示；叶轮五轴加工编程模块（mill_multi_blade），其操作界面如图 1-16 所示。

图 1-10

图 1-11

图 1-12

图 1-13

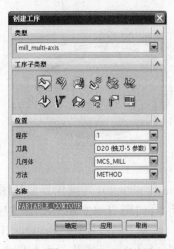

图 1-14

图 1-15

UG NX 8.0 操作导航器功能强大，使用方便，可显示 4 种视图，包括程序顺序视图、机床视图、几何体视图和加工方法视图。显示哪种视图可通过在操作导航器空白的地方单击鼠标右键，然后执行相应的右键菜单项即可，具体如图 1-17 所示。

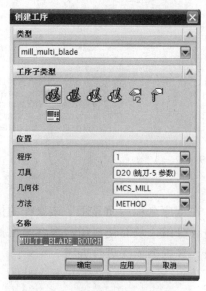

图　1-16　　　　　　　　　　　　　　图　1-17

1. 程序顺序视图

此视图按加工顺序显示了零件的所有操作，每个操作所属的程序组，在每个操作名称后面显示了该操作的信息。是否过切，刀轨是否生成；使用的刀具及刀具号名称；几何体和加工方法的名称，如图 1-18 所示。在该视图中，读者可以根据创建时间对设置中的所有操作进行分组，还可以更改、检查操作顺序。如果需要更改操作的顺序，只需要拖放相应的操作即可。

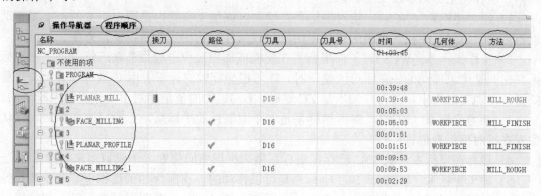

图　1-18

2. 机床视图

此视图显示了加工零件使用的机床类型、各种刀具以及所用的刀具名称，在刀具的操作名称后面显示了该操作的信息，如图 1-19 所示。在机床视图中，显示刀具是否实际用于 NC 程序的状态。如果使用了某个刀具，则使用该刀具的操作将在该刀具下列出；否则，该刀具下不会出现该操作。

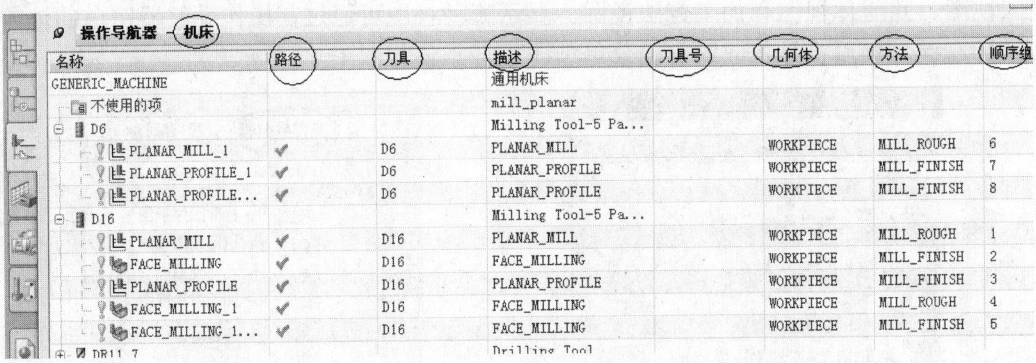

操作导航器 - 机床

名称	路径	刀具	描述	刀具号	几何体	方法	顺序组
GENERIC_MACHINE			通用机床				
不使用的项			mill_planar				
D6			Milling Tool-5 Pa...				
PLANAR_MILL_1	✔	D6	PLANAR_MILL		WORKPIECE	MILL_ROUGH	6
PLANAR_PROFILE_1	✔	D6	PLANAR_PROFILE		WORKPIECE	MILL_FINISH	7
PLANAR_PROFILE...	✔	D6	PLANAR_PROFILE		WORKPIECE	MILL_FINISH	8
D16			Milling Tool-5 Pa...				
PLANAR_MILL	✔	D16	PLANAR_MILL		WORKPIECE	MILL_ROUGH	1
FACE_MILLING	✔	D16	FACE_MILLING		WORKPIECE	MILL_FINISH	2
PLANAR_PROFILE	✔	D16	PLANAR_PROFILE		WORKPIECE	MILL_FINISH	3
FACE_MILLING_1	✔	D16	FACE_MILLING		WORKPIECE	MILL_ROUGH	4
FACE_MILLING_1...	✔	D16	FACE_MILLING		WORKPIECE	MILL_FINISH	5
DR11_7			Drilling Tool				

图 1-19

3．*几何体视图*

此视图显示了程序所属的坐标系及几何体，在程序名称后面显示了该操作的信息。在该视图中，根据几何体组对部件中的所有操作进行分组，从而使得用户很容易地找到所需的几何信息，如加工工件、毛坯、加工坐标系等，并根据需要进行编辑。

4．*加工方法视图*

此视图显示了零件的加工方法，包括粗加工、半精加工和精加工。该视图中一般还包括进给速度和进给率、刀轨显示颜色、加工余量、尺寸公差、刀具显示状态等。

1.4.2 UG NX 8.0 公用项

1. UG CAM *的坐标系*

在 UG CAM 的加工中，经常涉及的坐标系有五种：绝对坐标系、工作坐标系、参考坐标系、已存在坐标系和加工坐标系。

1）绝对坐标系（ACS）。绝对坐标系在绘图区或加工空间内是固定不变的，不能移动也不可见。该坐标系在大型装配过程中用来寻找部件间的相互关系，非常方便。

2）工作坐标系（WCS）。工作坐标系在建模或加工过程中应用非常广泛，该工作坐标系在空间是可以移动的。在图形区显示时，在每根坐标轴的标识上用 C 做标识。需要注意的是：在加工过程中，当刀具轴不是 ZC 轴时，I、J、K 的值是相对于工作坐标系确定的。

3）参考坐标系（RCS）。参考坐标系是一个限制性的坐标系，一般用来做参照，默认位置在绝对坐标系位置。

4）已存在坐标系（SCS）。已存在坐标系用来标识空间位置，一般只用来做参考。

5）加工坐标系（MCS）。加工坐标系是可以移动的，在部件加工过程中非常重要。经后置处理的程序坐标值是相对于加工坐标系原点位置确定的。在图形区显示时，在每根坐标轴上用 M 做标识，与工作坐标系相比，各坐标轴较长。加工坐标系（MCS）就是通常所指定的“编程坐标系”或“工件坐标系”。

2. UG CAM *的切削模式*

在 UG NX 8.0 中提供了多种切削模式，包括往复式、单向、跟随周边、跟随部件和配置文件等，如图 1-20 所示。在此对经常使用的几种切削模式进行介绍。

1）往复。"往复"切削模式创建的是一系列往返方向的平行线，这种加工方法能够有效地减少刀具横向跨越时的空刀距离，提高加工效率。但往复切削模式在加工过程中要交替变换顺铣、逆铣的加工方式，比较适合粗铣加工和零件平面加工，其走刀方式如图 1-21 所示。

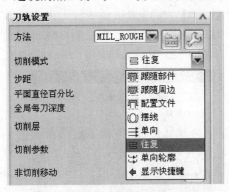

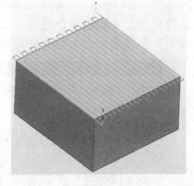

图　1-20　　　　　　　　　　　　　　　　　图　1-21

2）单向。"单向"切削模式能够保证在整个加工过程中都保持同一种加工方式，比较适合精加工，其走刀方式如图 1-22 所示。

3）跟随部件。"跟随部件"切削模式是沿零件几何产生一系列同心线来创建刀具轨迹路径，该方式可以保证刀具沿所有零件几何进行切削，对于有孤岛的型腔域，建议采用跟随零件的走刀方式，如图 1-23 所示。

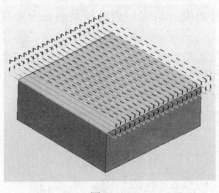

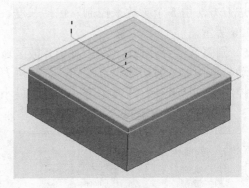

图　1-22　　　　　　　　　　　　　　　　　图　1-23

4）配置文件。"配置文件"切削模式可以沿切削区域的轮廓创建一条或多条切削轨迹，它能够在狭小的区域内创建不相交的刀位轨迹，避免发生过切现象。该切削模式一般适合于外形轮廓加工或零件的精加工。

5）单向轮廓。单向轮廓切削模式能够沿着部件的轮廓创建单向的走刀方式，能够保证使用顺铣或逆铣加工方式完成整个加工操作，顺铣或逆铣取决于第一条走刀轨迹路径。

3. UG CAM 的进/退刀方式

在 UG NX 8.0 中提供了非常完善的进刀和退刀的控制方法，在三轴加工中针对封闭区域提供了螺旋线进刀、沿形状斜进刀和插铣进刀方法；针对开放区域提供了线形、圆弧、点、沿矢量、角度-角度平面、矢量平面等进刀方法。退刀方法可以选择与进刀方法相同。在此介绍常用的几种进刀方法。

1）螺旋。螺旋进刀方式能够实现在比较狭小的槽腔内进行进刀，进刀占用的空间不大，并且进刀的效果比较好，适合粗加工和精加工过程。螺旋线进刀主要由 5 个参数来控制，包括直径、斜角、高度、最小安全距离和最小倾斜长度，如图 1-24 所示。

2）沿形状斜进刀。当零件沿某个切削方向比较长时，可以采用斜线进刀的方式控制进刀，这种进刀方式比较适合粗加工。沿形状斜进刀主要由 5 个参数来控制，包括斜角、高度、最大宽度、最小安全距离和最小倾斜长度，如图 1-25 所示。

图　1-24

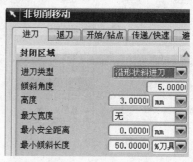

图　1-25

3）插铣。当零件封闭区域面积较小，不能使用螺旋进刀和斜线进刀时，可以采用插铣进刀的方式。这种进刀方式需要严格控制进刀的进给速度，否则容易使刀具折断。插铣进刀主要由高度参数来控制插铣的深度，如图 1-26 所示。

4）线形（适合开放区域）。对于开放区域进刀运动，系统提供了多种进刀控制方法，线性进刀方法由 5 个参数来控制，包括长度、旋转角度、斜角、高度和最小安全距离，如图 1-26 所示。

5）圆弧（适合开放区域）。对于开放区域进刀运动，圆弧进刀方法可以创建一个圆弧的运动与零件加工的切削起点相切，提高进刀处的切削表面质量。圆弧进刀方法由 4 个参数来控制，包括半径、圆弧角度、高度和最小安全距离，如图 1-27 所示。

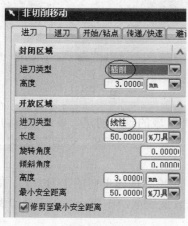

图　1-26

图　1-27

4. 切削顺序（深度优先和层优先）

1）深度优先。选择此选项，则刀具在铣削一个外形边界设定的铣削深度后，再进行下一个外形边界的铣削。此方式的抬刀次数和转换次数较少，在切削过程中只有一次抬刀就转换到另一切削区域，如图 1-28 所示。选择该切削顺序可大幅提高零件的加工效率，但该种加工方式的切削力不均衡。对于一些薄壁件加工或尺寸精度要求高的零件加工，编程者应该谨慎使用。

2）层优先。选择此选项，则刀具先在一个深度上铣削所有的边界和区域后，再进行下一个深度的铣削，在切削过程中刀具在各个切削区域不断转换，刀具走空刀的时间长，加工效率低，其走刀方式如图 1-29 所示。

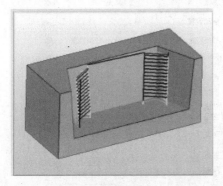

图　1-28

图　1-29

5. UG CAM 公用切削参数

1）余量。在 UG NX 8.0 "切削参数" 对话框的 "余量" 选项卡中有 5 个余量参数，包括部件余量、最终底部面余量、毛坯余量、检查余量和修剪余量，如图 1-30 所示。"部件余量" 用于设置在粗加工或半精加工时留出一定部件余量做最后的精加工用，在 UG 二维加工命令中部件余量其实仅指 "侧壁余量"，一般不包括 "底面余量"，而在三维曲面加工模块中部件余量则包括了 "侧壁余量" 和 "底面余量"。"最终底部面余量" 一般用于二维加工的余量设置，用来设置工件底面和岛屿顶面剩余的材料余量。"毛坯余量" 用来设置切削时刀具离开毛坯几何体的距离，主要应用于有着相切情形的毛坯边界。"检查余量" 用于设置刀具切削过程中，刀具与已定义的检查边界之间的最小距离。"修剪余量" 用于设置刀具切削过程中，刀具与已定义的修剪边界之间的最小距离。

2）公差。公差定义了刀具偏离实际零件的允许范围，包括内公差和外公差两项，如图 1-30 所示。公差越小，则切削精度越高，从而产生的轮廓就越光顺，但需要花费更多的计算时间和加工时间，生产效率也会相应降低。内公差设置刀具切入零件时的最大偏距；外公差则设置刀具切出零件时的最大偏距，也称为切出公差。在实际加工中，应根据零件的精度要求来确定，一般建议该公差设置为零件最小公差的 1/6～1/4。

3）步进。步进参数用来设定切削刀路之间的距离，该设置项的下拉列表中有恒定、残余高度、%刀具平直和成角度 4 项，如图 1-31 所示。

恒定的步进方式可以设置连续切削刀路之间的固定距离。如果设置的刀路间距不能平均分割所在的区域，系统将减少步进距离，但仍然保持恒定的步进距离。在恒定步进方式下，粗加工时该固定距离可设置得大一些（可凭经验，随意性较大），而在精加工时该固定距离的设置则需要依据零件的表面质量来确定。

残余高度步进方式用来设置相临两刀路间残料的最大高度值，该高度值与表面粗糙度 Rz 的定义非常相近。由于切削对象外形变化不同，所以系统自动计算出的每次切削步进距离也不同。为了保护刀具在切削残料时负载不至于太大，最大步进距离将被限制在刀具直径 2/3 的范围内。

刀具直径步距方式通过设置刀具直径的百分比值，从而在连续切削刀路之间建立固定距离。如果步进距离不能平均分割所在区域，系统将减少刀具步进距离，但步进距离保持恒定。

图 1-30

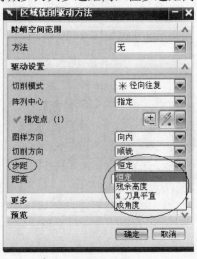

图 1-31

1.5 UG NX 8.0 软件安装

1）首先把光盘上 UG NX 8.0 的 crack 目录下的文件 nx8.lic 复制到你的硬盘，然后去掉硬盘中 nx8.lic 文件的只读属性，如图 1-32 所示（单击该文件右键→属性，把"只读"前面的√去掉）。

2）用记事本方式打开上一步复制到硬盘中的 nx8.lic 文件，如图 1-33 所示。接着屏幕出现了图 1-34 所示的解密文件界面，其中图 1-34 所标示的"this_host"内容需要更改为相应计算机的名称。

图 1-32

图 1-33

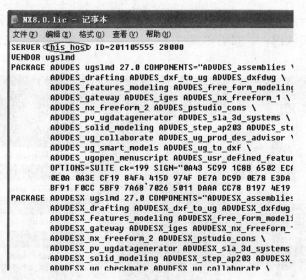

图 1-34

3）单击桌面上"我的电脑"图标，之后单击鼠标右键，弹出右键菜单。单击右键菜单中"属性"按钮，弹出"系统属性"对话框，单击"计算机名"选项卡，屏幕如图 1-35 所示。

4）将图 1-35 所标示的计算机名称复制并粘贴覆盖图 1-34 所标示的"this host"内容。覆盖后的效果如图 1-36 所示，保存并关闭硬盘中的 nx8.lic 文件。

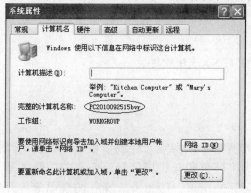

图 1-35   图 1-36

5）运行光盘中的 setup.exe 文件，弹出"选择安装语言"对话框，选择"简体中文"。依次单击"确定""下一步""下一步"和"安装"，解压 UG NX 8.0 的安装文件。这个解压过程大约需要几分钟，具体时间与每台计算机的硬件配置有关。

6）解压完成后会弹出 UG NX 8.0 的安装界面，如图 1-37 所示。首先安装图 1-37 所示的 Install License Server，弹出"选择安装语言"对话框，选择"简体中文"，单击"确定"按钮。再单击"下一步""下一步"，开始安装，会提示"寻找 license 文件，单击 NEXT会出错"。使用浏览（Browse）找到第 4 步保存在硬盘上的 nx8.lic 文件。继续安装直到结束，目录路径不要改变，机器默认就行（nx8.lic 这个文件，建议存放在 C 盘，不要存放在中文名字的文件夹里）。

7）安装图 1-37 所示的 Install NX，开始安装，并选择中文（简体）或者按需要选择其他语言，单击"下一步""下一步"，到 NX 语言选择页面时，请按照需要选择简体中文或者繁体中文，或者其他语言。接着单击"下一步""下一步"，直到安装结束（最好不要改变安装目录路径）。

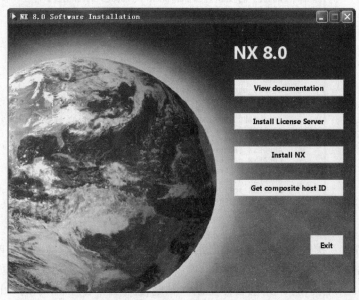

图 1-37

8）打开光盘内的 UG NX 8.0crack 文件夹，复制 Program Files 文件夹到 C 盘，按提示单击"是"或者"全部"。

9）重新启动你的计算机，就可以正常运行 UG NX 8.0 软件。

1.6 数控编程技术

数控技术是指用数字、文字和符号组成的数字指令来实现一台或多台机械设备动作控制的技术。它控制的通常是位置、角度、速度等机械量和与机械能量流向有关的开关量。数控的产生依赖于数据载体和二进制形式数据运算的出现。1908 年，穿孔的金属薄片互换式数据载体问世；19 世纪末，以纸为数据载体并具有辅助功能的控制系统被发明；1938 年，在美国麻省理工学院进行了数据快速运算和传输，奠定了现代计算机，包括计算机数字控制系统的基础。数控技术是与机床控制密切结合发展起来的。1952 年，第一台数控机床问世，成为世界机械工业史上一件划时代的事件，推动了自动化加工技术的发展。

现在，数控技术也叫计算机数控技术，是采用计算机实现数字程序控制的技术。这种技术用计算机按事先存储的控制程序来执行对设备的控制功能。由于采用计算机替代硬件逻辑电路组成的数控装置，使输入数据的存储、处理、运算、逻辑判断等各种控制机能均可通过计算机软件来完成。

1.6.1 数控技术的发展趋势

数控技术的应用不但给传统制造业带来了革命性的变化，使制造业成为工业化的象征，而且随着数控技术的不断发展和应用领域的扩大，它对国计民生的一些重要行业（IT、汽车、轻工、医疗等）的发展起着越来越重要的作用。从目前世界上数控技术及其装备发展的趋势来看，其发展趋势主要有以下几个方面。

1. 高速、高精加工技术及装备的新趋势

效率、质量是先进制造技术的主体。高速、高精加工技术可极大地提高效率，提高产品的质量和档次，缩短生产周期和提高市场竞争能力。在航空和宇航工业领域，其加工的零部件多为薄壁和薄肋，刚度很差，材料为铝或铝合金，只有在高切削速度和切削力很小的情况下，才能对这些肋、薄壁进行加工。近年来，采用大型整体铝合金坯料"掏空"的方法替代多个零件通过众多的铆钉、螺钉和其他联接方式拼装来制造机翼、机身等大型零件，使构件的强度、刚度和可靠性得到提高。这些都对加工装备提出了高速、高精度和高柔性的要求。

目前，高速加工中心进给速度可达 80m/min 甚至更高，空运行速度可达 100m/min 左右。世界上许多汽车厂，包括我国的上海通用汽车有限公司，已经采用由高速加工中心组成的生产线部分替代组合机床。美国 CINCINNATI 公司的 HyperMach 数控机床最大切削进给速度可达 60m/min，主轴转速已达 60000r/min。这种高速机床加工薄壁飞机零件只用 30min，而同样的零件在一般高速铣床加工需 3h，在普通铣床加工需 8h。

在加工精度方面，近十年来，普通级数控机床的加工精度已由 10μm 提高到 5μm，精密级加工中心则从 3~5μm 提高到 1~1.5μm，并且超精密加工精度已开始进入纳米级（0.01μm）。在可靠性方面，国外数控装置的 MTBF（Mean Time Between Failure，平均故障间隔时间）值已达 6000h 以上，伺服系统的 MTBF 值达到 30000h 以上，表现出非常高的可靠性。为了实现高速、高精度加工，与之配套的功能部件如电主轴、直线电动机得到了快速的发展，应用领域进一步扩大。

2. 智能化、开放式、网络化成为当代数控系统发展的主要趋势

21 世纪的数控装备将是具有一定智能化的系统，智能化的内容包括在数控系统中的各个方面：为追求加工效率和加工质量方面的智能化，如加工过程的自适应控制、工艺参数自动生成等；为提高驱动性能及使用连接方便的智能化，如前馈控制、电动机参数的自适应运算、自动识别负载、自动选定模型、自整定等；简化编程、简化操作方面的智能化，如智能化的自动编程、智能化的人机界面等；还有智能诊断、智能监控方面的内容，方便系统的诊断及维修等。

为解决传统数控系统的封闭性和数控应用软件产业化生产存在的问题，目前，许多国家对开放式数控系统进行研究，如美国的 NGC（The Next Generation Work-Station/Machine Control）、欧盟的 OSACA（Open System Architecture for Control within Automation Systems）、日本的 OSEC（Open System Environment for Controller）、中国的 ONC（Open Numerical Control System）等。数控系统开放化已经成为数控系统的未来之路。所谓开放式数控系统，就是数控系统的开发可以在统一的运行平台上，面向机床厂家和最终用户，通过改变、增加或剪裁结构对象（数控功能），形成系列化，并可方便地将用户的特殊应用和技术诀窍集成到控制系统中，快速实现不同品种、不同档次的开放式数控系统，形成具有鲜明个性的产品。目前，开放式数控系统的体系结构规范、通信规范、配置规范、运行平台、数控系统功能库以及数控系统功能软件开发工具等是研究的核心。

网络化数控装备是近两年国际著名机床博览会的一个新亮点。数控装备的网络化将极大地满足生产线、制造系统、制造企业对信息集成的需求，也是实现新的制造模式，如敏捷制造、虚拟企业、全球制造的基础单元。国内外一些著名的数控机床和数控系统制造公司都在近两年推出了相关的新概念和样机，如日本 MAZAK 展出的 "Cyber Production Center"（CPC，智能生产控制中心）；日本 OKUMA 机床公司展出 "IT plaza"（信息技术广场，简称 IT 广场）；德国 SIEMENS 公司展出的 Open Manufacturing Environment（OME，开放制造环境）等，反映了数控系统向网络化方向发展的趋势。

1.6.2 数控加工编程的结构和代码

1. 数控加工程序的结构

数控加工程序的结构如下：

O 0001；O 为机能指定程序号，每个程序号对应一个加工零件

N010 G54 G17 G80 G40；G54 建立加工坐标系，分号表示程序段结束

N020 G90 G00 X50 Y60；G90 使用绝对坐标系，G00 表示快速直线移动

N030 G01 Z150 F300；

N040 G01 X105 Y250 F200；

…；中间可以编制 n 段加工程序，以完成零件的加工任务

N160 M02；M02 表示加工程序结束

2. 数控加工代码

1）准备功能。准备功能又称 G 功能或 G 指令，是用来指令机床进行加工运动和插补方式的功能。不同的数控系统，G 指令的含义不同。表 1-1 为日本 FANUC 的常用 G 指令及说明。

表 1-1

G 代码	功能	附注	G 代码	功能	附注
G00	快速定位	模态	G44	刀具长度负补偿	模态
G01	直线插补	模态	G45	刀具长度补偿取消	模态
G02	顺时针圆弧插补	模态	G54	第一工件坐标系	模态
G03	逆时针圆弧插补	模态	G55	第二工件坐标系	模态
G04	暂停	非模态	G56	第三工件坐标系	模态
G17	XY 平面选择	模态	G57	第四工件坐标系	模态
G18	ZX 平面选择	模态	G58	第五工件坐标系	模态
G19	YZ 平面选择	模态	G59	第六工件坐标系	模态
G20	寸制	模态	G65	宏程序调用	非模态
G21	米制	模态	G67	宏程序调用取消	模态
G23	行程检查功能关闭	模态	G73	高速深孔钻孔循环	非模态
G26	主轴速度波动检查	非模态	G74	左旋攻螺纹循环	非模态
G28	参考点返回	非模态	G75	精镗循环	非模态
G31	跳步功能	非模态	G80	钻孔固定循环取消	模态
G40	刀具半径补偿取消	模态	G81	钻孔循环	模态
G41	刀具半径左补偿	模态	G84	攻螺纹循环	模态
G42	刀具半径右补偿	模态	G85	镗孔循环	模态
G43	刀具长度正补偿	模态	G87	背镗循环	模态

2）辅助功能　辅助功能代码不多，理解起来也不困难，但却是编程过程中不可缺少的部分，如果运用不当，会对加工产生很大的影响。机床用 S 代码来对主轴转速进行编程，用 T 代码来进行选刀编程，其他可编程辅助功能由 M 代码来实现。常用的 M 代码有 M00（程序暂停）、M01（程序选择暂停）、M02（程序结束）、M03（主轴正转）、M04（主轴反转）、M05（主轴停止）、M08（切削液开）、M09（切削液关）、M98（调用子程序）、M99（子程序调用结束并返回到主程序）。

1.6.3　机床原点及工件坐标系

1. 机床原点及机床参考点

机床原点又称为机械原点，它是机床坐标的原点。该点是机床上的一个固定点，其位置由机床设计和制造单位确定，是不变的，通常不允许用户改变。机床原点是工件坐标系、机床参考的基准点。这个点不是一个实际存在的硬件点，而是一个人为定义的点。数控车床的机床原点一般设在卡盘前端面或后端面的中心；数控铣床的机床原点，各生产厂不一致，有的设在机床工作台中心，有的设在进给行程终点。

机床参考点是采用增量式测量的数控机床所特有的，机床原点是由机床参考点体现出来的。机床参考点是一个实际存在的硬件点，它是机床坐标系中一个相对固定的位置点，用于对机床工作台、滑板与刀具相对运动的测量系统进行标定和控制。机床参考点通常设置在机床各轴靠近正向极限的位置，通过减速行程开关粗定位，由零位点脉冲精确定位。机床参考点对机床原点的坐标是一个已知定值。

2. 工件坐标系

工件坐标系的原点就是工件原点，也称为工件零点。在 UG NX 8.0 中设定的加工坐标系就是工件坐标系。工件坐标系是用户自行设定的，确定工件坐标系的一般原则如下：

1）在机床上进行加工的过程中，方便操作者进行坐标系对刀和找正。

2）在工件需要多次翻面装夹时，应保证基准统一。

3）尽量选在精度高的工件表面上，以提高被加工工件的加工精度。

4）对于对称的工件，最好选在工件的对称中心上。

5）对于有基准孔的工件，一般将工件坐标系的原点设定在基准孔上。

6）Z 轴方向的原点，一般设在工件上表面。

1.7　数控加工工艺

1.7.1　零件的数控加工工艺性分析

在数控铣床或加工中心上加工的零件，一般都要对其结构加工工艺性进行认真分析，为之后的工艺制订奠定一个良好的基础。在分析被加工零件的加工工艺性时，可以参考以下几点：

1）零件的内腔和外形最好采用统一的几何类型和尺寸。这样可以减少刀具规格和换刀次数，使编程方便、生产效率提高。

2）内槽圆角的大小决定着刀具直径的大小，因而内槽圆角半径不应过小。零件工艺性的好坏与被加工轮廓的高低、转接圆弧半径的大小等有关。如图 1-38 所示，图 1-38b 的加工性比图 1-38a 好。

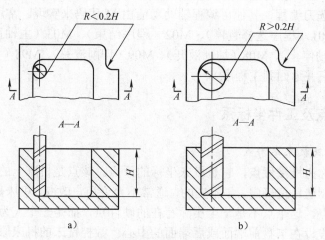

图 1-38
a）内槽圆角一　b）内槽圆角二

3）零件铣削底平面时，槽底圆角半径 r 不应过大。零件的槽底圆角半径 r 或腹板与缘板相交处的圆角半径 r 对平面的铣削影响较大。当 r 越大时，铣刀端刃铣削平面的能力越差，效率也越低，如图 1-39 所示。因为铣刀与铣削平面接触的最大直径 $d=D-2r$（D 为铣刀直径），当 D 越大而 r 越小时，铣刀端刃铣削平面的面积越大，加工平面的能力越强，铣削工艺性越好；反之，当 r 过大时，可采取先用 r 较小的铣刀粗加工（注意防止 r 被"过切"），再用 r 符合零件要求的铣刀进行精加工。

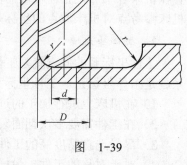

图 1-39

4）应采用统一的基准定位。在数控加工中，若没有统一基准定位，会因工件的重新安装而导致加工后的两个面上的轮廓位置及尺寸不协调的现象。因此，要避免上述问题的产生，保证两次装夹加工后其相对位置的准确性，应采用统一的基准定位。

5）零件上最好有合适的孔作为定位基准孔，若没有，要设置工艺孔作为定位基准孔（如在毛坯上增加工艺凸耳，或在后续工序要铣去的余量上设置工艺孔）。若无法制出工艺孔时，最起码也要用经过精加工的表面作为统一基准，以减少两次装夹产生的误差。

1.7.2　数控加工方法的选择与方案的制订

加工方法的选择原则是保证加工表面的加工精度和表面粗糙度值的要求。由于获得同一级精度及表面粗糙度值的加工方法有许多，因而在实际选择时，要结合零件的形状、尺寸大小和热处理要求等全面考虑。例如对于 IT7 级精度的孔，采用镗削、铰削、磨削等加工方法均可达到精度要求，但箱体上的孔一般采用镗削或铰削，而不宜采用磨削。此外，还应考虑生产率和经济性的要求，以及工厂的生产设备等实际情况。常用加工方法的经济加工精度及表面粗糙度值可查阅有关工艺手册。

零件上比较精密表面的加工，常常是通过粗加工、半精加工和精加工逐步达到的。对这些表面，仅仅根据质量要求选择相应的最终加工方法是不够的，还应正确地确定从毛坯到最终成形的加工方案。确定加工方案时，首先应根据主要表面的精度和表面粗糙度值的要求，初步确定为达到这些要求所需要的加工方法。例如对于孔径不大的 IT7 级精度的孔，最终加工方法取精铰时，则精铰孔前通常要经过钻孔、扩孔和粗铰孔等加工。

在加工中心上加工零件，工序可以比较集中，在一次装夹中尽可能完成大部分或全部工序。首先应根据零件图样，考虑被加工零件是否可以在一台加工中心上完成整个零件的加工工作；若不能，则应决定其中哪一部分在加工中心上加工，哪一部分在其他机床上加工，即对零件的加工工序进行划分。

平面、平面轮廓及曲面在加工中心或数控铣床上只能采用铣削方式加工。粗铣平面，其尺寸精度可达 IT12～IT14 级（指两平面之间的尺寸），表面粗糙度值 Ra 可达 12.5～50μm。粗、精铣平面，其尺寸精度可达 IT7～IT9 级，表面粗糙度值 Ra 可达 1.6～3.2μm。

孔加工方法比较多，有钻削、扩削、镗削和铰削等。大直径孔还可以采用圆弧插补方式进行铣削加工。钻削、扩削、镗削和铰削所能达到的精度和表面粗糙度值可参见相关技术资料。

对于直径大于 30mm 的铸出或锻出毛坯孔的孔加工，一般采用粗镗—半精镗—孔口倒角—精镗加工方案；孔径较大时，可采用立铣刀粗铣—精铣加工方案；有空刀槽时，可用锯片铣刀在半精镗之后、精镗之前铣削完成，也可用镗刀进行单刀镗削，但效率较低。

对于直径小于 30mm 的无毛坯孔的孔加工，须采用铣平端面—打中心孔—钻—扩—孔口倒角—铰孔加工方案；有同轴度要求的小孔，须采用铣平端面—打中心孔—钻—半精镗—孔口倒角—精镗（铰孔）加工方案。为提高孔的位置精度，在钻孔工步前需安排铣平端面和打中心孔工步。孔口倒角安排在半精加工之后、精加工之前，以防孔内产生毛刺。

螺纹孔加工根据孔径大小来决定加工方法。一般情况下，直径在 M6～M20 之间的螺纹孔，通常采用攻螺纹方法加工。直径在 M6 以下的螺纹，在加工中心上完成底孔加工，通过其他手段攻螺纹。因为在加工中心上攻螺纹不能随机控制加工状态，小直径丝锥容易折断。直径在 M20 以上的螺纹孔，可采用镗刀片镗削加工。

1.7.3　逆铣与顺铣的概念及选择

铣削方式分为逆铣和顺铣两种。铣刀的旋转方向和工作台（工件）进给方向相反时称为逆铣，相同时称为顺铣，如图 1-40 所示。

1. 逆铣与顺铣的特点

逆铣时（图 1-40a），刀具从已加工表面切入，切削厚度从零逐渐增大；刀齿在已加工表面上滑行、挤压，使这段表面产生严重的冷硬层；下一个刀齿切入时，又在冷硬层表面滑行、挤压，不仅使刀齿容易磨损，而且使工件的表面粗糙度值增大。同时，刀齿垂直方向的切削分力向上，不仅会使工作台与导轨间形成间隙，引起振动，而且有把工件从工作台上挑起的倾向，因此需较大的夹紧力。但逆铣时，刀齿从已加工表面切入，不会造成从毛坯面切入而打刀；加之其水平切削分力与工件进给方向相反，使铣床工作台纵向进给的丝杠与螺母传动面始终是右侧面抵紧（图 1-40c），不会受丝杠螺母副间隙的影响，铣削较平稳。

顺铣时（图 1-40b），刀具从待加工表面切入，切削厚度从最大逐渐减小为零，切入时冲击力较大；刀齿无滑行、挤压现象，对刀具寿命有利；其垂直方向的切削分力向下压向工作台，减小了工件上下的振动，对提高铣刀加工表面质量和工件的夹紧有利。但顺铣的水平切削分力与工件进给方向一致，当水平切削分力大于工作台摩擦力时（例如遇到加工表面有硬皮或硬质点），使工作台带动丝杠向左窜动，丝杠与螺母传动副右侧面出现间隙（图 1-40d），硬点过后，丝杠螺母副的间隙恢复正常（左侧间隙）。这种现象对加工极为不利，会引起"啃刀"或"打刀"，甚至损坏夹具或机床。

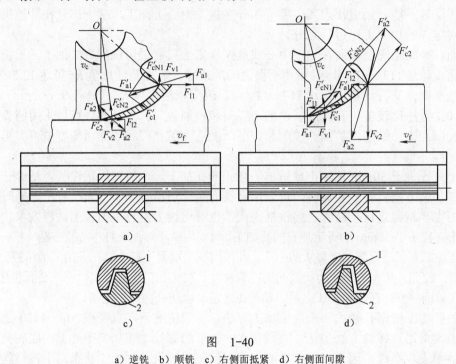

图　1-40

a）逆铣　b）顺铣　c）右侧面抵紧　d）右侧面间隙

1—螺母　2—丝杠

2. 逆铣、顺铣的选择

根据上面的分析，当工件表面有硬皮、机床的进给机构有间隙时，应选用逆铣。因为逆铣时，刀齿是从已加工表面切入的，不会崩刃；机床进给机构的间隙不会引起振动和爬行，因此粗铣时应尽量采用逆铣。当工件表面无硬皮、机床进给机构无间隙时，应选用顺铣。因为顺铣加工后，零件表面质量好、刀齿磨损小。精铣时，尤其是零件材料为铝镁合金、钛合金或耐热合金时，应尽量采用顺铣。

1.7.4　数控加工切削液的选择

乳化液由水、油、乳化剂组成，通常是由一定比例的油和乳化剂制成的乳化膏。使用时，根据需要将乳化膏按重量稀释成一定浓度的水溶液。低浓度的乳化液主要起冷却作用，用于粗加工和磨削加工；高浓度的乳化液主要起润滑作用，用于精加工。切削油的主要成分是矿物油，有时采用动、植物油或复合油。它具有良好的润滑性能，对于提高零件表面的加工质量有重要作用。切削油一般用于低速精加工，如精车丝杠、螺纹及齿轮加工等。

需要注意的是，加工铸铁件一般不用切削液。这是因为铸铁件的崩碎切屑冲入导轨会加大磨损，清理和维护也不方便。采用硬质合金刀具加工，可以不使用切削液，这是因为硬质合金耐热性好，一般不需要使用切削液。若要使用切削液，则必须大量连续注射，以免硬质合金刀片因冷热不均产生裂纹。

1. 高强度钢切削液及冷却方式的选择

铣削高强度钢时，应充分进行冷却。在使用硬质合金刀具时，不要用水溶性切削液，否则会使切削刃产生较大的温差而引起崩刃，影响刀具寿命。

2. 不锈钢切削液及供给方式的选择

铣削不锈钢时，宜采用冷却、润滑、渗透性和抗粘性好的切削液，如含极压添加剂的乳化液、硫化油和四氯化碳、煤油和油酸等混合切削液。切削液的供应必须充足，可用高压或喷雾冷却等方式，用喷嘴对准切削区进行冷却。

3. 高温合金合理选用切削液

铣削高温合金时，切削液的选择与切削不锈钢时相同，即要求切削液具有良好的冷却、润滑和渗透作用，应选用含极压添加剂的乳化液和四氯化碳、煤油和油酸混合液等切削液。但是，对于镍基高温合金，应避免使用含硫的切削液，以避免对工件造成应力腐蚀，降低零件的疲劳强度。

4. 铸铁合理选用切削液

切削铸铁时，一般可不使用切削液。因为铸铁中含有石墨，石墨本身就是一种较好的润滑材料。但石墨在切削过程中无冷却作用，因而在强力切削、高速切削以及要求工件表面粗糙度值小于 $Ra0.8\mu m$ 时，仍需要使用切削液。切削铸铁时常用的切削液见表 1-2。

表　1-2

切 削 类 型	使用的切削液
粗铣	① 不使用切削液 ② 水基透明切削液 ③ 稀释成体积分数为 3%～5%的乳化液
精铣	① 稀释成体积分数为 5%～15%的乳化液 ② 煤油 ③ 煤油体积分数为 50%+L-AN15 全损耗系统用油体积分数为 50%
攻螺纹/铰孔	① 不使用切削液 ② 稀释成体积分数为 5%～10%的极压乳化液 ③ 煤油
钻孔	一般不使用切削液

5. 铝合金合理选用切削液

因为铝合金导热性良好，一般可干切削。有时为了降低加工表面的表面粗糙度值和防止热膨胀，也可采用乳化液或煤油，但不宜采用含硫的冷却润滑液，因为硫会影响到铝合金的性能。切削铝及其合金时常用的切削液如表 1-3 所示。

表 1-3

切 削 类 型	使用的切削液
粗铣	① 水基透明切削液 ② 稀释成体积分数为 3%～5%的乳化液 ③ 煤油
精铣	① 稀释成体积分数为 5%～10%的乳化液 ② 煤油 ③ 煤油体积分数为 50%+L-AN15 全损耗系统用油体积分数为 50%
攻螺纹/铰孔	① 稀释成体积分数为 10%～15%的乳化液 ② 稀释成体积分数为 10%～15%的极压乳化液 ③ 煤油
钻孔	① 稀释成体积分数为 3%～5%的乳化液 ② 稀释成体积分数为 3%～5%的极压乳化液

1.8 数控加工刀具的选择

数控铣刀的选择是数控加工中的重要内容之一，它不仅影响数控的加工效率，而且直接影响产品的加工质量。另外，数控机床的主轴输出功率大，因此对刀具的要求更高，不仅要求精度高、强度大、刚度好、寿命长，而且要求尺寸稳定、安装调整方便。这就要求采用新型优质材料制造数控刀具，并合理选择刀具结构和几何参数。

1.8.1 刀具材料的选择

刀具材料与工件材料之间有一个适配性问题，即一种刀具材料加工某种工件材料时性能良好，但加工另一种工件材料时却不理想。换句话说，不存在一种万能刀具材料可适于所有工件材料的加工。实践证明，正确选择刀具，对于提高加工效率、延长刀具寿命、提高加工质量和降低加工成本都会起到非常重要的作用。

1）高锰钢热导率小、冲击韧度高、加工硬化严重。铣削这种材料时，应优选强度和韧性好的硬质合金刀具材料或陶瓷刀具材料，如 M20（YW2）硬质合金，767、813 等新牌号硬质合金等。对非涂层硬质合金，宜采用 TaC、NbC 的细颗粒、超细颗粒刀具材料。若选用高速钢铣刀铣削，最好采用含钴高速钢和粉末冶金高速钢制造的铣刀，以取得较好的铣削效果。

2）高强度钢在铣削加工中，由于其切削力大、切削温度高、刀具容易磨损，故要求铣刀材料应具有高的热硬性、耐磨性和抗冲击性能。常用的铣刀材料有高速钢和硬质合金。对于强度≤1277MPa 的高强度钢，通常选用高温强度高的高钒高钴高速钢。为减小崩刃，可选用碳化物细小均匀的钼系高速钢，如 W2Mo9Cr4VCo8、W6Mo5Cr4V2Al、W10Mo4Cr4V3Al、W9Mo3Cr4V3Co10 等。当选用硬质合金刀具材料时，应选用强度大、耐热冲击的牌号。

3）不锈钢切削加工时，有加工硬化严重、切削力大、切削温度高、刀具容易磨损的特点，铣刀材料应选用具有较高硬度、强度和韧性，以及热硬性和耐磨性好的材料，同时应具有较好的抗氧化性和抗黏性。采用高速钢铣刀铣削不锈钢，宜采用高性能高速钢，特别是含钴高速钢和含铝超硬高速钢，如 W6MoCr4V2、W6MoCr4V2Al、W12Cr4V5Co5、W12Mo9Cr4Co8、W10Mo4Cr4V3Al 等。用硬质合金铣削不锈钢时，宜选用抗热振性能、抗冲击性能和抗黏性能好的硬质合金刀具材料，如 YG6X、YA6、YW1、YW2 或通用硬质合金 YT798、YG813 等牌号。

4）切削高温合金时，其切削力大、加工硬化严重、切削温度高、刀具磨损剧烈，因此所选用的刀具材料必须具有高的高温硬度（热硬性好）、高耐磨性、足够的强度与韧性、好的导热性等。对于高速钢，在 600℃时硬度不应低于 54HRC；对于硬质合金，在 800℃时硬度不应低于 58HRC。常用的刀具材料以高速钢和硬质合金为主。在特殊情况下，可以采用粉末冶金高速钢、立方氮化硼（CNB）复合刀片等。低钴超硬高速钢、无钴含铝超硬高速钢、高碳高钒高速钢和粉末冶金高速钢等都具有良好的切削性能。铣削高温合金材料时，通常选用高性能的高钒（V）高速钢。

5）切削铸铁时，刀具切削刃处的温度最高且有很高的压应力，再加上切削过程中被切削金属频繁的无规则断裂使切削过程不太平稳，会对切削刃产生很大的冲击，因此要求刀片材料具有很高的强度和冲击韧度。切削刀具用硬质合金可分为钨钴类和钨钴+立方碳化物两大类。钨钴类硬质合金主要是由碳化钨硬质相+钴粘结相组成，立方碳化物是指由钨、钛、钽、铌等组成的复合式碳化物（W，Ti，Ta，Nb）C。钨钴类硬质合金具有较好的导热性能，有利于切削热从刃区扩散，从而降低刃区温度。因此，钨钴类硬质合金是目前最适宜加工铸铁的刀具材料之一。

6）对于铝及合金的铣削刀具材料，使用一般的高速钢或硬质合金材料即可；但对于常用材料为轧制铝合金和铸铝合金，高速铣削（v_c=4500m/min）时高速钢刀具寿命较短，只有几十米，主要是因为它的热硬性太差。人造金刚石和立方氮化硼因易崩刃，切削效果也不太好。K01 硬质合金的抗弯强度较低，也易崩刃。在高速铣削时，最佳的刀具材料是 K10 和 K20 硬质合金。

7）纯铜的韧性、塑性大，切削时热变形大。要求刀具锋利、切削轻快、排屑顺畅，并尽量降低切削温度。YG 类硬质合金刀具的磨加工性较好，可以磨出锋利的刃口，适合于加工纯铜等有色金属。切削纯铜的刀具材料可选用 W18Cr4V 高速钢和 YG3、YG6、YG8 等硬质合金刀具，切削速度一般为 120～170m/min。

8）塑料铣削时，切削力较小，但刀具温度高，由于所加填料不同，对刀具磨损的影响也不同。常用的刀具材料为高速钢（如 W18Cr4V）和硬质合金（如 YG6、YG8 等）。铣削压层塑料时，可采用高速钢或镶齿硬质铣刀；但铣玻璃钢时，由于磨损剧烈，刀具寿命短，应采用硬质合金铣刀。目前，国外已广泛利用金刚石铣刀铣削热固性塑料，如玻璃布层压塑料等。由于金刚石铣刀的摩擦系数小、导热系数大，它的切削条件比铣削金属好，铣削力仅为加工金属的 10%～20%。

1.8.2 铣削刀具类型的选择

1. 面铣刀的结构及应用

面铣刀的圆周表面和端面上都有切削刃，端部切削刃为副切削刃，常用于端铣较大的平面，如图 1-41 所示。面铣刀多制成套

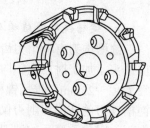

图 1-41

式镶齿结构，刀齿为高速钢或硬质合金，刀体为 40Cr。高速钢面铣刀直径 D=80～250mm，螺旋角 β=10°，刀齿数 Z=10～26。

硬质合金面铣刀与高速钢铣刀相比，铣削速度较高，加工表面质量也较好，并可加工带有硬皮和淬硬层的工件，故得到广泛应用。硬质合金面铣刀按刀片和刀齿的安装方式不同，可分为整体式、机夹—焊接式和可转位式三种。

2. 立铣刀的结构及选择

立铣刀是数控铣削中最常用的一种铣刀，其结构如图 1-42 所示。立铣刀的圆柱表面和端面上都有切削刃，圆柱表面的切削刃为主切削刃，圆柱端面上的切削刃为副切削刃。主切削刃一般为螺旋齿，这样可

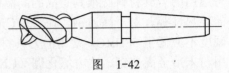

图　1-42

以增加切削平稳性，提高加工精度。由于普通立铣刀端面中心处无切削刃，所以立铣刀不能作轴向进给，端面刃主要用来加工与侧面相垂直的底平面。

为了改善切屑卷曲情况、增大容屑空间、防止切屑堵塞，刀齿数比较少，容屑槽圆弧半径则较大。一般地，粗齿立铣刀齿数 Z=3～4，细齿立铣刀齿数 Z=5～8，套式结构立铣刀齿数 Z=10～20，容屑槽圆弧半径 r=2～5mm。当立铣刀直径较大时，还可制成不等齿距结构，以增强抗振作用，使切削过程平稳。

标准立铣刀的螺旋角 β 为 40°～45°（粗齿）和 30°～35°（细齿），套式结构立铣刀的螺旋角 β 为 15°～25°。直径较小的立铣刀，一般制成带柄形式。ϕ2～71mm 的立铣刀为直柄；ϕ6～63mm 的立铣刀为莫氏锥柄；ϕ25～80mm 的立铣刀为带有螺纹孔的 7:24 锥柄，螺纹孔用来拉紧刀具。直径为 40～160mm 的立铣刀可做成套式结构。

3. 模具铣刀的结构及选择

模具铣刀由立铣刀发展而成，适用于加工空间曲面零件，有时也用于平面类零件上有较大转接凹圆弧的过渡加工，其结构如图 1-43 所示。模具铣刀可分为圆锥形立铣刀（圆锥半角为 3°、5°、7°、10°）、圆柱形球头立铣刀和圆锥形球头立铣刀三种，其柄部有直柄、削平型直柄和莫氏锥柄。它的结构特点是球头或端面上布满了切削刃，圆周刃与球头刃圆弧连接，可以作径向和轴向进给。铣刀工作部分用高速钢或硬质合金制造。模具铣刀直径 D=4～63mm。

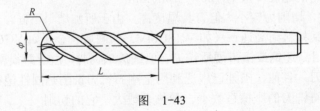

图　1-43

4. 键槽铣刀的结构及选择

键槽铣刀有两个刀齿，圆柱面和端面都有切削刃，端面刃延至中心，既像立铣刀，又像钻头。加工时，先轴向进给达到槽深，然后沿键槽方向铣出键槽全长。直柄键槽铣刀直径 D=2～22mm，锥柄键槽铣刀直径 d=14～50mm。键槽铣刀直径的偏差有 e8 和 d8 两种。键槽铣刀的圆周切削刃仅在靠近端面的一小段长度内发生磨损，重磨时，只需刃磨端面切削刃，因此重磨后的铣刀直径不变。

1.8.3 铣削刀具大小和长度的确定

1. 面铣刀大小的确定

标准可转位面铣刀直径为 16~630mm，应根据侧吃刀量 a_e 选择适当的铣刀直径，尽量包容工件整个加工宽度，以提高加工精度和效率，减小相邻两次进给之间的接刀痕迹，并保证铣刀寿命。可转位面铣刀有粗齿、细齿和密齿三种。粗齿铣刀容屑空间较大，常用于粗铣钢件；粗铣带断续表面的铸件和在平稳条件下铣削钢件时，可选用细齿铣刀；密齿铣刀的每齿进给量较小，主要用于加工薄壁铸件。

2. 立铣刀大小的确定

立铣刀尺寸的选择一般按下述经验数据选取。

1）刀具半径 R 应小于零件内轮廓面的最小曲率半径，一般取最小曲率半径的 80% 左右。

2）零件的加工高度 $H \leqslant (1/6 \sim 1/4) R$，$R$ 为刀具的半径，以保证刀具具有足够的刚度。

3）粗加工内轮廓面时（图 1-44），铣刀最大直径 D 可按式（1-1）计算：

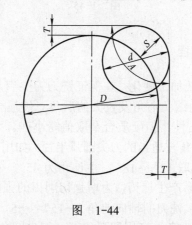

图 1-44

$$D = [2 (S\sin A/2 - T)] / (1 - \sin A/2) + d \qquad (1-1)$$

式中　d——轮廓的最小凹角直径；

　　　　S——圆角邻边夹角等分线上的精加工余量；

　　　　T——精加工余量；

　　　　A——圆角两邻边的夹角。

4）铣刀刃长的选择。为了提高铣刀的刚性，对铣刀的刃长应在保证铣削过程不发生干涉的情况下，尽量选较短的尺寸。如图 1-45 所示，一般可根据以下两种情况进行选择：

① 加工深槽或不通孔时：

$$l = H + 2$$

式中　l——铣刀切削刃长度（mm）；

　　　H——槽深尺寸（mm）。

② 加工外表面或通孔、通槽时：

$$l = H + r + 2$$

式中　r——铣刀端刃圆角半径（mm）。

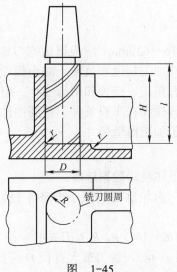

铣刀圆周

图　1-45

1.8.4　刀具几何参数的选择

1）铣削高锰钢时，为降低加工硬化，在保证铣刀刀尖有足够强度的前提下，切削刃应尽量锋利，宜采用较小的前角或负前角及较大的后角。硬质合金刀片和陶瓷刀片一般用负倒棱，以增强切削刃的抗冲击性，但硬质合金取值略小些。为增强刀尖的强度及有利于刀尖的散热，一般取较大的刀尖角与适当的刀尖圆弧半径。如用硬质合金面铣刀加工，一般前角取-5°～5°；后角大一些，取 12°～18°；主偏角为 45°～60°；刃倾角为-5°左右。

2）由于铣削高强度钢时易产生崩刃，为增强切削刃的强度，减少崩刃，前角应取小值或负值，刃倾角取-10°左右；铣刀的轴向前角为-15°～-5°，径向前角为-5°～20°，主偏角为 5°～60°。刀尖避免尖角，可用圆弧代替，刀尖圆角半径应在 0.8mm 以上。刃口应有较低的表面粗糙度值，为减小刀具与工件的摩擦，后角应较大。

3）不锈钢塑性大，硬度和强度并不高，但加工硬化严重，宜选用较大的前角和后角，以及较小的负倒棱。在保证切削刃强度的前提下，尽可能使切削刃锋利，以减小切屑的变形与后面的摩擦，减小加工硬化。为减少不锈钢的粘刀，铣刀前、后面的表面粗糙度值要小，一般前面的为 Ra 0.1～0.2μm，后面的为 Ra 0.2～0.4μm。由于采用了较大的前、后角，为增加刀尖的强度，改善散热条件，又不使背向力增加过多，宜采用较小的刃倾角，一般为 0°～5°。对于高速钢圆柱形平面铣刀或立铣刀，宜采用较大的螺旋角，以增大实际切削前角，使切削刃锋利。

4）铣削高温合金比车削高温合金困难，除要求铣床有足够的刚度外，还同样要求铣刀具有高的刚度与强度、足够的容屑空间以及光滑的齿槽，以利于排屑。在选择铣刀几何参数时，要特别注意降低切削温度、减少加工硬化、尽量使铣刀磨得锋利，故铣削变形高温合金时常取前角。

5）铣削冷硬铸铁时，为了提高刀具强度，一般采用小前角（-10°～0°）甚至负前角，同时磨出负倒棱，刀尖圆弧半径取 1～2mm；为减轻刀具的抗冲击能力，采用刃倾角为 $-15°\sim0°$。

6）高速切削铝及合金时，由于进给速度很高，刀具后面和已加工表面之间的第三变形区就成为不可忽视的一个发热源。为了减少刀具与工件之间的摩擦，后角一定要选得大一些，一般将后角选为 12° 以上。对前角来说，与传统工艺相似，当前角较小时，切屑流出阻力较大，切削力也较大；当前角过大时，因刀具的散热体积较小，刀具易磨损。因此，一般推荐使用前角为 12° 左右。据有关资料介绍，在超高速铣削轧制铝合金时，前角每减少 1°，则切削力增加 1%；而在切削铸铝时，前角每减少 1°，则切削力增加 1.4%。对刃倾角来说，它影响了切屑流出的方向和各切削分力的大小。因为轧制铝合金是塑性材料，切屑形态为带状切屑，为改善排屑条件，一般希望选用大的刃倾角。用硬质合金刀具切削轧制铝合金时，推荐后角为 12°～18°，前角为 10°～18°，刃倾角为 20°～25°；用硬质合金刀具切削铸造铝合金时，推荐后角为 12°，前角为 15°，刃倾角为 0°。

7）由于铣削塑料时，切削力、切削转矩较小，为提高生产率和铣刀寿命，可选用较大的铣刀直径。铣削时，产生的切屑体积较大，刀齿间的容屑槽应更宽更深。铣削大平面时，最好选用面铣刀。由于铣削力较小，不存在刀齿强度问题，铣刀的前角、后角、刃倾角、主偏角和副偏角均比切削金属的铣刀大很多。

1.9　数控切削参数的确定与计算

为保证刀具寿命，铣削用量的选择方法是：先选取背吃刀量或侧吃刀量，其次确定进给速度，最后确定切削速度（主轴转速）。

1.9.1　数控切削参数的确定

1. 背吃刀量参数的确定

背吃刀量 a_p 为平行于铣刀轴线测量的切削尺寸，如图 1-46 所示，单位为 mm。端铣时，背吃刀量为切削层深度；而圆周铣时，背吃刀量为被加工表面的宽度。侧吃刀量 a_e 为垂直于铣刀轴线测量的切削层尺寸，如图 1-46 所示，单位为 mm。端铣时，侧吃刀量为被加工表面宽度；而圆周铣时，侧吃刀量为切削层深度。背吃刀量或侧吃刀量的选取主要由加工余量和对表面质量的要求决定。

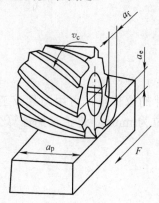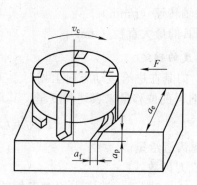

图　1-46

1）在工件表面粗糙度值要求 Ra 为 12.5～25μm 时，如果圆周铣削的加工余量小于 5mm，端铣的加工余量小于 6mm，则粗铣一次进给就可以达到要求；但在余量较大、工艺系统刚性较差或机床动力不足时，可以分两次或多次进给完成。

2）在工件表面粗糙度值要求 Ra 为 3.2～12.5μm 时，可分粗铣和精铣两步进行。粗铣时，背吃刀量或侧吃刀量选取同前。粗铣后留 0.5～1.0mm 余量，在精铣时切除。

3）在工件表面粗糙度值要求 Ra 为 0.8～3.2μm 时，可分粗铣、半精铣和精铣三步进行。半精铣时的背吃刀量或侧吃刀量取 1.5～2mm，精铣时圆周铣的侧吃刀量取 0.3～0.5mm，面铣刀的背吃刀量取 0.5～1.0mm。

4）在工件表面粗糙度值要求为 $Ra \geqslant 25μm$ 时，一般可通过一次铣削达到所加工的要求；但当工艺系统刚性较差或加工余量太大时，可分两次或多次铣削。第一次铣削的背吃刀量尽可能大些，以便使刀尖避开工件表面的硬皮。在工艺系统刚性足够时，粗铣铸钢、铸铁时，背吃刀量取 5～7mm；粗铣不带硬皮的钢料时，背吃刀量取 3～5mm。背吃刀量除按照上述的要求决定外，还必须考虑刀具能够保证的加工刚度。一般刀具的背吃刀量还应满足 $a_p \leqslant$（1/6～1/4）R，R 为刀具的半径。

2．主轴转速的确定

切削速度 v_c：在进行切削加工时，刀具切削刃的某一点相对于待加工表面在主运动方向上的瞬时速度，单位为 m/min。其计算公式如下：

$$v_c = \frac{\pi D n}{1000}$$

式中　　D——刀具的最大直径（mm）；

　　　　n——主轴转速（r/min）。

一般来讲，切削速度 v_c 不是通过上述公式计算出来的，而是根据相关切削用量表查出来或用相关经验进行确定的。

确定主轴转速时，主要根据工件材料、刀具材料、机床功率和加工性质（如粗、精加工）等条件确定其允许的切削速度。如何确定加工中的切削速度，除了可以参考有关切削用量表所列出的数值外，实践中可根据实际经验进行确定。切削速度确定后，即可计算出主轴转速。计算公式如下：

$$n = \frac{1000 v_c}{\pi D}$$

式中　　n——主轴转速（r/min）；

　　　　D——刀具的最大直径（mm）；

3．进给速度的确定

进给量 f：刀具在进给运动方向上相对于工件的位移量，可用刀具或工件每转（主运动为旋转运动时）的位移量来表述和度量，其单位为 mm/r。进给量的计算公式如下：

$$f = f_z z$$

式中　　f_z——每齿进给量；

　　　　z——铣刀齿数。

进给速度 v_f：切削刃上选定点相对工件的进给运动瞬时速度称为进给速度，其单位为 mm/min。其计算公式如下：

$$v_f = nf$$

进给速度的确定原则如下：

1）当能够保证工件的质量要求时，为了提高生产效率，可选择较高的进给速度。

2）切断、精加工（如顺铣）、深孔加工或用高速钢刀具切削时，宜选择较低的进给速度，有时可能还要选择极小的进给速度。

3）刀具或工件的空行程运动，特别是远距离返回程序原点或机床原点时，可以设定尽量高的进给速度，如日本大森 III 型 R2J50 系列数控系统规定的快速进给速度可达 30000mm/min。

4）切削时的工作进给速度应与主轴转速和背吃刀量等切削用量相适应，不能顾此失彼。

5）攻螺纹的进给速度必须与主轴转速相适应。

4. 攻螺纹时切削参数的确定

1）攻螺纹时，主轴转速按下式来计算：

$$n = \frac{1000v_c}{\pi D}$$

式中　n——主轴转速（r/min）；

　　　D——丝锥的最大直径（mm）；

　　　v_c——切削速度（m/min）。

2）攻螺纹时，进给速度按下式来计算：

$$v_f = nP$$

式中　v_f——进给速度（mm/min）；

　　　n——丝锥的转速（r/min）；

　　　P——螺距（mm/r）。

1.9.2　数控切削参数计算实例

图 1-47 是吊钩凹模，材料设定为 45 钢（材料假定与实际生产有差异），加工工艺如下，试求钻孔、镗孔及铣削的切削参数。

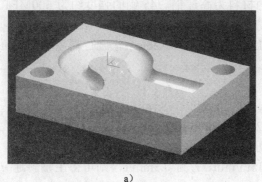

a)

图　1-47

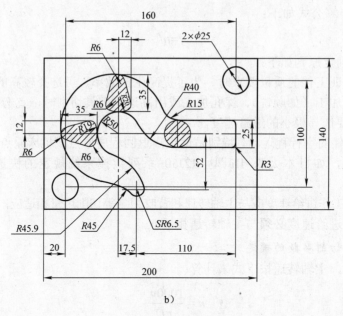

b)

图　1-47（续）

a）零件图　b）零件尺寸图

1. 加工图 1-47 中的导柱孔（2×φ25）

1）钻中心孔。

2）安装 φ12mm 钻头并对刀，设定刀具参数，钻通孔。

3）安装 φ22mm 钻头并对刀，设定刀具参数，钻通孔。

4）安装镗刀并对刀，设定刀具参数，选择程序，粗镗孔，留 0.50mm 单边余量。

5）实测孔的尺寸，调整镗刀，半精镗孔，留 0.10mm 单边余量。

6）实测孔的尺寸，调整镗刀，精镗孔至要求尺寸。

2. 铣吊钩型面

1）粗加工型面。用 φ12～14mm 立铣刀进行等高加工，余量为 1mm。

2）半精加工型面。安装 R5mm 球刀半精铣，留 0.10mm 余量。

3）精加工型面。安装 R3mm 球刀半精铣至要求尺寸。

解： 设定所有刀具的材料为高速钢。45 钢的强度约为 600MPa。

1）φ12mm 钻头的切削参数。

查附录 A，取 v_c 为 15m/min、f_z 为 0.2mm/r，则可得主轴转速 n 和进给速度 v_f 为

$$n = \frac{1000 v_c}{\pi D}$$

$\quad$ = [1000×15/（3.14×12）]r/min=398r/min

$v_f = nf = nf_z z = $（398×0.2×3）mm/min=239mm/min

2）φ22mm 钻头的切削参数。

查附录 A，取 v_c 为 15m/min、f_z 为 0.3mm/r，则可得主轴转速 n 和进给速度 v_f 为

$$n = \frac{1000 v_c}{\pi D}$$

$$= [1000 \times 15/ （3.14 \times 22）]r/min=217r/min$$

$v_f=nf=nf_zz=$（$217 \times 0.3 \times 3$）mm/min=195mm/min

3）粗镗的切削参数。

查附录 A，取 v_c 为 15m/min、f_z 为 0.35mm/r，则

$$n = \frac{1000v_c}{\pi D}$$

$$= [1000 \times 15/ （3.14 \times 24）]r/min=199r/min$$

$v_f=nf=nf_zz=$（$199 \times 0.35 \times 1$）mm/min=70mm/min

4）半精镗的切削参数。

查附录 A，取 v_c 为 15m/min、f_z 为 0.15mm/r，则

$$n = \frac{1000v_c}{\pi D}$$

$$= [1000 \times 15/ （3.14 \times 24.8）]r/min=193r/min$$

$v_f=nf=nf_zz=$（$193 \times 0.15 \times 1$）mm/min=29mm/min

5）精镗的切削参数。

查附录 A，取 v_c 为 100m/min、f_z 为 0.12mm/r，则

$$n = \frac{1000v_c}{\pi D}$$

$$= [1000 \times 100/ （3.14 \times 25）]r/min=1\,274r/min$$

$v_f=nf=nf_zz=$（$1274 \times 0.12 \times 1$）mm/min=153mm/min

6）粗铣的切削参数。

查附录 A，取 v_c 为 20m/min、f_z 为 0.12mm/r，则

$$n = \frac{1000v_c}{\pi D}$$

$$= [1000 \times 20/ （3.14 \times 12）]r/min=531r/min$$

$v_f=nf=nf_zz=$（$531 \times 0.12 \times 3$）mm/min=191mm/min

7）半精铣的切削参数。

查附录 A，取 v_c 为 25m/min、f_z 为 0.08mm/r，则

$$n = \frac{1000v_c}{\pi D}$$

$$= [1000 \times 20/ （3.14 \times 10）]r/min=637r/min$$

$v_f=nf=nf_zz=$（$637 \times 0.08 \times 3$）mm/min=153mm/min

8）精铣的切削参数。

查附录 A，取 v_c 为 35m/min、f_z 为 0.04mm/r，则

$$n = \frac{1000v_c}{\pi D}$$

$$=[1000 \times 20/ （3.14 \times 6）]r/min=1062r/min$$

$v_f=nf=nf_zz=$（$1062 \times 0.04 \times 3$）mm/min=127mm/min

上述的切削参数是通过理论计算的，实际生产中应根据企业具体设备情况做适当调整。

第2章　典型二维零件数控
加工自动编程实例

2.1　二维数控加工概述

在机械加工中，二维加工虽然比曲面加工简单，但是二维加工所占的比重是非常大的。提高二维加工的效率对提高整个机械加工的效率，意义非常重大，而采用数控加工就能实现二维零件的高效加工。同时在所有曲面零件加工中（包括复杂的模具型腔零件加工）都涉及二维方式的加工，因此在零件加工中采用二维的数控加工技术就变得更为重要。

2.1.1　二维数控加工刀具轨迹生成

二维数控加工对象大致可以分为四类，分别是外形轮廓、二维型腔、孔和二维字符。平面上的外形轮廓分为内轮廓和外轮廓，其刀具中心轨迹为外形轮廓的等距线。二维型腔：分为简单型腔和带岛型腔，其数控加工分为环切和行切两种切削加工方式。孔：包括钻孔、镗孔和攻螺纹等操作，要求的几何信息仅为平面上的二维坐标点，至于孔的大小一般由刀具来保证。二维字符：平面上的刻字加工也是一类典型的二坐标加工，按设计要求输入字符后，使用雕刻刀具加工所设计的字符，其刀具轨迹一般就是字符轮廓轨迹，字符的线条宽度一般由雕刻刀刀尖直径来保证。

1. 外形轮廓铣削加工刀具轨迹生成

外形轮廓铣削数控加工的刀具轨迹是刀具沿着预先定义好的工件外形轮廓运动而生成的刀具路径。外形轮廓通常为二维轮廓，加工方式为二坐标加工。某些特殊情况下，也有三维轮廓需要加工。对于二维外形轮廓的数控加工，要求外形轮廓曲线是连续和有序的，手工编程时直接用数控加工程序来保证，计算机辅助数控编程时则必须用一定的数据结构和计算方法来保证。

对于一个外形轮廓的加工，可以分为粗加工和精加工等多个加工工序。最简单的粗、精加工刀具轨迹生成方法可通过刀具半径补偿来实现，即在采用同一刀具的情况下，通过改变半径补偿值的方式进行粗、精加工刀具轨迹规划。另外，也可以通过设置粗、精加工次数及步进距离来规划粗、精加工刀具轨迹。

2. 二维型腔数控加工刀具轨迹生成

二维型腔是指以平面封闭轮廓为边界的平底直壁凹坑。二维型腔加工的一般过程是：

沿轮廓边界留出精加工余量，先用平底面铣刀用环切或行切法走刀，铣去型腔的多余材料，最后沿型腔底面和轮廓走刀，精铣型腔底面和边界外形。当型腔较深时，则要分层进行粗加工，这时还需要定义每一层粗加工的深度以及型腔的实际深度，以便计算需要分多少层进行粗加工。

1）行切法加工刀具轨迹生成。这种加工方法的刀具轨迹计算比较简单，其基本过程是：首先确定走刀路线的角度（与 X 轴的夹角），然后根据刀具半径及加工要求确定走刀步距，接着根据平面型腔边界轮廓外形（包括岛屿的外形）、刀具半径和精加工余量计算各切削行的刀具轨迹，最后将各行刀具轨迹线段有序连接起来，连接的方式可以是单向，也可以是双向，行切法加工刀具轨迹如图 2-1 所示。

2）环切法加工刀具轨迹生成。环切法加工一般是沿型腔边界走等距线，刀具轨迹的计算相对比较复杂，其优点是铣刀的切削方式不变（顺铣或逆铣）。环切法加工分为由内至外环切和由外至内环切。平面型腔的环切法加工刀具轨迹的计算在一定意义上可以归纳为平面封闭轮廓曲线的等距线计算。目前，应用较为广泛的一种等距线计算方法是直接偏置法，环切法加工刀具轨迹如图 2-2 所示。

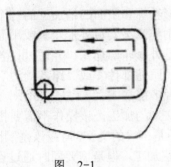 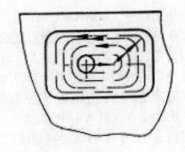

图　2-1　　　　　　　　　　　　　　　图　2-2

3. 二维字符数控加工刀具轨迹生成

平面上的字符雕刻是一种常见的切削加工，其数控雕刻加工刀具轨迹生成方法依赖于所要雕刻加工的字符。原则上讲，字符雕刻加工刀具轨迹采用外形轮廓铣削加工方法沿着字符轮廓生成。对于线条型字符和斜体字符，直接利用字符轮廓生成字符雕刻加工刀具轨迹，同一字符不同笔画间和不同字符间采用抬刀—移位—下刀的方法将分段刀具轨迹连接起来。这种刀具轨迹不考虑刀具半径补偿，字符线条的宽度直接由刀尖直径确定。

对于有一定线条宽度的方块字符和罗马字符，则要采用外形轮廓铣削加工方式生成刀具轨迹，这时刀尖直径一般小于线条宽度。如果线条特别宽，而又不能用大刀具，则要采用二维型腔铣削加工方式生成刀具轨迹。

2.1.2　UG 二维数控加工功能

UG 二维平面加工命令多达 15 种，有非常多的加工方法来完成二维零件的数控加工。UG 二维操作命令具体如图 2-3 所示。对于一般二维零件的加工，实际上只要熟练掌握 UG 中的 3～4 个操作命令就可实现零件的快速自动编程，如图 2-3 所标示的平面加工命令、线框加工命令和刻字命令。

平面加工命令（FACE_MILLING）主要是完成零件平面部位的数控加工，走刀方式包括单向、往复和跟随周边等 8 种之多，具体如图 2-4 所示。当然实际加工一个平面，选择最多的走刀方式应该是往复，因为这种方式的加工效率最高。平面加工命令也可以实现多层加工，但要通过设置毛坯距离和每刀深度两个参数来完成。

图　2-3　　　　　　　　　　　　　　　图　2-4

线框加工命令（PLANAR_MILL）是可实现外形轮廓和平面凹槽加工的一个综合性二维加工操作命令。该操作命令是通过改变软件的切削模式来实现外形轮廓或平面凹槽加工的，当切削模式设置为"轮廓加工"时，则实施的是外形轮廓加工，并通过设置"附加刀路"实现外形轮廓的多圈加工；当切削模式设置为"跟随部件"或"跟随周边"时，则实施的是平面凹槽加工，并通过设置"恒定"参数实现多层加工。

刻字加工命令（PLANAR_TEXT）可实现二维文字的加工，该操作不需要指定部件，而只需要指定"文字"，但是要特别注意这里的文字不是一般的文字，而应该是制图中的"文字"或是注释中的"文字"。刻字加工也可以实现多层加工，但是需要同时通过设置"每刀深度"和"毛坯距离"两个参数来实现。

孔的加工 UG 软件也有近 10 种方法，可以有多种方式实现孔的粗加工和精加工，图 2-5 所示为 UG 孔的操作命令。图 2-5 中第一行的第 3 个图标是一般孔的钻孔加工命令；第一行的第 4 个图标和第 5 个图标是深孔的钻孔加工命令；第一行的第 6 个图标是镗孔命令；第二行的第 1 个图标是铰孔命令；第二行的第 4 个图标是攻螺纹命令；第二行的第 5 个图标是铣螺纹命令。钻孔加工最容易出现抬刀高度不够而发生过切现象。UG 中控制孔加工的抬刀高度与一般铣削不一样，是利用图 2-6 所示的按钮来进行设置的。

图　2-5　　　　　　　　　　　　　　　图　2-6

2.1.3 二维数控加工时应注意的问题

铣削平面零件时，一般采用立铣刀侧刃进行切削。为减少接刀痕迹，保证零件表面质量，对刀具的切入和切出程序需要精心设计。铣削外表面轮廓时，铣刀的切入和切出点应沿零件轮廓曲线的延长线上切向切入和切出零件表面，而不应沿法向直接切入零件，以避免加工表面产生划痕，保证零件轮廓光滑。

加工过程中，工件、刀具、夹具、机床系统处在平衡弹性变形的状态下，进给停顿时，切削力减小，会改变系统的平衡状态，刀具会在进给停顿处的零件表面留下划痕，因此在轮廓加工中应避免进给停顿。铣削加工进给路线包括切削进给和 Z 向快速移动进给两种进给路线，在 Z 向快速移动进给常采用下列进给路线。

1）铣削开口不通槽时，铣刀在 Z 向可直接快速移动到位，不需工作进给，如图 2-7 所示。

2）铣削封闭槽时，铣刀需要有一切入距离 Z_0，先快速移动到距工件加工表面有一切入距离 Z_0 的位置上（R 平面），然后以工作进给速度进给到铣削深度 H，如图 2-8 所示。

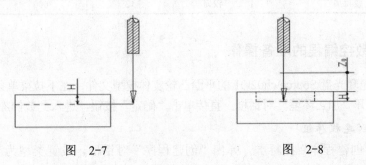

图 2-7   图 2-8

孔加工时，一般是先将刀具在 XOY 平面内快速定位到孔中心线的位置上，然后再沿 Z 向运动进行加工。刀具在 XOY 平面内的运动为点位运动，确定其进给路线时重点考虑：

1）定位迅速，空行程路线要短。

2）定位准确，避免机械进给系统反向间隙对孔位置精度的影响。

3）当定位速度与定位准确不能同时满足时，若按最短进给路线进给能保证定位精度，则取最短路线。反之，应取能保证定位准确的路线。

2.2 平面凸轮零件数控加工自动编程

2.2.1 实例介绍

图 2-9 是一个平面凸轮零件，该凸轮零件包括内槽凸轮和外形凸轮两个部分。凸轮的材质为铝，毛坯采用 138mm×106mm×35mm 的立方块料。毛坯料上下两个表面不平整，毛坯料有两个长的侧面较平整。

2.2.2 数控加工工艺分析

零件在数控铣床上加工，毛坯两个长的垂直面（侧

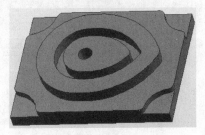

图 2-9

面）安装在平口钳上，加工坐标系原点确定为零件上表面的中心点，加工坐标系的 X 向与零件长度方向一致。零件的数控加工路线、切削刀具（高速钢）和切削工艺参数见表 2-1。

表　2-1

工　序　号	加 工 内 容	刀 具 类 型	刀具直径/mm	主轴转速/(r/min)	进给速度/(mm/min)
1	粗加工凸轮外形	平铣刀	16	2200	650
2	精加工外形底面	平铣刀	16	2200	650
3	精加工外形侧面	平铣刀	16	2200	800
4	粗加工四个缺角	平铣刀	16	2200	650
5	精加工四个缺角	平铣刀	16	2200	650
6	粗加工凸轮槽	平铣刀	6	3000	900
7	精加工凸轮槽侧壁	平铣刀	6	3000	900
8	钻孔加工	钻头	11.7	800	200
9	铰孔加工	铰刀	12	600	100

2.2.3　创建数控编程的准备操作

打开本书配套光盘\Source\ch02\01 的平面凸轮实体模型文件，在下拉菜单条中单击"开始"→"加工"，打开"加工环境"对话框，直接单击"确定"按钮，进入到数控加工界面。

步骤一　创建程序组

1）单击"创建程序"图标，弹出"创建程序"对话框，设置类型为 mill_planar、程序子类型为 NC_PROGRAM、名称为 1，具体如图 2-10 所示。

2）依次单击"应用"和"确定"按钮，完成名称为 1 的程序创建。

3）按照上述操作方法，依次创建名称为 2、3、4、5、6、7、8、9、10 的程序。

步骤二　创建刀具组

1）单击"创建刀具"图标，弹出"创建刀具"对话框，设置类型为 mill_planar、刀具子类型为 MILL、名称为 D6，具体如图 2-11 所示。

图　2-10

图　2-11

2）单击"应用"按钮，弹出"铣刀-5 参数"对话框，将直径数值更改为 6，其余数值采用默认，具体如图 2-12 所示，单击"确定"按钮，完成直径为 6mm 的平铣刀创建。

3）按照上述操作方法，依次完成名称为 D12（直径为 12mm）、D16（直径为 12mm）的平铣刀创建。

4）单击"创建刀具"图标▣，弹出"创建刀具"对话框，设置类型为 drill、刀具子类型为 DRILLING_TOOL、名称为 DR11.7。

5）单击"应用"按钮，弹出"钻刀"对话框，将直径数值更改为 11.7，其余数值采用默认，单击"确定"按钮，完成直径为 11.7mm 的钻头创建。

6）单击"创建刀具"图标▣，弹出"创建刀具"对话框，设置类型为 drill、刀具子类型为 REAMER、名称为 RE12。

7）单击"应用"按钮，弹出"钻刀"对话框，将直径数值更改为 12，其余数值采用默认，单击"确定"按钮，完成直径为 12mm 的铰刀创建。

步骤三　创建几何体

1）在下拉菜单条中，单击"开始"→"所有应用模块"→"注塑模向导"，单击"注塑模工具"图标▨，在弹出的"注塑模工具"对话框中单击第一个"创建方块"图标▣。

2）依次选取图 2-9 所示平面凸轮的上表面和下表面，并将"创建方块"对话框中的默认间隙更改为 0，单击"确定"按钮，包容平面凸轮实体的立方块创建完成。

3）关闭"注塑模工具"对话框，在下拉菜单条中单击"开始"→"所有应用模块"→"注塑模向导"，关闭"注塑模向导"工具栏。

4）单击"工序导航器"图标▨，在"工序导航器"中的空白处单击鼠标右键，弹出右键菜单，单击"几何视图"菜单，在"工序导航器"中出现图 2-13 所示的界面。

5）双击图 2-13 中的 MCS_MILL 图标，弹出"Mill Orient"对话框，选取刚创建立方块的上表面，其余采用默认数值，单击"确定"按钮。

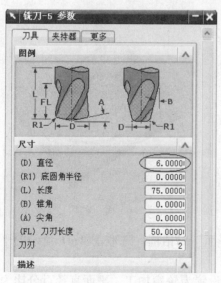

图　2-12

图　2-13

6）双击图 2-13 中的 WORKPIECE 图标，单击"指定毛坯"图标▣，选取立方块，单击"确定"按钮。

7）按键盘上的"Ctrl+B"键，选取立方块，单击"确定"按钮，将立方块模型隐藏。

8）单击"指定部件"图标 ，选取平面凸轮实体，连续两次单击"确定"按钮完成。

注意：在 UG 平面零件加工中，为了能实现实体模拟加工效果，应该在此创建 WORKPIECE "铣削几何体"。

2.2.4　创建数控编程的加工操作

步骤一　粗加工凸轮外形

1）单击"创建工序"图标 ，在弹出的"创建工序"对话框中设置类型为 mill_planar、工序子类型为 PLANAR_MILL、程序为 1、刀具为 D16、几何体为 WORKPIECE、方法为 MILL_ROUGH，具体如图 2-14 所示。

2）单击"应用"按钮，弹出"平面铣"对话框。单击"指定部件边界"图标 ，弹出"边界几何体"对话框，将模式由"面"更改为"曲线/边"，弹出"创建边界"对话框，选取图 2-15 所示的边界线，将材料侧设置为内部，其余采用默认设置，连续两次单击"确定"按钮，返回到"平面铣"对话框。

图　2-14

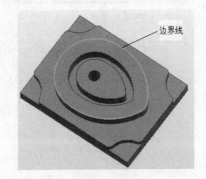

图　2-15

3）单击"指定底面"图标 ，弹出"平面"对话框，选取图 2-16 所示的平面，单击"确定"按钮。

4）在"平面铣"对话框中，将切削模式设置为轮廓加工、平面直径百分比为 80.0000，附加刀路为 2，如图 2-17 所示。单击"切削层"图标 ，在"切削层"对话框中设置类型为恒定、每刀公共深度为 1.5，单击"确定"按钮。

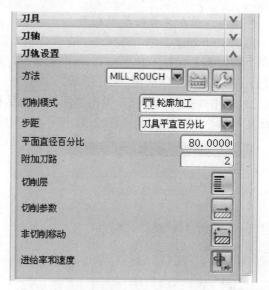

选取该平面

图　2-16

图　2-17

5）单击"切削参数"图标，弹出"切削参数"对话框。在"策略"选项卡中设置切削方向为顺铣，勾选"岛清理"复选框；在"余量"选项卡中设置部件余量为 0.35，最终底部面余量为 0.35，其余采用默认设置，单击"确定"按钮。

6）单击"非切削移动"图标，在弹出的"非切削移动"对话框中设置开放区域进刀类型为圆弧，单击"确定"按钮。

7）单击"进给率和速度"图标，弹出"进给率和速度"对话框。设置主轴速度为 2200、切削为 650，单击"确定"按钮，返回到"平面铣"对话框。

8）向下拖动"平面铣"对话框右侧的滚动条，出现操作项的四个图标，如图 2-18 所示，单击最左边的"生成"图标，刀具轨迹生成，如图 2-19 所示，依次单击"确定"和"取消"按钮。

9）在图形区域窗口的空白处，单击鼠标右键，弹出右键菜单，单击"刷新"项，清除刀具轨迹线条。

图　2-18

图　2-19

步骤二 精加工凸轮外形底面

1）单击"创建工序"图标 ，在弹出的"创建工序"对话框中设置类型为 mill_planar、工序子类型为 FACE_MILLING、程序为 2、刀具为 D16、几何体为 WORKPIECE、方法为 MILL_FINISH，具体如图 2-20 所示。

2）单击"应用"按钮，弹出"面铣"对话框。单击"指定面边界"图标 ，弹出"指定面几何体"对话框，选取图 2-21 所示的平面，单击"确定"按钮。

图 2-20

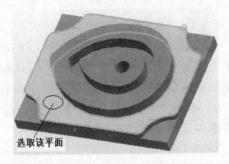

选取该平面

图 2-21

3）在"面铣"对话框中，将切削模式设置为跟随部件，每刀深度为 0，最终底部面余量为 0。单击"切削参数"图标 ，弹出"切削参数"对话框。在"策略"选项卡中设置切削方向为顺铣，具体如图 2-22 所示；在"余量"选项卡中设置部件余量为 0.3，其他所有的余量都设置为 0，单击"确定"按钮。

4）单击"进给率和速度"图标 ，弹出"进给率和速度"对话框。设置主轴速度为 2200、切削为 650，单击"确定"按钮，返回到"面铣"对话框。

5）向下拖动"平面轮廓铣"对话框右侧的滚动条，出现操作项的四个图标，单击最左边的"生成"图标 ，刀具轨迹生成，如图 2-23 所示，依次单击"确定"和"取消"按钮。

6）在图形区域窗口的空白处，单击鼠标右键，弹出右键菜单，单击"刷新"项，清除刀具轨迹线条。

步骤三 精加工凸轮外形侧面

1）单击"创建工序"图标 ，在弹出的"创建工序"对话框中设置类型为 mill_planar、工序子类型为 PLANAR_PROFILE、程序为 3、刀具为 D16、几何体为 WORKPIECE、方法为 MILL_FINISH，具体如图 2-24 所示。

2）单击"应用"按钮，弹出"平面轮廓铣"对话框。单击"指定部件边界"图标 ，弹出"边界几何体"对话框，将模式由"面"更改为"曲线/边"，弹出"创建边界"对话框，选取图 2-15 所示的边界线，将材料侧设置为内部，其余采用默认设置，连续两次单击

"确定"按钮,返回到"平面轮廓铣"对话框。

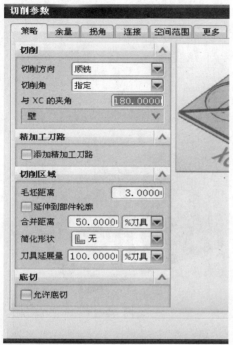

图 2-22

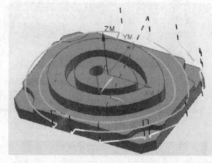

图 2-23

3)单击"指定底面"图标 ,弹出"平面"对话框,选取图 2-16 所示的平面,单击"确定"按钮。

4)在"平面轮廓铣"对话框中,将部件余量设置为 0、切削进给为 800、切削深度设置为恒定、公共设置为 3。

5)单击"非切削移动"图标 ,弹出"非切削移动"对话框。在"进刀"选项卡中设置开放区域进刀类型为圆弧,其余参数采用默认值,单击"确定"按钮。单击"进给率和速度"图标 ,弹出"进给率和速度"对话框,设置主轴速度为 2500、切削为 800,单击"确定"按钮,返回到"平面轮廓铣"对话框。

6)向下拖动"平面轮廓铣"对话框右侧的滚动条,出现操作项的四个图标,单击最左边的"生成"图标 ,刀具轨迹生成,如图 2-25 所示。依次单击"确定"和"取消"按钮。

7)在图形区域窗口的空白处,单击鼠标右键,弹出右键菜单,单击"刷新"项,清除刀具轨迹线条。

步骤四　粗加工四个缺角

1)单击"创建工序"图标 ,在弹出的"创建工序"对话框中设置类型为 mill_planar、工序子类型为 FACE_MILLING、程序为 4、刀具为 D16、几何体为 WORKPIECE、方法为 MILL_ROUGH,具体如图 2-26 所示。

2)单击"应用"按钮,弹出"面铣"对话框。单击"指定面边界"图标 ,弹出"指定面几何体"对话框,选取图 2-27 所示的四个缺角平面,单击"确定"按钮,返回到"面铣"对话框。

图　2-24

图　2-25

图　2-26

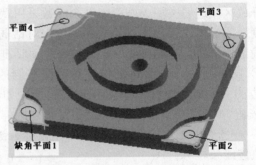

图　2-27

3）在"面铣"对话框中，将切削模式设置为跟随周边、平面直径百分比为 75、毛坯距离为 5、每刀深度为 1.5、最终底部面余量为 0.35。

4）单击"切削参数"图标，弹出"切削参数"对话框。在"策略"选项卡中，设置切削方向为顺铣、刀路方向为向内，勾选"添加精加工刀路"复选框，设置刀路数为 1、精加工步距为 0.3500，具体如图 2-28 所示；在"余量"选项卡中，设置部件余量为 0、最终底部面余量为 0.35，其余采用默认设置，单击"确定"按钮。

5）单击"进给率和速度"图标![icon]，弹出"进给率和速度"对话框。设置主轴速度为 2200、切削为 650，单击"确定"按钮，返回到"平面轮廓铣"对话框。

6）向下拖动"平面轮廓铣"对话框右侧的滚动条，出现操作项的四个图标，单击最左边的"生成"图标![icon]，刀具轨迹生成，如图 2-29 所示，依次单击"确定"和"取消"按钮。

7）在图形区域窗口的空白处，单击鼠标右键，弹出右键菜单，单击"刷新"项，清除刀具轨迹线条。

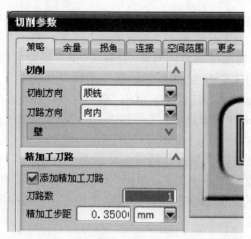

图 2-28

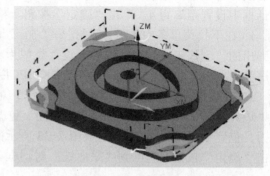

图 2-29

步骤五 精加工四个缺角

1）在工序导航器窗口中，单击程序 4 下的 FACE_MILLING_1 操作，单击鼠标右键，弹出右键菜单，单击"复制"，具体如图 2-30 所示；单击程序 5，单击鼠标右键，弹出右键菜单，单击"内部粘贴"，如图 2-31 所示。

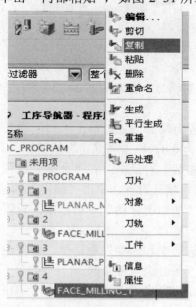

图 2-30

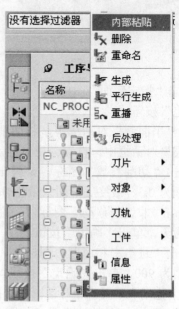

图 2-31

2）双击程序 5 下的 FACE_MILLING_1_COPY 操作，弹出"面铣"对话框。将方法设置为 MILL_FINISH，每刀深度为 0，最终底部面余量为 0，其余参数采用默认值。

3）向下拖动"平面轮廓铣"对话框右侧的滚动条，出现操作项的四个图标，单击最左边的"生成"图标 ，刀具轨迹生成，单击"确定"按钮。

4）在图形区域窗口的空白处，单击鼠标右键，弹出右键菜单，单击"刷新"项，清除刀具轨迹线条。

步骤六　粗加工凸轮槽

为了能顺利完成凸轮槽的加工，应首先构建一条辅助加工曲线。在下拉菜单条中，单击"开始"→"建模"，进入建模环境。在曲线工具条中，单击"偏置曲线"图标，弹出"偏置曲线"对话框，选取图 2-32 所示的曲线，并确保偏移方向与图示相同，在"偏置曲线"对话框中设置距离为 4，单击"确定"按钮，构建了图 2-33 所示的加工用辅助曲线。

1）在下拉菜单条中单击"开始"→"加工"，进入加工环境。单击"创建工序"图标 ，在弹出的"创建工序"对话框中，设置类型为 mill _ planar、子类型为 PLANAR_MILL、程序为 6、刀具为 D6、几何体为 WORKPIECE、方法为 MILL_ROUGH。

2）单击"应用"按钮，弹出"平面铣"对话框。单击"指定部件边界"图标 ，弹出"边界几何体"对话框，将模式由"面"更改为"曲线/边"，弹出"创建边界"对话框，将刀具位置设置为"对中"，选取图 2-33 所示的辅助曲线，其余采用默认设置，连续两次单击"确定"按钮，返回到"平面铣"对话框。

图　2-32

构建的辅助曲线

图　2-33

3）单击"指定底面"图标 ，弹出"平面"对话框，选取图 2-34 所示的凸轮槽底面，单击"确定"按钮。

4）在"平面铣"对话框中，将切削模式设置为轮廓加工。单击"切削层"图标 ，在"切削层"对话框中，设置类型为恒定、公共为 0.8，单击"确定"按钮。

5）单击"切削参数"图标 ，弹出"切削参数"对话框。在"余量"选项卡中，设置部件余量为 0.3、最终底部面余量为 0，其余采用默认设置，单击"确定"按钮。

6）单击"非切削移动"图标 ，在弹出的"非切削移动"对话框中，设置开放区域进刀类型为无，单击"确定"按钮。

7）单击"进给率和速度"图标 ，弹出"进给率和速度"对话框。设置主轴速度为3000、切削为 900，单击"确定"按钮，返回到"平面铣"对话框。

8）向下拖动"平面铣"对话框右侧的滚动条，出现操作项的四个图标，单击最左边的"生成"图标 ，刀具轨迹生成，如图 2-35 所示。依次单击"确定"和"取消"按钮。

9）在图形区域窗口的空白处，单击鼠标右键，弹出右键菜单，单击"刷新"项，清除刀具轨迹线条。

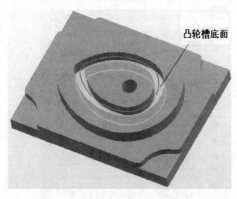

凸轮槽底面

图　2-34

图　2-35

步骤七　精加工凸轮槽侧壁

1）单击"创建工序"图标⚙，在弹出的"创建工序"对话框中，设置类型为 mill_planar、工序子类型为 PLANAR_PROFILE、程序为7、刀具为 D6、几何体为 WORKPIECE、方法为 MILL_FINISH。

2）单击"应用"按钮，弹出"平面轮廓铣"对话框。单击"指定部件边界"图标⚙，弹出"边界几何体"对话框，将模式由"面"更改为"曲线/边"，弹出"创建边界"对话框，选取图 2-36 所示的边界曲线，将材料侧设置为外部，其余采用默认设置，连续两次单击"确定"按钮，返回到"平面轮廓铣"对话框。

3）单击"指定底面"图标⚙，弹出"平面"对话框，选取图 2-34 所示凸轮槽底面，单击"确定"按钮。

4）在"平面轮廓铣"对话框中，设置部件余量为0、切削进给为900、切削深度为恒定、公共为 2。单击"非切削移动"图标⚙，弹出"非切削移动"对话框。在"进刀"选项卡中，设置开放区域进刀类型为无，其余参数采用默认值，单击"确定"按钮。

5）单击"进给率和速度"图标⚙，弹出"进给率和速度"对话框。设置主轴速度为2800、切削为900，单击"确定"按钮，返回到"平面轮廓铣"对话框。

6）单击"生成"图标⚙，刀具轨迹生成。

使用同样的方法，可完成凸轮槽另一侧壁的精加工，在此不再详述，请读者自行完成。

步骤八　钻凸轮孔

1）单击"创建工序"图标⚙，在弹出的"创建工序"对话框中，设置类型为 drill、子类型为 PECK_DRILLING、程序为9、刀具为 DR11.7、几何体为 WORKPIECE、方法为DRILL_METHOD，如图 2-37 所示。

2）单击"应用"按钮，弹出"啄钻"对话框。单击"指定孔"图标⚙，弹出"点到点几何体"对话框，单击"选择"按钮，单击"一般点"按钮，捕捉孔的中心点，连续三次单击"确定"按钮，返回到"啄钻"对话框。

3）单击"指定顶面"图标⚙，将顶面选项设置为面，选取凸轮零件的上表面后单击"确定"按钮；单击"指定底面"图标⚙，将底面选项设置为面，选取凸轮零件的下表面后单击"确定"按钮。

边界曲线

图 2-36

图 2-37

4）单击循环类型下面的"编辑参数"图标 ，在弹出的对话框中单击"确定"按钮，在弹出的"Cycle 参数"对话框中单击"Depth-模型深度"按钮，单击"穿过底面"按钮。单击"Step 值-未定义"按钮，将 step #1 设置为 3，单击"确定"按钮。单击"Rtrcto-无"按钮，单击"距离"按钮，将退刀设置为 15，连续两次单击"确定"按钮，返回到"啄钻"对话框。

5）单击"进给率和速度"图标 ，弹出"进给率和速度"对话框。设置主轴速度为800、切削为 200，单击"确定"按钮。

6）单击"生成"图标 ，刀具轨迹生成，依次单击"确定"和"取消"按钮。

7）在图形区域窗口的空白处，单击鼠标右键，弹出右键菜单，单击"刷新"项，清除刀具轨迹线条。

步骤九　铰凸轮孔

1）单击"创建工序"图标 ，在弹出的"创建工序"对话框中，设置类型为 drill、工序子类型为 REAMING、程序为 10、刀具为 RE12、几何体为 WORKPIECE、方法为DRILL_METHOD。

2）单击"应用"按钮，弹出"铰"对话框。单击"指定孔"图标 ，弹出"点到点几何体"对话框，单击"选择"按钮，单击"一般点"按钮，捕捉孔的中心点，连续三次单击 "确定"按钮，返回到"铰"对话框。

3）单击"指定顶面"图标 ，将"顶面选项"设置为面，选取凸轮零件的上表面后单击"确定"按钮；单击"指定底面"图标 ，将"底面选项"设置为面，选取凸轮零件的下表面后单击"确定"按钮。

4）单击循环类型下面的"编辑参数"图标 ，在弹出的对话框中单击"确定"按钮，在弹出的"Cycle 参数"对话框中单击"Depth-模型深度"按钮，单击"穿过底面"按钮，单击"确定"按钮，返回到"铰"对话框。

5）单击"进给率和速度"图标 ，弹出"进给率和速度"对话框。设置主轴速度为

600、切削为 100，单击"确定"按钮。

6）单击"生成"图标 ，刀具轨迹生成，依次单击"确定"和"取消"按钮。

7）在图形区域窗口的空白处，单击鼠标右键，弹出右键菜单，单击"刷新"项，清除刀具轨迹线条。

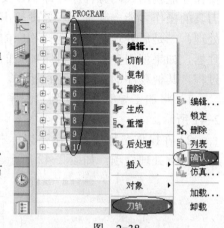

图 2-38

2.2.5 实体模拟仿真加工

1）按住"Ctrl"键不放，用鼠标依次单击程序 1、2、3、4、5、6、7、8、9、10，松开"Ctrl"键，单击鼠标右键，弹出右键菜单，并将鼠标移动到"刀轨"→"确认"，如图 2-38 所示。

2）单击"确认"项，弹出"刀轨可视化"对话框，单击"2D 动态"，单击"播放"图标 ，如图 2-39 所示，仿真加工开始，最后得到图 2-40 所示的仿真加工效果。

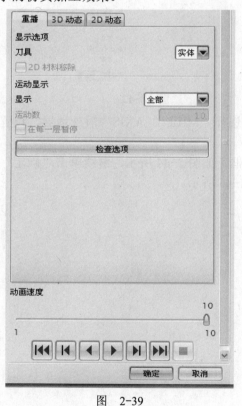

图 2-39

图 2-40

2.2.6 后处理与数控代码输出

计算机辅助制造的目的是生成数控机床控制器所能识别的代码源程序。这些源程序控制着数控机床一切的运动和操作行为，也就是说，要想实现一个零件的完整加工，数控机床的控制器必须执行这些代码源程序。使用自动编程软件生成的刀位文件必须经过后处理操作才能输出代码源程序，即 NC 文件。后处理时必须要掌握两个原则：一是使用同一把刀具的操作才能一起进行后处理输出 NC 程序，如果使用不同刀具的操作则必须分开来后处理；二是后处理时必须选择相应的后处理器，使用三轴数控机床加工必须选择三轴后处理器，如果使用多轴数控机床加工的则必须选择多轴后处理器。下面演示程序 1 的后处理过程，其他程序的后处理过程相同。

1）将加工导航器转换到"程序视图"，选择程序 1 下的 PLANAR_MILL 操作，如图 2-41 所示。

2）在操作名称位置处单击鼠标右键（即在蓝色区域处单击鼠标右键），弹出右键菜单，单击"后处理"项，如图 2-42 所示。

图 2-41   图 2-42

3）弹出"后处理"对话框，在该对话框中选择"MILL_3_AXIS"后处理器，设置单位为公制/部件，如图 2-43 所示。

4）单击"确定"按钮，弹出一个提示对话框，如图 2-44 所示，继续单击"确定"按钮，屏幕出现了后处理获得的数控代码，如图 2-45 所示。

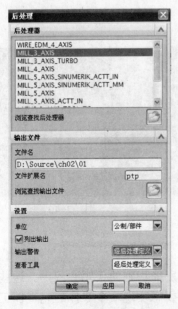

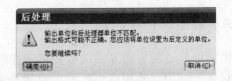

图 2-43   图 2-44

```
ℹ 信息                                              _ □ ✕
文件(F)   编辑(E)
%
N0010 G40 G17 G90 G70
N0020 G91 G28 Z0.0
:0030 T00 M06
N0040 G0 G90 X-94.7485 Y-7. S0 M03
N0050 G43 Z10. H00
N0060 Z1.5
N0070 G1 Z-1.5 F250. M08
N0080 X-94.0409
N0090 G3 X-87.0409 Y0.0 I0.0 J7.
N0100 G2 X-12.4897 Y75.9371 I75.95 J0.0
N0110 X84.0876 Y18.2171 I6.5278 J-98.7344
N0120 Y-18.2171 I-39.9967 J-18.2171
N0130 X-12.4897 Y-75.9371 I-90.0495 J41.0144
N0140 X-87.0409 Y0.0 I1.3988 J75.9371
N0150 G3 X-94.0409 Y7. I-7. J0.0
N0160 G1 X-81.2409 Y-7.
N0170 G3 X-74.2409 Y0.0 I0.0 J7.
N0180 G2 X-11.9528 Y63.1441 I63.15 J0.0
N0190 X72.439 Y12.9116 I5.9909 J-85.9414
N0200 Y-12.9116 I-28.3481 J-12.9116
```

图　2-45

2.2.7　实例小结

1）PLANAR_MILL 方式加工零件外形轮廓时，指定部件边界需要确定材料的方向是"内部"或"外部"，这对初学的编程者来说是非常困难的。本例总结出了一个简单口诀可容易解决材料方向的确定，口诀如下：**材料位置与切削时的刀具位置相反，刀具为外侧则材料为内部，刀具为内侧则材料为外部。**

2）使用 UG NX 8.0 平面加工方式中"添加精加工刀路"的功能，可更好地实现外形轮廓的精加工和底部平面的精加工。本例采用了 FACE_MILLING 工序方便地完成了零件外形轮廓和底部平面的加工（四个缺角的加工）。

3）钻孔的效率高于铣削孔的效率，因此本例采用钻孔方式完成中间孔的粗加工。同时钻孔和铣削孔的加工精度都不高，为了能保证孔的加工精度，在钻孔之后安排了铰孔精加工。

2.3　注塑模 B 板零件数控加工自动编程

2.3.1　实例介绍

图 2-46 是一个注塑模 B 板零件，零件的材质为 45 钢，毛坯采用 250mm×250mm×51mm 的立方块料。毛坯料基准角所在的两个侧面经过磨削加工，表面平整光滑，外形尺寸已达技术要求。

图　2-46

2.3.2　数控加工工艺分析

该零件在数控铣床上加工，零件底面通过磁吸盘安装在机床工作台上，加工坐标系原点为基准角与零件上表面的交点，加工坐标系的 X 向与零件的一个侧边一致，加工坐标系的 Y 向与零件的另一个侧边一致。零件的数控加工路线、切削刀具（硬质合金刀具）和切削工艺参数见表 2-2。

表 2-2

工序号	加工内容	刀具类型	刀具直径/mm	主轴转速/(r/min)	进给速度/(mm/min)
1	钻四个角部的圆孔	钻头	12	600	80
2	粗加工 B 板型腔	平铣刀	20	1500	900
3	精加工 B 板型腔底面	平铣刀	20	1500	900
4	精加工 B 板型腔侧面	平铣刀	10	3500	2000
5	粗加工 B 板缺口	平铣刀	20	1500	900
6	精加工 B 板缺口	平铣刀	20	2500	1000
7	加工 B 板缺口凹槽	平铣刀	10	3500	2000
8	钻顶针孔	钻头	3.9	1500	75
9	铰顶针孔	铰刀	4	250	25
10	钻螺栓通孔	钻头	9	700	100
11	钻水道孔	钻头	8	750	110

2.3.3 创建数控编程的准备操作

打开本书配套光盘\Source\ch02\02 的注塑模 B 板实体模型文件，在下拉菜单条中，单击"开始"→"加工"，打开"加工环境"对话框，直接单击"确定"按钮，进入到数控加工界面。

步骤一 创建程序组

1）单击"创建程序"图标，弹出"创建程序"对话框，设置类型为 mill_planar、程序为 NC_PROGRAM、名称为 1。

2）依次单击"应用"和"确定"按钮，完成名称为 1 的程序创建。

3）按照上述操作方法，依次创建名称为 2、3、4、5、6、7、8、9 的程序。

步骤二 创建刀具组

1）单击"创建刀具"图标，弹出"创建刀具"对话框，设置类型为 mill_planar、刀具子类型为 MILL、名称为 D10。

2）单击"应用"按钮，弹出"铣刀-5 参数"对话框，将直径数值更改为 10，其余数值采用默认，单击"确定"按钮，完成直径为 10mm 的平铣刀创建。

3）按照上述操作方法，完成名称为 D20（直径为 20mm）的平铣刀创建。

4）单击"创建刀具"图标，弹出"创建刀具"对话框，设置类型为 drill、刀具子类型为 DRILLING_TOOL、名称为 DR8。

5）单击"应用"按钮，弹出"钻刀"对话框，将直径数值更改为 8，其余数值采用默认，单击"确定"按钮，完成直径为 8mm 的钻头创建。

6）按照上述钻头创建方法，依次完成 DR3.9、DR9、DR12。

7）单击"创建刀具"图标，弹出"创建刀具"对话框，设置类型为 drill、刀具子类型为 REAMER、名称为 RE4。

8）单击"应用"按钮，弹出"钻刀"对话框，将直径数值更改为 4，其余数值采用默认，单击"确定"按钮，完成直径为 4mm 的铰刀创建。

步骤三　创建几何体

1）单击屏幕左边"工序导航器"图标，在图 2-47 所示的"工序导航器-几何"空白处单击鼠标右键，弹出右键菜单，单击"几何视图"项。

2）双击"工序导航器-几何"中 MCS_MILL 图标，弹出"Mill Orient"对话框，单击"CSYS 对话框"图标，如图 2-48 所示，弹出"CSYS"对话框。在类型下拉框中选择"X 轴，Y 轴，原点"项，如图 2-49 所示。

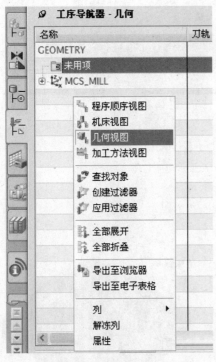

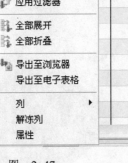

图　2-47

图　2-48

3）单击"原点"项目下"点对话框"图标，如图 2-50 所示，弹出"点"对话框，选择"WCS"项，并分别在 XC、YC、ZC 中输入 0、0、0，具体如图 2-51 所示。单击"确定"按钮，选取图 2-52 所示的边缘线 A，通过对话框中的"反向键"图标确保方向箭头朝向 B 板方向；选取图 2-52 所示的边缘线 B，通过对话框中的"反向键"图标确保方向箭头朝向 B 板方向，连续两次单击"确定"按钮。

4）到此就创建了与 WCS 坐标系重合的加工坐标系 MCS。

5）在下拉菜单条中单击"开始"→"所有应用模块"→"注塑模向导"，单击"注塑模工具"图标，在弹出的"注塑模工具"对话框中单击第一个"创建方块"图标。

6）依次选取 B 板零件的上表面和下表面，并将"创建方块"对话框中的默认间隙更改为 0，单击"确定"按钮，包容平面凸轮实体的立方块创建完成。

7）关闭"注塑模工具"对话框，在下拉菜单条中单击"开始"→"所有应用模块"→"注塑模向导",关闭"注塑模向导"工具栏。

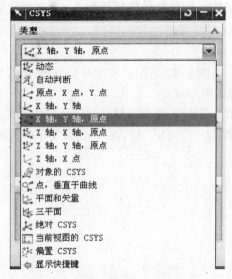

图 2-49

图 2-50

图 2-51

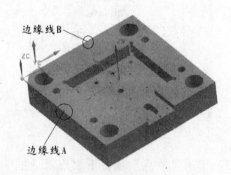

图 2-52

8)单击"工序导航器"中的"+"符号,展开视图,在 MCS_MILL 下方出现了 WORKPIECE 图标,如图 2-53 所示,双击"工序导航器"中的 WORKPIECE 图标,弹出"铣削几何体"对话框。

9)单击"指定毛坯"图标🧊,选取立方块,单击"确定"按钮。

10)按键盘上的"Ctrl+B"键,选取立方块,单击"确定"按钮,将立方块模型隐藏。

11)单击"指定部件"图标🧊,如图 2-54 所示,选取 B 板零件实体,连续两次单击"确定"按钮。

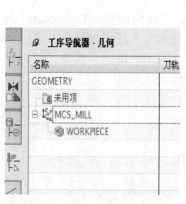

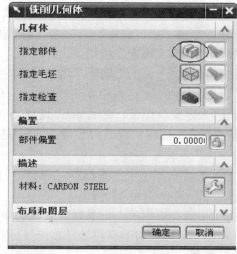

图 2-53   图 2-54

2.3.4 创建数控编程的加工操作

步骤一 钻 B 板型腔四个角的圆孔

1）单击"创建工序"图标 ，在弹出的"创建工序"对话框中，设置类型为 drill、工序子类型为 PECK_DRILLING、程序为 1、刀具为 DR12、几何体为 WORKPIECE、方法为 DRILL_METHOD，如图 2-55 所示。

2）单击"应用"按钮，弹出"啄钻"对话框。单击"指定孔"图标 ，如图 2-56 所示，弹出"点到点几何体"对话框。单击"选择"按钮，单击"一般点"按钮，依次捕捉 B 板型腔四个角圆弧的中心点，连续三次单击 "确定"按钮，返回到"啄钻"对话框。

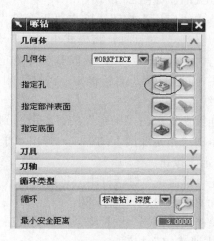

图 2-55   图 2-56

3）单击"指定顶面"图标 ◈，将顶面选项设置为面，选取 B 板零件的上表面后单击"确定"按钮；单击"指定底面"图标 ◈，将底面选项设置为面，选取 B 板型腔的底面，如图 2-57 所示，单击"确定"按钮。

4）单击循环类型下面的"编辑参数"图标 ◭，在弹出的对话框中单击"确定"按钮，在弹出的"Cycle 参数"对话框中单击"Depth-模型深度"按钮，单击"穿过底面"按钮。单击"Step 值-未定义"按钮，将 step #1 设置为 5，单击"确定"按钮。单击"Rtrcto-无"按钮，单击"距离"按钮，将退刀设置为 15，连续两次单击"确定"按钮，返回到"啄钻"对话框。

5）单击"进给率和速度"图标 ⬙，弹出"进给率和速度"对话框。设置合适的主轴速度和切削数值，单击"确定"按钮。

6）单击"生成"图标 ⬚，刀具轨迹生成，如图 2-58 所示，依次单击"确定"和"取消"按钮。在图形区域窗口的空白处，单击鼠标右键，弹出右键菜单，单击"刷新"项，清除刀具轨迹线条。

选取该面

图　2-57　　　　　　　　　　　　　　　图　2-58

步骤二　加工 B 板型腔

1）单击"创建工序"图标 ⬚，在弹出的"创建工序"对话框中，设置类型为 mill＿planar、工序子类型为 PLANAR_MILL、程序为 2、刀具为 D20、几何体为 WORKPIECE、方法为 MILL_ROUGH，如图 2-59 所示。

2）单击"应用"按钮，弹出"平面铣"对话框。单击"指定部件边界"图标 ⬚，弹出"边界几何体"对话框，将模式由"面"更改为"曲线/边"，弹出"创建边界"对话框，将平面设置为"用户定义"，选取 B 板零件的上表面，单击"确定"按钮。

3）在"创建边界"对话框中，将材料侧设置为"外部"，然后选取图 2-60 所示的型腔底面边缘线。

4）连续两次单击"确定"按钮，退回到"平面铣"对话框。

5）单击"指定底面"图标 ⬚，弹出"平面"对话框，选取图 2-57 所示的型腔底面，单击"确定"按钮。

6）在"平面铣"对话框中，将切削模式设置为跟随部件，步距设置为"平面直径百分比"、平面直径百分比设置为 80。

7）单击"切削层"图标 ⬚，在"切削层"对话框中，设置类型为恒定、每刀公共深度为 1，单击"确定"按钮。

8) 单击 "切削参数" 图标，弹出 "切削参数" 对话框，在 "策略" 选项卡中，设置切削方向为跟随边界；在 "余量" 选项卡中将部件余量设置为 0.2，将最终底面余量设置为 0.15，其他参数采用默认设置，单击 "确定" 按钮。

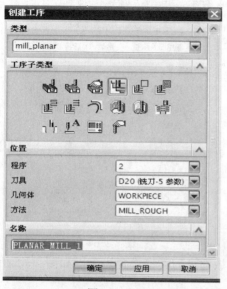

图　2-59

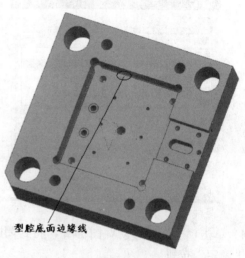

型腔底面边缘线

图　2-60

9) 单击 "非切削移动" 图标，设置封闭区域的进刀类型为螺旋、斜坡角为 5.0000，如图 2-61 所示，单击 "确定" 按钮。

10) 单击 "进给率和速度" 图标，弹出 "进给率和速度" 对话框，设置合适的主轴速度和切削数值。

11) 单击 "生成" 图标，刀具轨迹生成，如图 2-62 所示，依次单击 "确定" 和 "取消" 按钮。在图形区域窗口的空白处，单击鼠标右键，弹出右键菜单，单击 "刷新" 项，清除刀具轨迹线条。

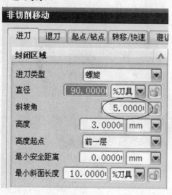

图　2-61

图　2-62

步骤三　精加工 B 板型腔底面

1) 在工序导航器窗口中，单击程序 2 下的 PLANAR_MILL 操作，单击鼠标右键，弹出右键菜单，单击 "复制"；单击程序 3，单击鼠标右键，弹出右键菜单，单击 "内部粘贴"。

2) 双击程序 3 下的 PLANAR_MILL_COPY 操作，弹出 "平面铣" 对话框。单击 "切削层"图标 ，在"切削层"对话框中设置类型为仅底面，如图 2-63 所示，单击"确定"按钮。

3）单击"切削参数"图标 ，弹出"切削参数"对话框，在"策略"选项卡中，设置切削方向为顺铣；在"余量"选项卡中，将部件余量设置为 0.2000，将最终底面余量设置为 0.0000，其他参数采用默认设置，如图 2-64 所示，单击"确定"按钮。

图 2-63

图 2-64

4）单击"非切削移动"图标 ，将封闭区域的进刀类型设置为无，如图 2-65 所示，单击"确定"按钮。

5）单击"进给率和速度"图标 ，弹出"进给率和速度"对话框，设置合适的主轴速度和切削数值。

6）单击"生成"图标 ，刀具轨迹生成，如图 2-66 所示，依次单击"确定"和"取消"按钮。在图形区域窗口的空白处，单击鼠标右键，弹出右键菜单，单击"刷新"项，清除刀具轨迹线条。

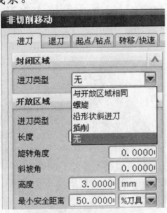

图 2-65

图 2-66

步骤四　精加工 B 板型腔侧面

1）在工序导航器窗口中，单击程序 2 下的 PLANAR_MILL 操作，单击鼠标右键，弹出右键菜单，单击"复制"；单击程序 4，单击鼠标右键，弹出右键菜单，单击"内部粘贴"。

2）双击程序 4 下的 PLANAR_MILL_COPY_1 操作，弹出"平面铣"对话框。将刀具更改为 D10、方法更改为"MILL_FINISH"、切削模式设置为"轮廓加工"，具体如图 2-67 所示。

3）单击"切削层"图标▤，在"切削层"对话框中，设置类型为恒定，公共设置为 5，单击"确定"按钮。

4）单击"切削参数"图标▨，弹出"切削参数"对话框；在"策略"选项卡中，设置切削方向为"顺铣"；在"余量"选项卡中，将部件余量设置为 0，将最终底面余量设置为 0，其余参数采用默认设置，单击"确定"按钮。

5）单击"非切削移动"图标▤，将开放区域的进刀类型设置为圆弧，如图 2-68 所示，单击"确定"按钮。

图　2-67

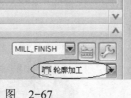

图　2-68

6）单击"进给率和速度"图标▪，弹出"进给率和速度"对话框，设置合适的主轴速度和切削数值。

7）单击"生成"图标▪，刀具轨迹生成，如图 2-69 所示，依次单击"确定"和"取消"按钮。在图形区域窗口的空白处，单击鼠标右键，弹出右键菜单，单击"刷新"项，清除刀具轨迹线条。

步骤五　粗加工 B 板缺口

1）单击"创建工序"图标▪，在弹出的"创建工序"对话框中，设置类型为 mill_planar、工序子类型为 FACE_MILLING_AREA、程序为 5、刀具为 D20、几何体为 WORKPIECE、方法为 MILL_ROUGH，如图 2-70 所示。

图　2-69

图　2-70

2）单击"应用"按钮，弹出"面铣削区域"对话框。单击"指定切削区域"图标，弹出"切削区域"对话框，选取 B 板零件缺口的底面，如图 2-71 所示，单击"确定"按钮。

3）在弹出的"面铣削区域"对话框中，将切削模式设置为往复、毛坯距离设置为 10、每刀深度设置为 1、最终底部面余量设置为 0.15，其余参数采用默认值。

4）单击"切削参数"图标，弹出"切削参数"对话框。在"余量"选项卡中，将部件余量设置为 0.2，最终底部面余量设置为 0.15，其余参数采用默认值。

5）单击"进给率和速度"图标，弹出"进给率和速度"对话框，设置合适的主轴速度和切削数值。单击"生成"图标，刀具轨迹生成，如图 2-72 所示，单击"确定"按钮。在图形区域窗口的空白处，单击鼠标右键，弹出右键菜单，单击"刷新"项，清除刀具轨迹线条。

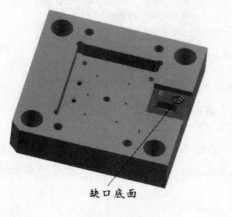

缺口底面

图 2-71   图 2-72

6）精加工缺口的底面和侧面在此不再详述，请读者自行完成。

步骤六　加工 B 板凹槽

1）单击"创建工序"图标，在弹出的"创建工序"对话框中，设置类型为 mill_planar、工序子类型为 FACE_MILLING_AREA、程序为 6、刀具为 D10、几何体为 WORKPIECE、方法为 MILL_FINISH。

2）单击"应用"按钮，弹出"面铣削区域"对话框。单击"指定切削区域"图标，弹出"切削区域"对话框，选取 B 板零件缺口凹槽的底面，如图 2-73 所示，单击"确定"按钮。

3）在弹出的"面铣削区域"对话框中，将切削模式设置为跟随部件、毛坯距离设置为 15、每刀深度设置为 0.5、最终底部面余量设置为 0，其余参数采用默认值。

4）单击"非切削移动"图标，将封闭区域的进刀类型设置为沿形状斜进刀，单击"确定"按钮。

5）单击"进给率和速度"图标，弹出"进给率和速度"对话框，设置合适的主轴速度和切削数值。单击"生成"图标，刀具轨迹生成，如图 2-74 所示，单击"确定"按钮。在图形区域窗口的空白处，单击鼠标右键，弹出右键菜单，单击"刷新"项，清除刀具轨迹线条。

凹槽底面

图　2-73　　　　　　　　　　图　2-74

步骤七　钻顶针孔

1）单击"创建工序"图标，在弹出的"创建工序"对话框中，设置类型为 drill、工序子类型为 PECK_DRILLING、程序为 7、刀具为 DR3.9、几何体为 WORKPIECE、方法为 DRILL_METHOD。

2）单击"应用"按钮，弹出"啄钻"对话框。单击"指定孔"图标，弹出"点到点几何体"对话框，单击"选择"按钮，单击"一般点"按钮，依次捕捉 B 板的 6 个顶针孔（直径为 4mm 的孔），连续三次单击"确定"按钮，返回到"啄钻"对话框。

3）单击"指定顶面"图标，将顶面选项设置为面，选取 B 板型腔的底面，可参见图 2-57，单击"确定"按钮；单击"指定底面"图标，将底面选项设置为面，选取 B 板零件的底面，如图 2-75 所示，单击"确定"按钮。

4）单击循环类型下面的"编辑参数"图标，在弹出的对话框中单击"确定"按钮，在弹出的"Cycle 参数"对话框中单击"Depth-模型深度"按钮，单击"穿过底面"按钮，单击"确定"按钮，单击"Step 值-未定义"按钮，将 step #1 设置为 5，如图 2-76 所示，连续两次单击"确定"按钮，返回到"啄钻"对话框。

选取该底面

图　2-75

Step #1	5
Step #2	0.0000
Step #3	0.0000
Step #4	0.0000
Step #5	0.0000
Step #6	0.0000
Step #7	0.0000

确定　后视图　取消

图　2-76

5）单击"避让"图标，在弹出的对话框中单击"Clearance Plane-活动的"按钮，如图 2-77 所示，在"安全平面"对话框中单击"指定"按钮，在"平面"对话框中将类型设置为按某一距离，如图 2-78 所示。选取 B 板零件的上表面，并将距离设置为 15，连续三次单击"确定"按钮，返回到"啄钻"对话框。

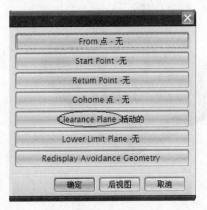

图 2-77

图 2-78

6) 单击"进给率和速度"图标，弹出"进给率和速度"对话框。设置合适的主轴速度和切削数值，单击"确定"按钮。

7) 单击"生成"图标，刀具轨迹生成，依次单击"确定"和"取消"按钮。在图形区域窗口的空白处，单击鼠标右键，弹出右键菜单，单击"刷新"项，清除刀具轨迹线条。

步骤八　铰顶针孔

1) 单击"创建工序"图标，在弹出的"创建工序"对话框中，设置类型为 drill、工序子类型为 REAMING、程序为 8、刀具为 RE4、几何体为 WORKPIECE、方法为 DRILL_METHOD，如图 2-79 所示。

2) 单击"应用"按钮，弹出"铰"对话框，如图 2-80 所示。单击"指定孔"图标，弹出"点到点几何体"对话框，单击"选择"按钮，单击"一般点"按钮，捕捉 6 个顶针孔的中心点，连续三次单击 "确定"按钮，返回到"铰"对话框。

图 2-79

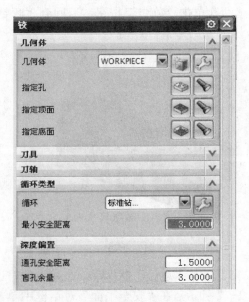

图 2-80

3）单击"指定顶面"图标，将顶面选项设置为面，选取 B 板型腔的底面，可参见图 2-57，单击"确定"按钮；单击"指定底面"图标，将底面选项设置为面，选取 B 板零件的底面，如图 2-75 所示，单击"确定"按钮。

4）单击循环类型下面的"编辑参数"图标，在弹出的对话框中单击"确定"按钮，在弹出的"Cycle 参数"对话框中单击"Depth-模型深度"按钮，单击"穿过底面"按钮，单击"确定"按钮。

5）单击"避让"图标，在弹出的对话框中单击"Clearance Plane-活动的"按钮，如图 2-77 所示，在"安全平面"对话框中单击"指定"按钮，在"平面"对话框中将类型设置为"按某一距离"，如图 2-78 所示。选取 B 板零件的上表面，并将距离设置为 15，连续三次单击"确定"按钮，返回到"铰"对话框。

6）单击"进给率和速度"图标，弹出"进给率和速度"对话框。设置合适的主轴速度和切削数值，单击"确定"按钮。单击"生成"图标，刀具轨迹生成，单击"确定"按钮。在图形区域窗口的空白处，单击鼠标右键，弹出右键菜单，单击"刷新"项，清除刀具轨迹线条。

步骤九　钻螺栓通孔

1）单击"创建工序"图标，在弹出的"创建工序"对话框中，设置类型为 drill、工序子类型为 PECK_DRILLING、程序为 9、刀具为 DR9、几何体为 WORKPIECE、方法为 DRILL_METHOD。

2）单击"应用"按钮，弹出"啄钻"对话框。单击"指定孔"图标，弹出"点到点几何体"对话框，单击"选择"按钮，单击"一般点"按钮，依次捕捉 B 板的 4 个螺栓通孔（直径为 9mm 的孔），连续三次单击"确定"按钮，返回到"啄钻"对话框。

3）单击"指定顶面"图标，将顶面选项设置为面，选取 B 板型腔的底面，可参见图 2-57，单击"确定"按钮；单击"指定底面"图标，将底面选项设置为面，选取 B 板零件的底面，如图 2-75 所示，单击"确定"按钮。

4）单击循环类型下面的"编辑参数"图标，在弹出的对话框中单击"确定"按钮，在弹出的"Cycle 参数"对话框中单击"Depth-模型深度"按钮，单击"穿过底面"按钮，单击"确定"按钮，单击"Step 值-未定义"按钮，将 step #1 设置为 5，如图 2-76 所示，连续两次单击"确定"按钮，返回到"啄钻"对话框。

5）单击"避让"图标，在弹出的对话框中单击"Clearance Plane-活动的"按钮，如图 2-77 所示，在"安全平面"对话框中单击"指定"按钮，在"平面"对话框中将类型设置为"按某一距离"，如图 2-78 所示。选取 B 板零件的上表面，并将距离设置为 15，连续三次单击"确定"按钮，返回到"啄钻"对话框。

6）单击"进给率和速度"图标，弹出"进给率和速度"对话框。设置合适的主轴速度和切削数值，单击"确定"按钮。

7）单击"生成"图标，刀具轨迹生成，依次单击"确定"和"取消"按钮。在图形区域窗口的空白处，单击鼠标右键，弹出右键菜单，单击"刷新"项，清除刀具轨迹线条。

8）水道孔、拉料杆通孔及缺口处螺纹底孔的数控程序编制在此不再详述，请读者参照书中的内容自行完成。

2.3.5　实体模拟仿真加工

1）按住"Ctrl"键不放，用鼠标依次单击程序 1、2、3、4、5、6、7、8、9，松开"Ctrl"键，单击鼠标右键，弹出右键菜单，并将鼠标移动到"刀轨"→"确认"。

2）单击"确认"项，弹出"刀轨可视化"对话框，单击"2D 动态"，单击"播放"图标▶，仿真加工开始，最后得到图 2-81 所示的仿真加工效果。

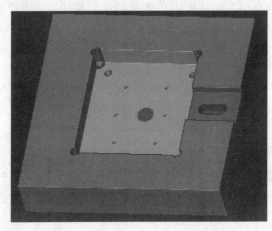

图　2-81

2.3.6　实例小结

1）B 板属于注塑模具中的模架零件，该零件属于注塑模具中的标准零件，可以购买获得。该零件的四个导柱/导套孔已在外厂加工完成，不需要再进行编程加工。由于本例中模板外厂已磨削加工了一个基准角，所以数控加工时可利用该基准角进行对刀，因此加工坐标系设定在基准角位置处。

2）B 板零件是一个较典型的二维加工零件，结构中多数是平面或孔，实际生产中该零件的许多结构可以安排在普通铣床上完成，以降低加工成本和减少数控铣床的占用时间。B 板 4 个 ϕ15mm 的回复杆孔也需要读者了解模具的基本结构和装配关系，判别该孔是通孔还是配合孔。如果是通孔，则加工工艺可考虑为钻孔、扩孔；而如果是配合孔，则加工工艺需要考虑为钻孔、扩孔、铰孔。因此作为数控编程人员，在编制加工工艺和数控程序前，必须对零件各部位的精度要求有充分了解。

3）孔的加工方式有许多种，如钻孔、铣削孔、铰孔、镗孔和线割孔等。选用何种加工方式需要根据孔的精度要求和孔的大小来具体确定，有时还需要考虑企业现有的加工设备和加工刀具来确定孔的加工方式。

4）普通的钻头刀尖不是很尖和锋利，因此一般钻孔之前需要用中心钻钻一个定位孔，这样可以尽量避免后续钻削加工中钻头发生钻偏的现象。限于书的篇幅，本书在钻孔之前均未编制钻中心孔的程序，但这并不表示不需要钻中心孔，请读者自行增加钻中心孔的数控程序。

2.4　平面印章零件数控加工自动编程

2.4.1　实例介绍

图 2-82 是一个平面印章零件，零件的材质为铝，毛坯采用 54mm×54mm×35mm 的立方块料。毛坯料的上下两个表面不平整，两个侧面较平整。

图　2-82

2.4.2　数控加工工艺分析

零件在数控铣床上加工，毛坯两平整侧面安装在平口钳上，加工坐标系原点确定为零件上表面的中心点。零件的数控加工路线、切削刀具（高速钢）和切削工艺参数见表 2-3。

表　2-3

工 序 号	加 工 内 容	刀 具 类 型	刀具直径/mm	主轴转速/(r/min)	进给速度/(mm/min)
1	加工圆柱外形	平铣刀	8	8000	1200
2	加工外围凹弧曲面	球头铣刀	4	15000	1500
3	加工环形凹槽	平铣刀	1	25000	1500
4	加工梅花凹槽	平铣刀	2	25000	2000
5	刻字加工	平铣刀	1	25000	1500

2.4.3　创建数控编程的准备操作

打开本书配套光盘\Source\ch02\03 的平面印章模型文件，在下拉菜单条中，单击"开始"→"加工"，打开"加工环境"对话框，直接单击"确定"按钮，进入到数控加工界面。

步骤一　创建程序组

1）单击"创建程序"图标，弹出"创建程序"对话框，设置类型为 mill_planar、程序为 NC_PROGRAM、名称为 1。

2）依次单击"应用"和"确定"按钮，完成名称为 1 的程序创建。

3）按照上述操作方法，依次创建名称为 2、3、4、5、6 的程序。

步骤二　创建刀具组

1）单击"创建刀具"图标，弹出"创建刀具"对话框，设置类型为 mill_planar、刀具子类型为 MILL、名称为 D1。

2）单击"应用"按钮，弹出"铣刀-5 参数"对话框，将直径数值更改为 1，其余数值采用默认，单击"确定"按钮，完成直径为 1mm 的平铣刀创建。

3）按照上述操作方法，完成名称为 D2（直径为 2mm）、D8（直径为 8mm）的平铣刀创建。

4）单击"创建刀具"图标，弹出"创建刀具"对话框，设置类型为 mill_planar、刀具子类型为 BALL_MILL、名称为 R2，如图 2-83 所示。

5）单击"应用"按钮，弹出"铣刀-球头铣"对话框，将球直径数值更改为 4.0000，其余数值采用默认，如图 2-84 所示。单击"确定"按钮，完成直径为 4mm 的球头铣刀创建，单击"取消"按钮。

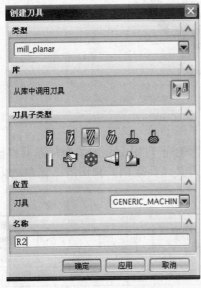

图　2-83

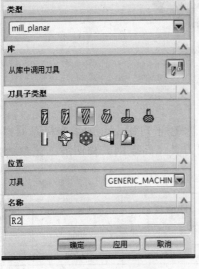

图　2-84

步骤三　创建几何体

1）单击"工序导航器"图标，在"工序导航器"的空白处单击鼠标右键，弹出右键菜单，单击"几何视图"菜单。

2）双击"工序导航器"中的 MCS_MILL 图标，弹出"Mill Orient"对话框，单击"CSYS 对话框"图标，在"CSYS"对话框中，将类型设置为动态，如图 2-85 所示。捕捉平面印章零件上表面任何一个圆的中心点，如图 2-86 所示，连续两次单击"确定"按钮，到此就完成了加工坐标系的创建，该加工坐标系原点位于零件上表面的中心点。

3）双击"工序导航器"中的 WORKPIECE 图标，弹出"铣削几何体"对话框，单击"指定部件"图标，选取平面印章零件实体，连续两次单击"确定"按钮，完成铣削几何体的创建。

图　2-85

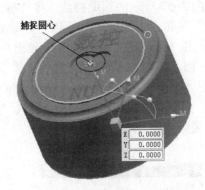

图　2-86

2.4.4　创建数控编程的加工操作

步骤一　粗加工平面印章的圆柱外形

1）在下拉菜单条中，单击"插入"→"曲线"→"直线和圆弧"→"圆（圆心-半径）"，捕捉平面印章零件上表面任何一个圆的中心点，如图 2-86 所示，并输入半径 25，单击鼠标"中键"或单击键盘上的"Enter"键，加工用的辅助曲线创建完成，如图 2-87 所示。

2）单击"创建工序"图标 ⊾，在弹出的"创建工序"对话框中，设置类型为 mill_planar、工序子类型为 PLANAR_MILL、程序为 1、刀具为 D8、几何体为 WORKPIECE、方法为 MILL_ROUGH，如图 2-88 所示。

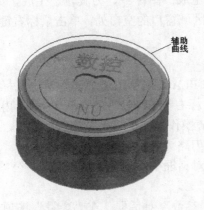

图　2-87

图　2-88

3）单击"应用"按钮，弹出"平面铣"对话框。单击"指定部件边界"图标 ▦，弹出"边界几何体"对话框，将模式由"面"更改为"曲线/边…"，弹出"创建边界"对话框，选取图 2-87 所示的辅助曲线，将材料侧设置为内部，其余采用默认设置，连续两次单击"确定"按钮，返回到"平面铣"对话框。

4）单击"指定底面"图标，弹出"平面"对话框，将类型设置为按某一距离、距离设置为-15，如图 2-89 所示，选择印章实体的上表面，单击"确定"按钮。

5）在"平面铣"对话框中，设置切削模式为轮廓加工、平面直径百分比为 80、附加刀路为 1，如图 2-90 所示。单击"切削层"图标，在"切削层"对话框中，设置类型为恒定、公共为 0.8，单击"确定"按钮。

图　2-89

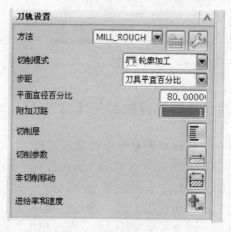

图　2-90

6）单击"切削参数"图标，弹出"切削参数"对话框，在"策略"选项卡中，设置切削方向为顺铣，勾选"岛清理"复选框；在"余量"选项卡中，设置部件余量为 0.3、最终底部面余量为 0，其余采用默认设置，单击"确定"按钮。

7）单击"非切削移动"图标，在弹出的"非切削移动"对话框中，设置开放区域进刀类型为圆弧，单击"确定"按钮。

8）单击"进给率和速度"图标，弹出"进给率和速度"对话框。设置合适的主轴速度和切削数值，单击"确定"按钮。单击"生成"图标，刀具轨迹生成，如图 2-91 所示，依次单击"确定""取消"按钮。在图形区域窗口的空白处，单击鼠标右键，弹出右键菜单，单击"刷新"项，清除刀具轨迹线条。

步骤二　精加工平面印章的圆柱外形

1）在工序导航器窗口中，单击程序 1 下的 PLANAR_MILL 操作，单击鼠标右键，弹出右键菜单，单击"复制"；单击程序 2，单击鼠标右键，弹出右键菜单，单击"内部粘贴"。

2）双击程序 2 下的 PLANAR_MILL_COPY 操作，弹出"平面铣"对话框，设置方法为 MILL_FINISH、切削模式为轮廓加工、附加刀路为 0。

3）单击"切削层"图标，在"切削层"对话框中，设置类型为恒定、公共为 3，单击"确定"按钮。

4）单击"切削参数"图标，弹出"切削参数"对话框。在"余量"选项卡中，设置部件余量为 0、最终底部面余量为 0，其余采用默认设置，单击"确定"按钮。

5）单击"生成"图标，刀具轨迹生成，如图 2-92 所示，单击"确定"按钮，在图形区域窗口的空白处，单击鼠标右键，弹出右键菜单，单击"刷新"项，清除刀具轨迹线条。

图 2-91   图 2-92

步骤三 加工最外面的环形凹弧曲面

经测量和分析,该环形凹弧部位虽然为曲面,但是该环形凹弧曲面是由半径为 2mm 的圆绕着直径为 50mm 的大圆扫描而成,且直径为 50mm 的大圆位于平面印章零件的上表面。根据对 UG 加工命令的分析,该环形凹弧曲面可直接使用 UG 平面编程命令加工,并且采用平面编程命令加工该曲面能提高加工效率和加工质量。

1)单击"创建工序"图标 ,在弹出的"创建工序"对话框中,设置类型为 mill_planar、工序子类型为 PLANAR_PROFILE、程序为 3、刀具为 R2、几何体为 WORKPIECE、方法为 MILL_FINISH,如图 2-93 所示。

2)单击"应用"按钮,弹出"平面轮廓铣"对话框。单击"指定部件边界"图标 ,弹出"边界几何体"对话框,将模式由"面"更改为"曲线/边…",如图 2-94 所示。之后弹出"创建边界"对话框。将刀具位置设置为对中,如图 2-95 所示,选取图 2-87 所示的辅助曲线,连续两次单击"确定"按钮,返回到"平面轮廓铣"对话框。

图 2-93

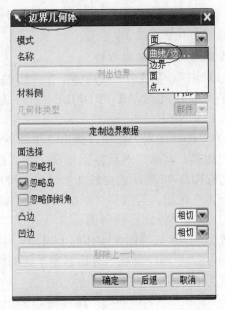

图 2-94

3）单击"指定底面"图标，弹出"平面"对话框，将类型设置为按某一距离、距离设置为-2，如图 2-96 所示，选择印章实体的上表面，单击"确定"按钮。

4）在"平面轮廓铣"对话框中，将部件余量设置为 0、切削深度设置为恒定、公共设置为 0.3。

图　2-95

图　2-96

5）单击"非切削移动"图标，弹出"非切削移动"对话框。在"进刀"选项卡中，设置开放区域进刀类型为圆弧，其余参数采用默认值，单击"确定"按钮。

6）单击"进给率和速度"图标，弹出"进给率和速度"对话框。设置合适的主轴速度和切削数值，单击"确定"按钮。单击"生成"图标，刀具轨迹生成，依次单击"确定""取消"按钮。在图形区域窗口的空白处，单击鼠标右键，弹出右键菜单，单击"刷新"项，清除刀具轨迹线条。

步骤四　加工环形凹槽

1）单击"创建工序"图标，在弹出的"创建工序"对话框中，设置类型为 mill_planar、工序子类型为 PLANAR_PROFILE、程序为 4、刀具为 D1、几何体为 WORKPIECE、方法为 MILL_FINISH。

2）单击"应用"按钮，弹出"平面轮廓铣"对话框。单击"指定部件边界"图标，弹出"边界几何体"对话框，将模式由"面"更改为"曲线/边"，弹出"创建边界"对话框。选取图 2-97 所示的曲线（半径为 19.5804mm 的圆），设置材料侧为外部，连续两次单击"确定"按钮，返回到"平面轮廓铣"对话框。

3）单击"指定底面"图标，弹出"平面"对话框，将类型设置为按某一距离、距离设置为-0.8，选择印章实体的上表面，单击"确定"按钮。

4）在"平面轮廓铣"对话框中，将部件余量设置为 0.0000、切削深度设置为恒定、公共设置为 0.1000，如图 2-98 所示。

5）单击"非切削移动"图标，弹出"非切削移动"对话框。在"进刀"选项卡中，设置开放区域进刀类型为无，其余参数采用默认值，单击"确定"按钮。

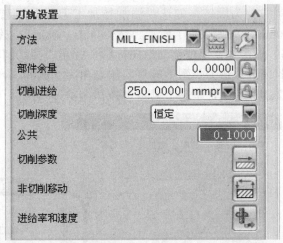

图　2-97　　　　　　　　　　　　　　图　2-98

6）单击"进给率和速度"图标，弹出"进给率和速度"对话框。设置合适的主轴速度和切削数值，单击"确定"按钮。单击"生成"图标，刀具轨迹生成，依次单击"确定""取消"按钮。在图形区域窗口的空白处，单击鼠标右键，弹出右键菜单，单击"刷新"项，清除刀具轨迹线条。

步骤五　加工中间部位的梅花凹槽

1）单击"创建工序"图标，在弹出的"创建工序"对话框中，设置类型为 mill_planar、工序子类型为 FACE_MILLING、程序为 5、刀具为 D2、几何体为 WORKPIECE、方法为 MILL_FINISH。

2）单击"应用"按钮，弹出"面铣"对话框。单击"指定面边界"图标，弹出"指定面几何体"对话框，选取图 2-99 所示的梅花凹槽底面，单击"确定"按钮，返回到"面铣"对话框。

3）在"面铣"对话框中，设置切削模式为跟随部件、平面直径百分比为 70.0000，毛坯距离为 0.80000、每刀深度为 0.1200、最终底部面余量为 0.0000，如图 2-100 所示。

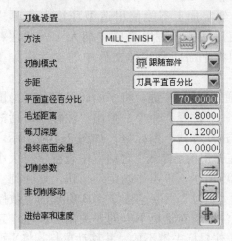

图　2-99　　　　　　　　　　　　　　图　2-100

4）单击"切削参数"图标，弹出"切削参数"对话框。在"策略"选项卡中，设置切削方向为顺铣，勾选"添加精加工刀路"复选框，设置刀路数为 2、精加工步距为 0.2000mm，如图 2-101 所示。然后单击"确定"按钮，返回到"面铣"对话框。

5）单击"非切削移动"图标，弹出"非切削移动"对话框。在"进刀"选项卡中，设置封闭区域进刀类型为螺旋、斜坡角为 5.0000、高度为 1.0000，其余参数采用默认值，如图 2-102 所示，单击"确定"按钮。

图 2-101

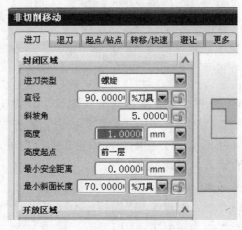

图 2-102

6）单击"进给率和速度"图标，弹出"进给率和速度"对话框。设置合适的主轴速度和切削数值，单击"确定"按钮。单击"生成"图标，刀具轨迹生成，依次单击"确定""取消"按钮。在图形区域窗口的空白处，单击鼠标右键，弹出右键菜单，单击"刷新"项，清除刀具轨迹线条。

步骤六 刻字加工

UG 刻字加工不能使用造型环境中菜单"曲线"→"文本"命令所创建的文字，而必须使用加工环境中菜单"插入"→"注释"命令所创建的文字。因此在刻字加工前，必须将平面印章实体文件中的文字在加工环境中用菜单"插入"→"注释"命令来创建。

1）通过使用 F8 键，将平面印章实体转为图 2-103 所示的视图，执行加工环境中菜单"插入"→"注释"命令，弹出"注释"对话框。在该对话框文字输入处输入"数控"两字，并单击"样式"图标，如图 2-104 所示。

2）在弹出的"样式"对话框中设置字符大小为 8.0000，在字体下拉框中选择 chinesef，如图 2-105 所示，单击"确定"按钮，返回到"注释"对话框。在屏幕中通过移动鼠标将新出现的"数控"两字与图 2-103 所示的"数控"两字重叠，单击，注释文字被固定。然后单击"注释"对话框下方的"关闭"按钮，完成加工用的文字创建。

3）按住鼠标中键不放，并移动鼠标，将平面印章实体视图改为如图 2-106 所示，此时新创建的"数控"两字与实体中原来的"数控"两字在同一个空间平面上，即都在平面印章实体的上表面，对注释文字不需要进行其他任何操作了。

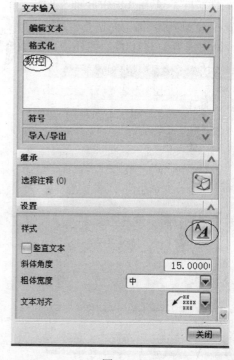

图 2-103

图 2-104

4）单击"创建工序"图标 ，在弹出的"创建工序"对话框中，设置类型为 mill_planar、工序子类型为 PLANAR_TEXT、程序为 6、刀具为 D1、几何体为 WORKPIECE、方法为 MILL_FINISH，如图 2-107 所示。

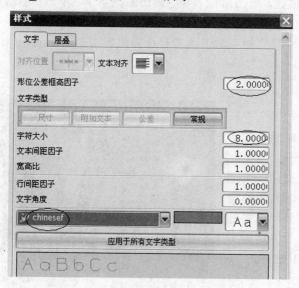

图 2-105

图 2-106

5）单击"应用"按钮，弹出"平面文本"对话框。单击"指定制图文本"图标 A，弹出"文本几何体"对话框，选取新创建的"数控"两字，单击"确定"按钮，返回到"平面文本"对话框。单击"指定底面"图标，弹出"平面"对话框，选取印章实体的上表面，设置偏置距离为 0，单击"确定"按钮。在"平面文本"对话框中，设置文本深度为 0.3000、每刀深度为 0.1000、毛坯距离和最终底部面余量都为 0.0000，如图 2-108 所示。

图 2-107

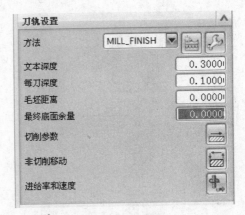

图 2-108

6）单击"进给率和速度"图标，弹出"进给率和速度"对话框。设置合适的主轴速度和切削数值，单击"确定"按钮。单击"生成"图标，刀具轨迹生成，依次单击"确定""取消"按钮。在图形区域窗口的空白处，单击鼠标右键，弹出右键菜单，单击"刷新"项，清除刀具轨迹线条。

7）可使用相同的操作方法完成 NU 字母的加工，请读者自行完成。

2.4.5 实体模拟仿真加工

1）按住"Ctrl"键不放，用鼠标依次单击程序 1、2、3、4、5、6，松开"Ctrl"键，单击鼠标右键，弹出右键菜单，并将鼠标移动到"刀轨"→"确认"。

2）单击"确认"项，弹出"刀轨可视化"对话框，单击"2D 动态"，单击"播放"图标，弹出"No blank"对话框。单击"确定"按钮，弹出"毛坯几何体"对话框，单击"确定"按钮，仿真加工开始，最后得到图 2-109 所示的仿真加工效果。

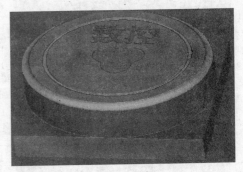

图 2-109

2.4.6 实例小结

1）二维加工操作命令一般是不能实现曲面加工的，但是通过巧用球头铣刀在某些特殊情况下是可实现凹弧曲面加工的。本例通过先制作辅助曲线，然后采用 PLANAR_PROFILE 操作完成了印章外围曲面凹弧的加工。

2）印章中的环形凹槽宽度很小，因此不能采用二维加工中的挖槽方式（跟随周边或跟随工件）来实现该部分结构的加工，而应采用二维外形操作命令（刀具为对中方式）来完成该部分结构的加工。

3）刻字加工 UG 中有专门的操作命令，但是编程者要注意，UG 中刻字加工编程命令选取的文字有特殊要求。这个要求就是"文字"不能用 UG 造型中的"Text"命令生成，而应采用 UG 加工中的"注释"命令生成。

2.5　数控加工自动编程训练题

1）图 2-110 是一个二维零件的实体图，工件材质为铝。依据图的结构和尺寸特点，试选择合适的加工刀具，确定合理的加工方案和切削用量。从附带光盘 /home exercise/exercise251 中打开该实体模型，并利用 UG 软件 CAM 模块完成该零件的数控编程。

2）图 2-111 是一个二维零件的实体图，工件材质为铝。依据图的结构和尺寸特点，试选择合适的加工刀具，确定合理的加工方案和切削用量。从附带光盘 /home exercise/exercise252 中打开该实体模型，并利用 UG 软件 CAM 模块完成该零件的数控编程。

图　2-110

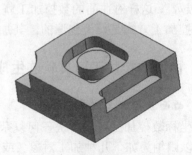

图　2-111

3）图 2-112 是一个塑料模板零件的实体图，工件材质为 45 钢。依据图的结构和尺寸特点，试选择合适的加工刀具，确定合理的加工方案和切削用量。从附带光盘/home exercise/exercise253 中打开该实体模型，并利用 UG 软件 CAM 模块完成该零件的数控编程。

图　2-112

第3章 典型三维曲面零件
数控加工自动编程实例

3.1 三维曲面数控加工概述

在机械加工行业中，随着自动控制技术、微电子技术、计算机技术、精密测量技术的迅速发展，数控加工技术得到了快速发展。现代产品外观形状丰富多样，各种具有复杂曲面的机械产品和具有复杂曲面型腔的模具越来越多，这些曲面的尺寸精度与表面粗糙度要求越来越高，这样对曲面的数控加工就提出了更高的要求。目前对三维曲面零件的机加工，采用数控加工方式是最为普遍的，其加工效率也最高。

3.1.1 曲面数控加工刀具轨迹生成

1.曲面数控加工对象

多坐标数控加工可以解决任何复杂曲面零件的加工问题。根据零件的形状特征进行分类，可以归纳为如下几种加工对象（或加工特征）：空间曲线加工、曲面区域加工、组合曲面加工、曲面交线区域加工、曲面间过渡区域加工、裁剪曲面加工、复杂多曲面加工、曲面型腔加工、曲面通道加工。

2.刀具轨迹生成方法

一种较好的刀具轨迹生成方法，不仅应该满足计算速度快、占用计算机内存少的要求，而且更重要的是要满足切削行距分布均匀、加工误差小且分布均匀、走刀步长分布合理、加工效率高等要求。目前，比较常用的刀具轨迹生成方法主要有如下几种：

1）参数线法。适用于曲面区域和组合曲面的加工编程，如图 3-1 所示。

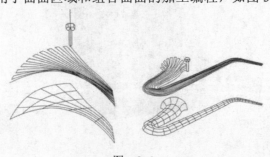

图 3-1

2）截平面法。适用于曲面区域、组合曲面、复杂多曲面和曲面型腔的加工编程。

3）回转截面法。适用于曲面区域、组合曲面、复杂多曲面和曲面型腔的加工编程，如图 3-2 所示。

4）投影法。适用于有干涉面存在的复杂多曲面和曲面型腔的加工编程，如图 3-3 所示。

5）三坐标球形刀多面体曲面加工方法。适用于三角域曲面的加工编程。

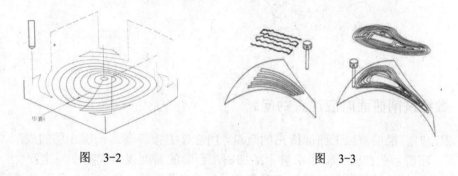

图　3-2　　　　　　　　　　　　　图　3-3

3.1.2　UG 曲面数控加工功能

UG 三维曲面加工命令近 20 种，有非常多的加工方法来完成三维曲面零件的数控加工。UG 三维曲面加工操作命令具体如图 3-4 所示。对于一般三维曲面零件的加工，实际上只要熟练掌握 UG 中的 4～5 个操作命令就可以实现零件的快速自动编程，如图 3-4 所示的型腔挖槽加工命令、等高加工命令、定轴区域铣加工命令、清根加工命令和曲面刻字命令。

1）型腔挖槽加工命令（CAVITY_MILL）是图 3-4 所示的第一行第 1 个图标，该操作命令可完成粗加工单个或多个型腔，可沿任意类似型腔的形状进行去除大余量的粗加工，对非常复杂的形状产生刀具运动轨迹，确定走刀方式。

2）等高加工命令（ZLEVEL_PROFILE）是图 3-4 所示的第一行第 5 个图标，该操作命令可完成锥度面或曲面的半精加工和精加工。该命令加工曲面的精度和表面质量完全是依赖于"全局每刀深度"参数，该参数设置得越小，加工表面质量越好，但加工时间越长。

3）定轴区域铣加工命令（CONTOUR_AREA）是图 3-4 所示的第二行第 2 个图标，该操作命令可完成绝大多数复杂曲面的半精加工和精加工，功能非常强大。有多种驱动方法和走刀方式可供选择，如边界切削、螺旋式切削及用户定义方式切削等，如图 3-5 所示。在边界驱动方式中，又可选择同心圆和放射状走刀等多种走刀方式，提供逆铣、顺铣控制以及螺旋进刀方式。

4）清根加工命令（FLOWCUT_SINGLE）是图 3-4 所示的第三行第 1 个图标，该操作命令可自动找出待加工零件上满足"双相切条件"的区域，一般情况下这些区域正好就是型腔中的根区和拐角。用户可直接选定加工刀具，UG/Flow Cut 模块将自动计算对应于此刀具的"双相切条件"区域并将其作为驱动几何，自动生成一次或多次走刀的清根程序。当出现复杂的型芯或型腔加工时，该模块可减少精加工或半精加工的工作量。

5）曲面刻字命令（CONTOUR_TEXT）是图 3-4 所示的第三行第 6 个图标，该操作命令可实现在曲面上进行刻字加工。

图 3-4   图 3-5

3.1.3 数控铣削曲面时应注意的问题

1) 粗铣时应根据被加工曲面给出的余量, 用立铣刀按等高面一层一层的铣削, 这种粗铣效率高。粗铣后的曲面类似于山坡上的梯田。台阶的高度视粗铣精度而定。

2) 半精铣的目的是铣削掉粗加工时留下的"梯田"台阶, 使被加工表面更接近于理论曲面, 采用球头铣刀一般为精加工工序留出 0.5mm 左右的加工余量。半精加工的行距和步距可比精加工大。

3) 精加工最终加工出理论曲面。用球头铣刀精加工曲面时, 一般用行切法。对于开敞性比较好的零件而言, 行切的折返点应选在曲表的外面, 即在编程时, 应把曲面向外延伸一些。对开敞性不好的零件表面, 由于折返时, 切削速度的变化, 很容易在已加工表面上及阻挡面上, 留下由停顿和振动产生的刀痕。所以在加工和编程时, 一是要在折返时降低进给速度, 二是在编程时, 被加工曲面折返点应稍离开阻挡面。对曲面与阻挡面相贯线应单独作一个清根程序加工, 这样就会使被加工曲面与阻挡面光滑连接, 而不致产生很大的刀痕。

4) 球头铣刀在铣削曲面时, 其刀尖处的切削速度很低, 如果用球刀垂直于被加工面铣削比较平缓的曲面时, 球刀刀尖切出的表面质量比较差, 所以应适当地提高主轴转速, 另外还应避免用刀尖切削。

5) 避免垂直下刀。平底圆柱铣刀有两种, 一种是端面有顶尖孔, 其端刃不过中心; 另一种是端面无顶尖孔, 端刃相连且过中心。在铣削曲面时, 有顶尖孔的面铣刀绝对不能像钻头似的向下垂直进刀, 除非预先钻有工艺孔, 否则会把铣刀顶断。如果用无顶尖孔的平刀时可以垂直向下进刀, 但由于切削刃角度太小, 轴向力很大, 所以也应尽量避免。最好的办法是斜向下进刀, 进到一定深度后再用侧刃横向切削。在铣削凹槽面时, 可以预钻出工艺孔以便下刀。用球头铣刀垂直进刀的效果虽然比平底的面铣刀要好, 但也因轴向力过大、影响切削效果的缘故, 最好不使用这种下刀方式。

6) 铣削曲面零件时, 如果发现零件材料热处理不好, 有裂纹、组织不均匀等现象时, 应及时停止加工, 以免浪费工时。

7) 在进行自由曲面加工时, 由于球头刀具的刀尖切削速度为零, 因此, 为保证加工精度, 切削行距一般取得很密, 故球头铣刀常用于曲面的精加工。而平头刀具在表面加工质量和切削效率方面都优于球头刀, 因此, 只要在保证不过切的前提下, 无论是曲面的粗加工还是精加工, 都应优先选择平头刀。

3.2　锥形椭圆曲面零件数控加工自动编程

3.2.1　实例介绍

图 3-6 是一个锥形椭圆曲面零件，材质为铝，毛坯采用 125mm×85mm×30mm 的立方块铝料。毛坯料上下两个表面不平整，毛坯料有两个长的侧面较平整。

图　3-6

3.2.2　数控加工工艺分析

零件在数控铣床上加工，毛坯两个长的垂直面（侧面）安装在平口钳上。为了后续加工对刀的方便性，将加工坐标系原点确定在零件上表面的中心点（*说明：零件上表面与毛坯的上表面不是一个平面，实际加工中要特别注意加工原点的设置*），加工坐标系的 X 向与零件长度方向一致。零件的数控加工路线、切削刀具（高速钢）和切削工艺参数见表 3-1。

表　3-1

工 序 号	加 工 内 容	刀 具 类 型	刀具直径/mm	主轴转速/(r/min)	进给速度/(mm/min)
1	CAVITY 粗加工	平铣刀	20	1800	800
2	零件上平面的精加工	平铣刀	20	2200	1200
3	锥面及圆角曲面精加工	平铣刀	20	2200	1200
4	圆角曲面部位的修整加工	球头铣刀	10	2800	1000
5	小刀整体残料粗加工	平铣刀	6	3000	1300
6	凹槽底平面的残料加工	平铣刀	6	3000	1300
7	凹槽底面和侧面精加工	平铣刀	6	3500	1500
8	四个平底孔的精加工	平铣刀	6	3500	1500
9	两个小半球面的加工	平铣刀	6	3000	1300

3.2.3　创建数控编程的准备操作

打开本书配套光盘\Source\ch03\01 的锥形椭圆曲面零件实体模型文件，在下拉菜单条中单击"开始"→"加工"，打开"加工环境"对话框，直接单击"确定"按钮，进入到数控加工界面。

步骤一　创建程序组

1）单击"创建程序"图标，弹出"创建程序"对话框，设置类型为 mill_contour、程序为 NC_PROGRAM、名称为 1，具体如图 3-7 所示。

2）依次单击"应用"和"确定"按钮，完成名称为 1 的程序创建。

3）按照上述操作方法，依次创建名称为 2、3、4、5、6、7、8、9 的程序。

步骤二　创建刀具组

1）单击"创建刀具"图标，弹出"创建刀具"对话框，设置类型为 mill_contour、刀具子类型为 MILL、名称为 D20，具体如图 3-8 所示。

2）单击"应用"按钮，弹出"铣刀-5 参数"对话框，将直径数值更改为 20，其余数值采用默认，具体如图 3-9 所示，单击"确定"按钮，完成直径为 20mm 的平铣刀创建。

3）按照同样的方法，完成名称为 D6 直径为 6mm 的平铣刀创建。

4）单击"创建刀具"图标，弹出"创建刀具"对话框，设置类型为 mill_contour、刀具子类型为 BALL_MILL、名称为 R5，如图 3-10 所示。

5）单击"应用"按钮，弹出"铣刀-球头铣"对话框，将直径数值更改为 10，其余数值采用默认，单击"确定"按钮，完成直径为 10mm 的球铣刀创建，单击"取消"按钮。

图　3-7

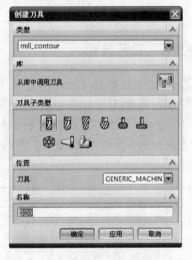

图　3-8

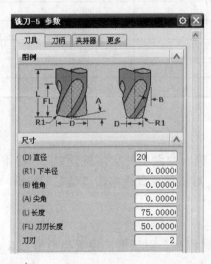

图　3-9

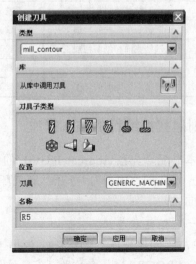

图　3-10

步骤三   创建几何体

1）在下拉菜单条中，单击"开始"→"所有应用模块"→"注塑模向导"，单击"注塑模工具"图标 ✂，如图 3-11 所示。在弹出的"注塑模工具"对话框中单击第一个"创建方块"图标 ▣，如图 3-12 所示。

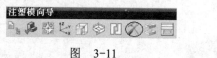

图 3-11

图 3-12

2）在弹出的"创建方块"对话框中，将类型设置为包容块，将设置下面的间隙设置为 10，如图 3-13 所示。

3）依次选取图 3-6 所示锥形椭圆曲面零件上面的小半球面和零件的下表面，屏幕中将出现一个立方体块。

4）双击屏幕中 ZC 的粗箭头，将面间隙更改为 0，如图 3-14 所示，单击"确定"按钮，包容锥形椭圆曲面零件的立方块创建完成。

5）关闭"注塑模工具"对话框，在下拉菜单条中单击"开始"→"所有应用模块"→"注塑模向导"，关闭"注塑模向导"工具栏。

6）在下拉菜单条中单击"编辑"→"对象显示"，选取刚创建的立方块，单击"确定"按钮，弹出"编辑对象显示"对话框，将透明度游标拖到 60 的位置，单击"确定"按钮，此时屏幕的图形如图 3-15 所示。

图 3-13

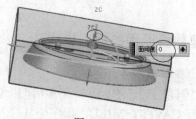

图 3-14

7）单击"工序导航器"图标 ⬚，在"工序导航器"中的空白处单击鼠标右键，弹出右键菜单，单击"几何视图"菜单。

8）双击 WORKPIECE 图标，弹出"铣削几何体"对话框，如图 3-16 所示，单击"指定毛坯"图标 ⬚，选取立方块，单击"确定"按钮。

9）按键盘上的"Ctrl+B"键，选取立方块，单击"确定"按钮，将立方块模型隐藏。

10）单击"指定部件"图标 ⬚，选取零件实体，连续两次单击"确定"按钮。

11）双击 MCS_MILL 图标，弹出"Mill Orient"对话框，单击"CSYS 对话框"图标 ⬚，弹出"CSYS"对话框。将类型设置为动态，单击指定方位"操控器"图标 ⬚，如图 3-17 所示。

12）在弹出的"点"对话框中，将参考设置为"WCS"，并将 XC、YC、ZC 坐标都设置为 0，如图 3-18 所示，连续三次单击"确定"按钮，至此加工坐标系创建完成，屏幕中的加工坐标系与 WCS 坐标系完全重合。

图　3-15

图　3-16

图　3-17

图　3-18

3.2.4　创建数控编程的加工操作

步骤一　型腔粗加工

1）单击"创建工序"图标 ，在弹出的"创建工序"对话框中，设置类型为 mill_contour、工序子类型为 CAVITY_MILL、程序为 1、刀具为 D20、几何体为 WORKPIECE、方法为 MILL_ROUGH，具体如图 3-19 所示。

2）单击"应用"按钮，弹出"型腔铣"对话框。在"型腔铣"对话框中，设置切削模式为跟随周边、平面直径百分比为 75.0000、每刀的公共深度为恒定、最大距离为 1.2000，如图 3-20 所示。

3）单击"切削层"图标 ，弹出"切削层"对话框，将范围类型设置为单个、切削层和每刀的公共深度均设置为恒定、最大距离设置为 1.2000。选取零件的下表面，如图 3-21 所示，此时范围深度已更改为 18.0000，如图 3-22 所示。单击"确定"按钮，界面退回到"型腔铣"对话框。

4）单击"切削参数"图标 ，弹出"切削参数"对话框，在"策略"选项卡中，将切削方向设置为顺铣、切削顺序设置为深度优先、刀路方向设置为向内，勾选"岛清理"复选框、"添加精加工刀路"复选框，并将刀路数设置为 1，精加工步距设置为 0.5000mm，具体如图 3-23 所示；在"余量"选项卡中，勾选"使底面余量和侧面余量一致"复选框，设置部件侧面余量为 0.3000，其他余量设置为 0.0000，具体如图 3-24 所示，单击"确定"按钮。

图　3-19

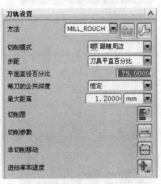

图　3-20

图　3-21

图　3-22

图　3-23

图　3-24

5）单击"非切削移动"图标，在弹出的"非切削移动"对话框中，设置封闭区域进刀类型为螺旋、直径为 50.0000%刀具、斜坡角为 5.0000、最小斜面长度为 50.0000%刀具；设置开放区域进刀类型为线性，其余采用默认值，具体如图 3-25 所示，单击"确定"按钮。

6）单击"进给率和速度"图标，弹出"进给率和速度"对话框。设置合适的主轴速度和切削数值，如图 3-26 所示，单击"确定"按钮。

图 3-25

图 3-26

7）单击"生成"图标，刀具轨迹生成，依次单击"确定"和"取消"按钮。在图形区域窗口的空白处，单击鼠标右键，弹出右键菜单，单击"刷新"项，清除刀具轨迹线条。

步骤二 零件上平面的精加工

为了后续对刀的方便性，应首先将零件上表面的余量加工完，具体操作如下：

1）单击"创建工序"图标，在弹出的"创建工序"对话框中，设置类型为 mill_planar、工序子类型为 PLANAR_MILL、程序为 2、刀具为 D20、几何体为 WORKPIECE、方法为 MILL_FINISH。

2）单击"应用"按钮，弹出"平面铣"对话框。单击"指定部件边界"图标，弹出"边界几何体"对话框，将模式由"面"更改为"曲线/边"，弹出"创建边界"对话框，选取图 3-27 所示的边界线，将材料侧设置为内部、刀具位置设置为对中，其余采用默认设置，连续两次单击"确定"按钮，返回到"平面铣"对话框。

3）单击"指定底面"图标，弹出"平面"对话框，选取零件的上表面（图 3-27 边界线所在的平面），单击"确定"按钮。

4）在"平面铣"对话框中，将切削模式设置为轮廓加工，其余参数采用默认设置。

5）单击"进给率和速度"图标，弹出"进给率和速度"对话框。设置合适的主轴转速和切削进给速度，单击"确定"按钮，返回到"平面铣"对话框。

6）单击"生成"图标，刀具轨迹生成，如图 3-28 所示，依次单击"确定"和"取消"按钮。

7）在图形区域窗口的空白处，单击鼠标右键，弹出右键菜单，单击"刷新"项，清除刀具轨迹线条。

边界线

图　3-27　　　　　　　　　　　　　图　3-28

步骤三　锥面及圆角曲面精加工

1）单击"创建工序"图标 ，在弹出的"创建工序"对话框中，设置类型为 mill_contour、工序子类型为 ZLEVEL_PROFILE、程序为 3、刀具为 D20、几何体为 WORKPIECE、方法为 MILL_FINISH，具体如图 3-29 所示。

2）单击"应用"按钮，弹出"深度加工轮廓"对话框。在"深度加工轮廓"对话框中，单击"指定切削区域"图标 ，弹出"切削区域"对话框，选取锥面和圆角部位的曲面，如图 3-30 所示，单击"确定"按钮，返回到"深度加工轮廓"对话框。

图　3-29　　　　　　　　　　　　　图　3-30

3）在"深度加工轮廓"对话框中，设置合并距离为 5.0000，最小切削长度为 0.5000、最大距离为 0.0500，如图 3-31 所示。

4）单击"切削参数"图标 ，弹出"切削参数"对话框，在"策略"选项卡中，将切削方向设置为顺铣、切削顺序设置为深度优先，具体如图 3-32 所示；在"余量"选项卡中，将所有公差设置为 0.01；在"连接"选项卡中，将层到层设置为沿部件斜进刀，单击"确定"按钮。

5）单击"非切削移动"图标 ，在弹出的"非切削移动"对话框中，设置开放区域进刀类型为圆弧，其余采用默认值，单击"确定"按钮。

6）单击"进给率和速度"图标 ，弹出"进给率和速度"对话框。设置合适的精加工主轴速度和切削数值，单击"确定"按钮。

7）单击"生成"图标，刀具轨迹生成，如图 3-33 所示，依次单击"确定"和"取消"按钮。在图形区域窗口的空白处，单击鼠标右键，弹出右键菜单，单击"刷新"项，清除刀具轨迹线条。

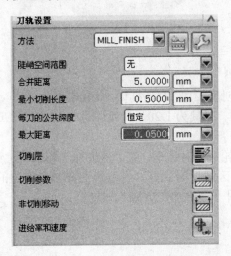

图 3-31

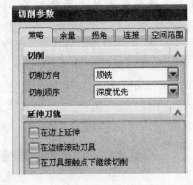

图 3-32

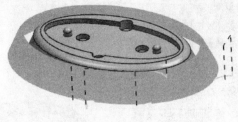

图 3-33

步骤四 圆角曲面部位的修整加工

圆角曲面部位经过精加工，虽然理论上加工余量为零，但是由于加工曲面采用的是平刀等高方式，因此加工曲面仍然留有加工残留高度（*实际加工中，等高精加工后圆角部位的表面仍较粗糙*）。为了能使圆角曲面部位的表面更加光滑，应该增加一道修整加工工序。

1）单击"创建工序"图标，在弹出的"创建工序"对话框中，设置类型为 mill_contour、工序子类型为 CONTOUR_AREA、程序为 4、刀具为 R5、几何体为 WORKPIECE、方法为 MILL_FINISH，具体如图 3-34 所示。

2）单击"应用"按钮，弹出"轮廓区域"对话框。单击"指定切削区域"图标，弹出"切削区域"对话框，选取零件圆角曲面部位，单击"确定"按钮。

3）在"轮廓区域"对话框中，单击"驱动方法"项下的"编辑"图标，弹出"区域铣削驱动方法"对话框，将切削模式设置为往复、切削方式设置为顺铣、步距设置为恒定、最大距离设置为 0.3000mm、步距已应用设置为在部件上、切削角设置为自动，如图 3-35 所示，单击"确定"按钮。

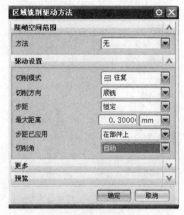

图　3-34　　　　　　　　　　　　图　3-35

4）单击"非切削移动"图标，弹出"非切削移动"对话框。在"进刀"选项卡中，设置开放区域进刀类型为圆弧-平行于刀轴，其余参数采用默认值，如图 3-36 所示，单击"确定"按钮。

5）单击"进给率和速度"图标，弹出"进给率和速度"对话框。设置合适的主轴速度和切削数值，单击"确定"按钮。

6）单击"生成"图标，刀具轨迹生成，如图 3-37 所示，依次单击"确定"和"取消"按钮。在图形区域窗口的空白处，单击鼠标右键，弹出右键菜单，单击"刷新"项，清除刀具轨迹线条。

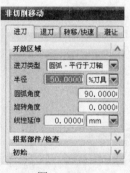

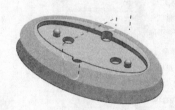

图　3-36　　　　　　　　　　　　图　3-37

步骤五　小刀残料粗加工

1）在工序导航器窗口中，单击程序 1 下的 CAVITY_MILL 操作，单击鼠标右键，弹出右键菜单，单击"复制"；单击程序 5，单击鼠标右键，弹出右键菜单，单击"内部粘贴"，CAVITY_MILL_COPY 操作被复制到了程序 5 下。

2）双击程序 5 下的 CAVITY_MILL_COPY 操作，弹出"型腔铣"对话框。将刀具更改为 D6，最大距离更改为 0.40000，如图 3-38 所示。

3）单击"切削参数"图标，弹出"切削参数"对话框。在"策略"选项卡中，将切削顺序更改为深度优先，其他保持不变，如图 3-39 所示。在"余量"选项卡中，将部件侧面余量更改为 0.2，其余采用默认设置。

图 3-38

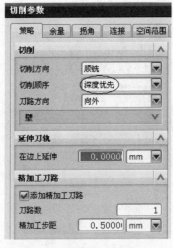

图 3-39

4）在"空间范围"选项卡中，将参考刀具设置为 D20、小封闭区域设置为切削，如图 3-40 所示，单击"确定"按钮，界面退回到"型腔铣"对话框。

5）单击"进给率和速度"图标，弹出"进给率和速度"对话框。设置合适的主轴速度和切削数值，单击"确定"按钮。

6）单击"生成"图标，刀具轨迹生成，如图 3-41 所示，依次单击"确定"和"取消"按钮。在图形区域窗口的空白处，单击鼠标右键，弹出右键菜单，单击"刷新"项，清除刀具轨迹线条。

图 3-40

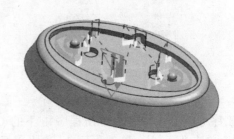

图 3-41

步骤六 凹槽底面和侧面精加工

在此步骤编程前，应该编制"凹槽底面粗加工"二维数控程序，这主要是因为凹槽底部中间部位的余量是由直径为 20mm 的刀具开粗留下来的，凹槽底部余量比较大，如果直接使用 6mm 的平铣刀进行精加工,在加工过程中直径为 6mm 的平铣刀将会发生折断现象。由于篇幅有限,本书不再详述此粗加工步骤,请读者自行完成。下面针对凹槽底面和侧面的精加工进行阐述,凹槽底面和侧面的精加工一般需要分开编程,但本例中由于侧壁的高度较小,所以底面和侧面的精加工程序放在一个工序内完成。

　　1)单击"创建工序"图标 ⚙,在弹出的"创建工序"对话框中,设置类型为 mill_planar、工序子类型为 FACE_MILLING_AREA、程序为 6、刀具为 D6、几何体为 WORKPIECE、方法为 MILL_FINISH。

　　2)单击"应用"按钮,弹出"面铣削区域"对话框。单击"指定切削区域"图标 🔲,弹出"切削区域"对话框,选取零件凹槽的底面,如图 3-42 所示,单击"确定"按钮。

　　3)在弹出的"面铣削区域"对话框中,将切削模式设置为跟随部件、毛坯距离设置为3、每刀深度设置为 0、最终底部面余量设置为 0,其余参数采用默认值。

　　4)单击"切削参数"图标 ▦,弹出"切削参数"对话框。在"策略"选项卡中,将切削方向设置为顺铣,勾选"添加精加工刀路"复选框,其余采用默认设置,如图 3-43 所示。

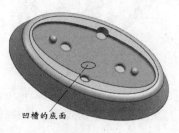

图　3-42

图　3-43

　　5)在"连接"选项卡中,将区域排序设置为优化、开放刀路设置为变换切削方向、运动类型设置为切削,其余参数采用默认值,如图 3-44 所示,单击"确定"按钮。

　　6)单击"非切削移动"图标 🗗,在弹出的"非切削移动"对话框中,设置封闭区域进刀类型为插削,单击"确定"按钮。

　　7)单击"进给率和速度"图标 🔩,弹出"进给率和速度"对话框,设置合适的主轴速度和切削数值。

　　8)单击"生成"图标 💨,刀具轨迹生成,如图 3-45 所示,单击"确定"按钮。在图形区域窗口的空白处,单击鼠标右键,弹出右键菜单,单击"刷新"项,清除刀具轨迹线条。

图　3-44

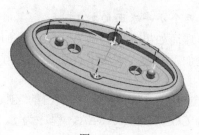

图　3-45

步骤七 四个平底孔的加工

1）在工序导航器窗口中，单击程序 6 下的 FACE_MILLING_AREA 操作，单击鼠标右键，弹出右键菜单，单击"复制"；单击程序 7，单击鼠标右键，弹出右键菜单，单击"内部粘贴"，FACE_MILLING_AREA_COPY 操作被复制到了程序 7 下。

2）双击程序 7 下的 FACE_MILLING_AREA_COPY 操作，弹出"面铣削区域"对话框。单击"指定切削区域"图标，弹出"切削区域"对话框，展开列表，并单击"删除"图标，将原来的切削区域删除，如图 3-46 所示。

3）选取 4 个平底孔的底面，如图 3-47 所示，单击"确定"按钮。

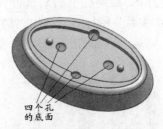

图 3-46   图 3-47

4）在弹出的"面铣削区域"对话框中，将切削模式设置为跟随部件、平面直径百分比设置为 30.0000，毛坯距离设置为 3.0000、每刀深度设置为 0.3000、最终底面余量设置为 0.0000，其余参数采用默认值，如图 3-48 所示。

5）单击"进给率和速度"图标，弹出"进给率和速度"对话框，设置合适的主轴速度和切削数值。

6）单击"生成"图标，刀具轨迹生成，如图 3-49 所示，单击"确定"按钮。在图形区域窗口的空白处，单击鼠标右键，弹出右键菜单，单击"刷新"项，清除刀具轨迹线条。

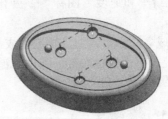

图 3-48   图 3-49

步骤八 两个小半球面的加工

两个小半球面如果采用等高方式加工，加工表面将比较粗糙，而且顶部有一个很明显的尖头。经过加工实践，采用平行加工方式可以完成这两个小曲面的加工，而且加工表面质量比较好。

1）单击"创建工序"图标，在弹出的"创建工序"对话框中，设置类型为 mill_contour、工序子类型为 CONTOUR_AREA、程序为 8、刀具为 D6、几何体为 WORKPIECE、方法为 MILL_FINISH。

2）单击"应用"按钮，弹出"轮廓区域"对话框。单击"指定切削区域"图标，
弹出"切削区域"对话框，依次选取 2 个小半球面，单击"确定"按钮。

3）在"轮廓区域"对话框中，单击"驱动方法"项下的"编辑"图标，弹出"区域
铣削驱动方法"对话框，设置切削模式为往复、切削方式为顺铣、步距为恒定、最大距离为
0.1 mm、步距已应用为在部件上、切削角为自动，如图 3-50 所示，单击"确定"按钮。

4）单击"非切削移动"图标，弹出"非切削移动"对话框。在"进刀"选项卡中
设置开放区域进刀类型为无，其余参数采用默认值，单击"确定"按钮。

5）单击"进给率和速度"图标，弹出"进给率和速度"对话框。设置合适的主轴
速度和切削数值，单击"确定"按钮。

6）单击"生成"图标，刀具轨迹生成，如图 3-51 所示，依次单击"确定"和"取
消"按钮。在图形区域窗口的空白处，单击鼠标右键，弹出右键菜单，单击"刷新"项，
清除刀具轨迹线条。

图　3-50

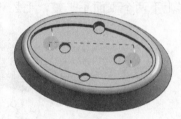

图　3-51

3.2.5　实体模拟仿真加工

1）按住"Ctrl"键不放，用鼠标依次单击程序下的 8 个操作，松开"Ctrl"键，单击
鼠标右键，弹出右键菜单，并将鼠标移动到"刀轨"→"确认"。

2）单击"确认"项，弹出"刀轨可视化"对话框，单击"2D 动态"，单击"播放"图
标，仿真加工开始，最后得到图 3-52 所示的仿真加工效果。

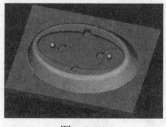

图　3-52

3.2.6　实例小结

1）型腔粗加工在曲面零件开粗时，加工效果和加工效率都比较好。但是如果开粗时使

用的是三刃平铣刀和采用的是工件内部下刀方式，则应在 UG 软件中设置螺旋下刀。为了提高螺旋下刀效率和保证效果，应设置合理的斜坡角和螺旋长度。

2）使用平铣刀等高加工锥面，实际的加工效果并不理想，特别是对一些过渡的 R 圆角曲面，加工表面粗糙度非常大。其原因主要有两点：①平铣刀等高加工的表面质量不如球头铣刀等高加工的表面质量；②R 圆角曲面的坡度不够陡峭，从而导致加工表面更加不光滑。本例为了尽可能提高 R 圆角曲面的表面质量，采用了球铣刀平行修整精加工。

3）对于一些空间比较小的凹槽，加工过程中无法采用螺旋下刀，因此刀具很容易发生折断现象。为了更好地加工小的凹槽，建议采用两个切削刃的键槽铣刀，而且编制数控程序时尽量采用小的每层切深和进给速度。

3.3　电吹风外壳曲面零件数控加工自动编程

3.3.1　实例介绍

图 3-53 是一个电吹风外壳零件，材质为铝合金，毛坯采用 147mm×183mm×50mm 的立方块。毛坯料上下两个表面不平整，毛坯料两个侧面较平整。

图　3-53

3.3.2　数控加工工艺分析

零件在数控铣床上加工，毛坯的侧面安装在平口钳上，加工坐标系原点确定为零件上表面上方 2mm 处的中心点。零件的数控加工路线、切削刀具（高速钢）和切削工艺参数见表 3-2。

表　3-2

工　序　号	加 工 内 容	刀 具 类 型	刀具直径/mm	主轴转速/（r/min）	进给速度/（mm/min）
1	CAVITY 粗加工	平铣刀	20	1500	450
2	半精加工电吹风曲面	球头铣刀	16	1800	550
3	精加工电吹风曲面	球头铣刀	10	2500	900
4	等高精加工垂直曲面	平铣刀	12	2300	800

3.3.3　创建数控编程的准备操作

打开本书配套光盘\Source\ch03\02 的电吹风外壳实体模型文件，在下拉菜单条中单击

"开始"→"加工",打开"加工环境"对话框,直接单击"确定"按钮,进入到数控加工界面。

步骤一　创建程序组

1)单击"创建程序"图标 ,弹出"创建程序"对话框,设置类型为 mill_contour、程序为 NC_PROGRAM、名称为 1。

2)依次单击"应用"和"确定"按钮,完成名称为 1 的程序创建。

3)按照上述操作方法,依次创建名称为 2、3、4 的程序。

步骤二　创建刀具组

1)单击"创建刀具"图标 ,弹出"创建刀具"对话框,设置类型为 mill_contour、刀具子类型 MILL、名称为 D20。

2)单击"应用"按钮,弹出"铣刀-5 参数"对话框,将直径数值更改为 20,其余数值采用默认,单击"确定"按钮,完成直径为 20mm 的平铣刀创建。

3)按照上述操作方法,完成名称为 D12(直径为 12mm)的平铣刀创建。

4)单击"创建刀具"图标 ,弹出"创建刀具"对话框,设置类型为 mill_contour、刀具子类型为 BALL_MILL、名称为 R8。

5)单击"应用"按钮,弹出"铣刀-球头铣"对话框,将直径数值更改为 16,其余数值采用默认,单击"确定"按钮,完成直径为 16mm 的球头铣刀创建,单击"取消"按钮。

6)按照同样的方法,完成名称为 R5 直径为 10mm 的球头铣刀创建。

步骤三　创建几何体

1)在下拉菜单条中,单击"开始"→"所有应用模块"→"注塑模向导",单击"注塑模工具"图标 ,如图 3-54 所示。在弹出的"注塑模工具"对话框中单击第一个"创建方块"图标 ,如图 3-55 所示。

图　3-54

图　3-55

2)在弹出的"创建方块"对话框中将类型设置为包容块,将设置下面的间隙设置为 2。

3)依次选取图 3-53 所示电吹风外壳上表面和下表面,单击"确定"按钮,包容电吹风外壳的立方块创建完成。

4)关闭"注塑模工具"对话框,在下拉菜单条中,单击"开始"→"所有应用模块"→"注塑模向导",关闭"注塑模向导"工具栏。

5)在下拉菜单条中,单击"编辑"→"对象显示",选取刚创建的立方块,单击"确定"按钮,弹出"编辑对象显示"对话框,将透明度游标拖到 60 的位置,如图 3-56 所示,单击"确定"按钮,此时屏幕的图形如图 3-57 所示。

6)单击"创建几何体"图标 ,弹出"创建几何体"对话框,单击几何体子类型下的"MCS"图标 ,几何体设置为 GEOMETRY,名称设置为 MCS-1,如图 3-58 所示,单击"应用"按钮。

7)在弹出的"MCS"对话框中,选择指定 MCS 下拉框中的"自动判断",如图 3-59 所示,选取图 3-60 所示透明方块的上表面。依次单击"确定"和"取消"按钮,名称为

MCS-1 的加工坐标系创建完成。

图　3-56　　　　　　　　　　　　图　3-57

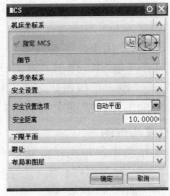

图　3-58　　　　　　　　　　　　图　3-59

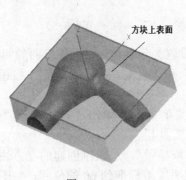

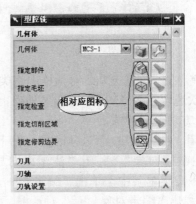

图　3-60　　　　　　　　　　　　图　3-61

3.3.4　创建数控编程的加工操作

步骤一　型腔粗加工

1）单击"创建工序"图标，在弹出的"创建工序"对话框中，设置类型为 mill_contour、工序子类型为 CAVITY_MILL、程序为 1、刀具为 D20、几何体为 MCS-1、方法为 MILL_ROUGH。

2）单击"应用"按钮，弹出"型腔铣"对话框，如图 3-61 所示。单击"指定毛坯"图标，弹出"毛坯几何体"对话框，选取图 3-60 所示的半透明包容方块，单击"确定"按钮，返回到"型腔铣"对话框。

3）按键盘上的"Ctrl+B"键，弹出"类选择"对话框，选取图 3-60 所示的半透明包容方块，单击"确定"按钮，半透明包容方块被隐藏。

4）在"型腔铣"对话框中，单击"指定部件"图标，弹出"部件几何体"对话框，选取图 3-53 所示的电吹风外壳实体，单击"确定"按钮。

5）在"型腔铣"对话框中，设置切削模式为跟随周边、平面直径百分比为 50.0000、每刀的公共深度为恒定、最大距离为 1.8000，如图 3-62 所示。

6）单击"切削层"图标，弹出"切削层"对话框。将范围类型设置为单个，选取电吹风实体的下表面，此时范围深度的文本框数值更改为 39.6721，具体如图 3-63 所示（说明：直接在范围深度的文本框内输入 39.6721 与其等效），单击"确定"按钮，返回到"型腔铣"对话框。

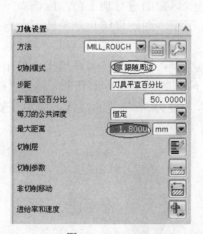

图　3-62

图　3-63

7）单击"切削参数"图标，弹出"切削参数"对话框，在"策略"选项卡中，将切削方向设置为顺铣、切削顺序设置为深度优先、刀路方向设置为向内，勾选"岛清理"复选框、"添加精加工刀路"复选框，并将刀路数设置为 1、精加工步距设置为 0.5000mm，具体如图 3-64 所示；在"余量"选项卡中，勾选"使底面余量和侧面余量一致"复选框，设置部件侧面余量为 0.5000，其他余量设置为 0，具体如图 3-65 所示，单击"确定"按钮。

8）单击"非切削移动"图标，在弹出的"非切削移动"对话框中，设置封闭区域进刀类型为螺旋、直径为 50%刀具、斜坡角为 5、最小斜面长度为 50%刀具，设置开放区域进刀类型为线性，其余采用默认值，单击"确定"按钮。

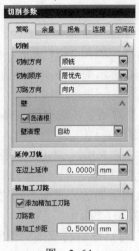

图　3-64　　　　　　　　　　　　　　图　3-65

9）单击"进给率和速度"图标，弹出"进给率和速度"对话框。设置合适的主轴速度和切削数值，单击"确定"按钮。

10）单击"生成"图标，刀具轨迹生成，依次单击"确定"和"取消"按钮。在图形区域窗口的空白处，单击鼠标右键，弹出右键菜单，单击"刷新"项，清除刀具轨迹线条。

步骤二　半精加工电吹风曲面

电吹风曲面底部与水平面为直角，利用球头铣刀对电吹风曲面进行加工时，球头铣刀会对电吹风周边的材料进行过切。因此在对电吹风曲面进行加工前，应该做一个与电吹风下表面重合的辅助平面，并以该辅助平面为加工干涉面，以防止球头铣刀对电吹风周边的材料进行过切。

1）在下拉菜单条中，单击"开始"→"建模"，进入到建模环境中。单击"草图"图标，弹出"创建草图"对话框，选取电吹风的下表面，如图 3-66 所示，单击"确定"按钮。绘制一端点坐标为（-45，-10）、长度为 180、角度为 90 的垂直线段，如图 3-67 所示，单击"完成草图"图标，返回到建模环境中。

图　3-66　　　　　　　　　　　　　图　3-67

2）单击"拉伸"图标，弹出"拉伸"对话框，选取图 3-67 的垂直线，在"拉伸"对话框中，将指定矢量设定为 YC 向，开始距离设置为 0，结束距离设置为-195，布尔设置为无，具体如图 3-68 所示，单击"确定"按钮，完成辅助平面的创建，如图 3-69 所示。

3）在下拉菜单条中，单击"开始"→"加工"，进入到加工环境中。单击"创建工序"图标，在弹出的"创建工序"对话框中，设置类型为 mill_contour、工序子类型为 CONTOUR_AREA、程序为 2、刀具为 R8、几何体为 MCS-1、方法为 MILL_SEMI_FINISH，具体如图3-70所示。

4）单击"应用"按钮，弹出"轮廓区域"对话框。单击"指定部件"图标 ，弹出"部件几何体"对话框，选取电吹风实体（此时不要选取辅助平面），单击"确定"按钮，返回到"轮廓区域"对话框。

5）单击"指定切削区域"图标 ，弹出"切削区域"对话框，选取图3-71所示的电吹风三个曲面（不包括电吹风的两个垂直端面和下表面），单击"确定"按钮，返回到"轮廓区域"对话框。

6）单击"指定检查"图标 ，弹出"检查几何体"对话框，选取图3-69所示的辅助平面（*备注说明：应该将选择类型由"实体"更改为"面"，否则无法进行选择操作*），单击"确定"按钮，返回到"轮廓区域"对话框。

图 3-68

辅助平面

图 3-69

图 3-70

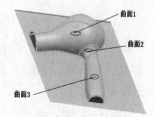

曲面1
曲面2
曲面3

图 3-71

7）在"轮廓区域"对话框中，将"驱动方法"项下的方法设置为区域铣削，并单击"驱动方法"项下的"编辑"图标 ，如图3-72所示，弹出"区域铣削驱动方法"对话框，将切削模式设置为往复、切削方式设置为顺铣、步距设置为恒定、距离设置为2.5000mm、步距已应用设置为在部件上、切削角设置为自动，如图3-73所示，单击"确定"按钮。

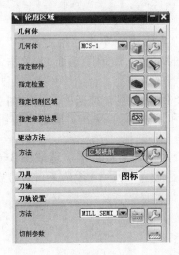

图 3-72

图 3-73

8) 单击"切削参数"图标，在"切削参数"对话框的"余量"选项卡下，设置部件余量为 0.2，其余参数采用默认设置，单击"确定"按钮。

9) 单击"非切削移动"图标，弹出"非切削移动"对话框。在"进刀"选项卡中，设置开放区域进刀类型为圆弧-平行于刀轴，其余参数采用默认值，单击"确定"按钮。

10) 单击"进给率和速度"图标，弹出"进给率和速度"对话框。设置合适的主轴速度和切削数值，单击"确定"按钮。

11) 单击"生成"图标，刀具轨迹生成，如图 3-74 所示，其中电吹风周边出现的垂直刀轨是避让干涉平面而产生的。

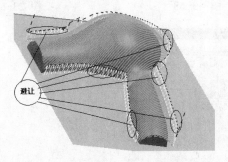

图 3-74

12) 依次单击"确定"和"取消"按钮。在图形区域窗口的空白处，单击鼠标右键，弹出右键菜单，单击"刷新"项，清除刀具轨迹线条。

步骤三 精加工电吹风曲面

1) 按键盘上的"Ctrl+B"键，弹出"类选择"对话框，选取图 3-69 所示的辅助平面，单击"确定"按钮，辅助直线和辅助平面被隐藏。

2) 在工序导航器窗口中，单击程序 2 下的 CONTOUR_AREA 操作，单击鼠标右键，弹出右键菜单，单击"复制"；单击程序 3，单击鼠标右键，弹出右键菜单，单击"内部粘贴"。

3) 双击程序 3 下的 CONTOUR_AREA_COPY 操作，弹出"轮廓区域"对话框。在"轮廓区域"对话框中，单击"驱动方法"项下的"编辑"图标，如图 3-75 所示，弹出"区域铣削驱动方法"对话框,将步距设置为残余高度、残余高度设置为 0.0100、切削角设置为自动,如图 3-76 所示,单击"确定"按钮。

4)单击"轮廓区域"对话框中"刀具"项右侧的三角符号,如图 3-77 所示,将刀具项展开,并将刀具设置为 R5,如图 3-78 所示。

5)单击"切削参数"图标🔲,在"切削参数"对话框的"余量"选项卡中,所有余量都设置为 0,所有公差都设置为 0.0050,如图 3-79 所示,单击"确定"按钮。

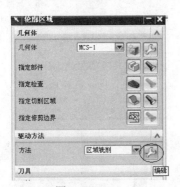

图　3-75

图　3-76

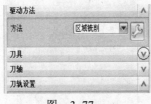

图　3-77

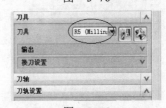

图　3-78

6)单击"进给率和速度"图标🖳,弹出"进给率和速度"对话框。设置合适的精加工主轴速度和切削数值,单击"确定"按钮。

7)单击"生成"图标🖳,刀具轨迹生成,单击"确定"按钮,在图形区域窗口的空白处,单击鼠标右键,弹出右键菜单,单击"刷新"项,清除刀具轨迹线条。

步骤四　等高精加工电吹风底部曲面

1)单击"创建工序"图标🖳,在弹出的"创建工序"对话框中,设置类型为 mill_contour、工序子类型为 ZLEVEL_PROFILE、程序为 4、刀具为 D12、几何体为 MCS-1、方法为 MILL_FINISH,具体如图 3-80 所示。

2)单击"应用"按钮,弹出"深度加工轮廓"对话框,单击"指定部件"图标🗐,如图 3-81 所示,弹出"部件几何体"对话框,选取零件实体,单击"确定"按钮,返回"深度加工轮廓"对话框。

3)在"深度加工轮廓"对话框中,单击"指定切削区域"图标🗐,弹出"切削区域"对话框,选取零件所有的表面,单击"确定"按钮,返回到"深度加工轮廓"对话框。

4)在"深度加工轮廓"对话框中,设置合并距离为 5.0000、最小切削长度为 0.5000、每刀的公共深度为恒定、最大距离为 0.10000,如图 3-82 所示。

5)单击"切削层"图标🗐,弹出"切削层"对话框,将范围类型设置为单个、ZC 设置为 6.0000,并按回车键,其他设置参考图 3-83 所示。此时屏幕如图 3-84 所示,单击"确定"按钮。

图 3-79

图 3-80

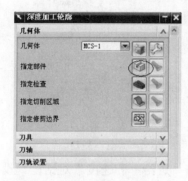

图 3-81

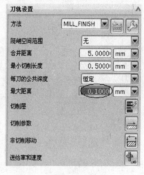

图 3-82

图 3-83

图 3-84

6）单击"切削参数"图标，弹出"切削参数"对话框，在"策略"选项卡中，将切削方向设置为顺铣、切削顺序设置为层优先，具体如图 3-85 所示；在"余量"选项卡中，将所有公差设置为 0.0300，如图 3-86 所示，单击"确定"按钮。

图　3-85

图　3-86

7）单击"非切削移动"图标，在弹出的"非切削移动"对话框中，设置开放区域进刀类型为圆弧，其余采用默认值，单击"确定"按钮。

8）单击"进给率和速度"图标，弹出"进给率和速度"对话框。设置合适的精加工主轴速度和切削数值，单击"确定"按钮。

9）单击"生成"图标，刀具轨迹生成，如图 3-87 所示，依次单击"确定"和"取消"按钮。在图形区域窗口的空白处，单击鼠标右键，弹出右键菜单，单击"刷新"项，清除刀具轨迹线条。

3.3.5　实体模拟仿真加工

1）按住"Ctrl"键不放，用鼠标依次单击程序下的 4 个操作，如图 3-88 所示，松开"Ctrl"键，并在图 3-88 所标示的区域内单击鼠标右键（光标应放在操作名上面再单击鼠标右键），弹出右键菜单，并将鼠标移动到"刀轨"→"确认"。

图　3-87

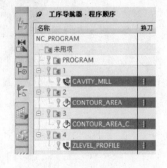
图　3-88

2）单击"确认"项，弹出"刀轨可视化"对话框，单击"2D 动态"，单击"播放"图标，仿真加工开始，最后得到图 3-89 所示的仿真加工效果。

图 3-89

3.3.6 实例小结

1）采用 UG CAVITY 开粗加工时，其切削深度默认值是毛坯的深度，而不是工件深度。本例 3.3.4 节步骤一型腔粗加工"切削层"的切削深度不能采用默认数值，而应手动设置为工件的深度，否则刀具有可能切削到夹具而产生事故。

2）利用球刀对电吹风曲面进行加工时，球刀会切削到电吹风所在底面的平面上，产生过切破坏零件模型。本例在零件底面设置了一个干涉平面，从而有效防止球头铣刀过切。

3）电吹风底部近乎垂直的曲面与电吹风底部平面相交处无圆弧过渡，因此该处曲面不能采用球头铣刀进行精加工，而应采用平铣刀进行等高精加工。

3.4 手机外壳曲面零件数控加工自动编程

3.4.1 实例介绍

图 3-90 是一个手机外壳零件，材质为铝合金，毛坯采用 104mm×44mm×28mm 的立方块。毛坯料上下两个表面不平整，毛坯料两个长的侧面较平整。

图 3-90

3.4.2 数控加工工艺分析

零件在数控铣床上加工，毛坯两个长的垂直面（侧面）安装在平口钳上，加工坐标系原点确定为零件下表面的中心点，加工坐标系的 X 向与零件长度方向一致。零件的数控加工路线、切削刀具（高速钢）和切削工艺参数见表 3-3。

表 3-3

工 序 号	加 工 内 容	刀 具 类 型	刀具直径/mm	主轴转速/(r/min)	进给速度/(mm/min)
1	CAVITY 粗加工	平铣刀	12	2300	800
2	残料粗加工	平铣刀	4	3200	1200
3	凹槽底和侧面精加工	平铣刀	4	3200	1200
4	精加工外形轮廓	平铣刀	12	2300	800
5	半精加工外壳曲面	球头铣刀	8	2600	950
6	精加工外壳曲面	球头铣刀	4	3200	1000
7	钻孔加工	钻头	5	1500	350

3.4.3 创建数控编程的准备操作

打开本书配套光盘\Source\ch03\03 的手机外壳实体模型文件，在下拉菜单条中，单击"开始"→"加工"，打开"加工环境"对话框，直接单击"确定"按钮，进入到数控加工界面。

步骤一　创建程序组

1）单击"创建程序"图标，弹出"创建程序"对话框，设置类型为 mill_contour、程序为 NC_PROGRAM、名称为 1。

2）依次单击"应用"和"确定"按钮，完成名称为 1 的程序创建。

3）按照上述操作方法，依次创建名称为 2、3、4、5、6、7、8 的程序。

步骤二　创建刀具组

1）创建直径为 12mm、4mm 的平铣刀，对应的刀具名称分别为 D12、D4。

2）创建直径为 8mm、4mm 的球头铣刀，对应的刀具名称分别为 R4、R2。

3）创建直径为 5mm 的钻头，对应的刀具名称为 DR5。

步骤三　创建几何体

1）在下拉菜单条中，单击"开始"→"所有应用模块"→"注塑模向导"，单击"注塑模工具"图标，如图 3-91 所示。在弹出的"注塑模工具"对话框中，单击第一个"创建方块"图标，如图 3-92 所示。

2）在弹出的"创建方块"对话框中，将类型设置为包容块，将设置下面的间隙设置为 2。

3）依次选取零件实体的上表面和下表面，单击"确定"按钮，包容手机外壳实体模型的立方块创建完成。

4）关闭"注塑模工具"对话框，在下拉菜单条中单击"开始"→"所有应用模块"→"注塑模向导"，关闭"注塑模向导"工具栏。

图 3-91

图 3-92

5）在下拉菜单条中，单击"编辑"→"对象显示"，选取刚创建的立方块，单击"确定"按钮，弹出"编辑对象显示"对话框，将透明度游标拖到 60 的位置，单击"确定"按钮，此时屏幕中的立方块为透明体。

6）按键盘上的"Ctrl+B"键，弹出"类选择"对话框，选取半透明立方块，单击"确定"按钮，半透明立方块被隐藏。

7）单击"创建几何体"图标，弹出"创建几何体"对话框，单击几何体子类型下的"MCS"图标，几何体设置为 GEOMETRY，名称设置为 MCS-1，如图 3-93 所示，单击"应用"按钮。

8）在弹出的"MCS"对话框中，单击"指定 MCS"右侧的，弹出"CSYS"对话框，将类型设置为动态，如图 3-94 所示，连续两次单击"确定"按钮，单击"取消"按钮，名称为 MCS-1 的加工坐标系创建完成。

图 3-93   图 3-94

3.4.4　创建数控编程的加工操作

步骤一　型腔粗加工

1）单击"创建工序"图标，在弹出的"创建工序"对话框中，设置类型为 mill_contour、工序子类型为 CAVITY_MILL、程序为 1、刀具为 D12、几何体为 MCS-1、方法为 MILL_ROUGH。

2）单击"应用"按钮，弹出"型腔铣"对话框。展开"部件导航器"，并勾选"实体 KF_BOUND"前面的复选框，如图 3-95 所示，这样透明方块就显示出来了。

3）单击"指定毛坯"图标，弹出"毛坯几何体"对话框，选取半透明立方块，单击"确定"按钮，返回到"型腔铣"对话框。

4）按键盘上的"Ctrl+B"键，弹出"类选择"对话框，选取半透明立方块，单击"确定"按钮，半透明立方块被隐藏。

5）在"型腔铣"对话框中单击"指定部件"图标，弹出"部件几何体"对话框，用鼠标选取手机外壳实体，单击"确定"按钮。

6）在"型腔铣"对话框中，设置切削模式为跟随周边、平面直径百分比为 50、每刀的公共深度为恒定、最大距离为 1.2，

7）单击"切削层"图标，弹出"切削层"对话框。将范围类型设置为单个，选取零件实体的下表面，此时范围深度的文本框数值更改为 14.2500，具体如图 3-96 所示（说明：

直接在范围深度的文本框内输入14.25与其等效），单击"确定"按钮，返回到"型腔铣"对话框。

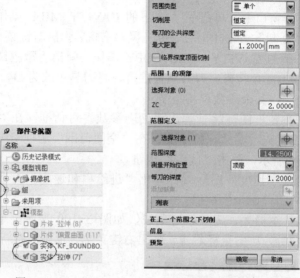

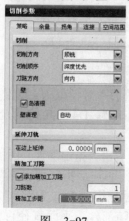

图 3-95　　　　　　　　　图 3-96

8）单击"切削参数"图标，弹出"切削参数"对话框。在"策略"选项卡中，将切削方向设置为顺铣，切削顺序设置为深度优先，刀路方向设置为向内，勾选"岛清理"复选框、"添加精加工刀路"复选框，并将刀路数设置为1、精加工步距设置为0.5000mm，具体如图3-97所示。

9）在"余量"选项卡中，勾选"使底面余量与侧面余量一致"复选框，设置部件侧面余量为0.5000，其余余量设置为0.0000，具体如图3-98所示，单击"确定"按钮。

10）单击"非切削移动"图标，在弹出的"非切削移动"对话框中，设置封闭区域进刀类型为螺旋、直径为50%刀具、斜坡角为5、最小斜面长度为50%刀具；设置开放区域进刀类型为线性，其余采用默认值，单击"确定"按钮。

图　3-97　　　　　　　　　图　3-98

11）单击"进给率和速度"图标，弹出"进给率和速度"对话框。设置合适的主轴速度和切削数值，单击"确定"按钮。

12）单击"生成"图标，刀具轨迹生成，依次单击"确定"和"取消"按钮。在图形区域窗口的空白处，单击鼠标右键，弹出右键菜单，单击"刷新"项，清除刀具轨迹线条。

步骤二 型腔残料粗加工（参考刀具残料加工）

1）在工序导航器窗口中，单击程序 1 下的 CAVITY_MILL 操作，单击鼠标右键，弹出右键菜单，单击"复制"；单击程序 2，单击鼠标右键，弹出右键菜单，单击"内部粘贴"。

2）双击程序 2 下的 CAVITY_MILL_COPY 操作，弹出"型腔铣"对话框。单击对话框中"刀具"项右侧的三角符号，刀具项被展开，将刀具更改为 D4。将"刀轨设置"项下的最大距离更改为 0.4，其余参数保持不变。

3）单击"切削参数"图标，弹出"切削参数"对话框，在"策略"选项卡中，将切削顺序更改为深度优先，其余保持不变；在"空间范围"选项卡中，将参考刀具设置为 D12，具体如图 3-99 所示，单击"确定"按钮。

4）单击"进给率和速度"图标，弹出"进给率和速度"对话框。设置合适的主轴速度和切削数值，单击"确定"按钮。

5）单击"生成"图标，刀具轨迹生成，如图 3-100 所示，单击"确定"按钮。在图形区域窗口的空白处，单击鼠标右键，弹出右键菜单，单击"刷新"项，清除刀具轨迹。

图 3-99

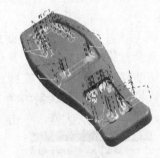

图 3-100

步骤三 平面凹槽底面精加工

1）单击"创建工序"图标，在弹出的"创建工序"对话框中，设置类型为 mill_planar、工序子类型为 FACE_MILLING、程序为 3、刀具为 D4、几何体为 MCS-1、方法为 MILL_FINISH。

2）单击"应用"按钮，弹出"面铣"对话框。单击"指定部件"图标，选取手机外壳实体，单击"确定"按钮，返回到"面铣"对话框。单击"指定面边界"图标，弹出"指定面几何体"对话框，选取图 3-101 所示的平面凹槽底面，单击"确定"按钮。

3）在"面铣"对话框中，设置切削模式为跟随部件、平面直径百分比为 75、毛坯距离为 0.6、每刀深度为 0.2、最终底部面余量为 0。

4）单击"切削参数"图标📷，弹出"切削参数"对话框。在"策略"选项卡中，设置切削方向为顺铣，勾选"添加精加工刀路"复选框，设置刀路数为1、精加工步距为0.5mm；在"余量"选项卡中，设置部件余量为0.5，其他余量都为0，其余参数采用默认值，单击"确定"按钮。

5）单击"非切削移动"图标📷，在弹出的"非切削移动"对话框中，设置封闭区域进刀类型为沿形状斜进刀、斜坡角为5、高度为0.5、高度起点为前一层、最小斜面长度为50%刀具；设置开放区域进刀类型为圆弧，其余采用默认值，单击"确定"按钮。

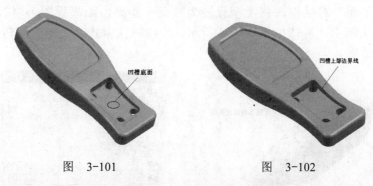

图　3-101　　　　　　　　　　　图　3-102

6）单击"进给率和速度"图标📷，弹出"进给率和速度"对话框。设置合适的主轴速度和切削数值，单击"确定"按钮。

7）单击"生成"图标📷，刀具轨迹生成，依次单击"确定"和"取消"按钮。在图形区域窗口的空白处，单击鼠标右键，弹出右键菜单，单击"刷新"项，清除刀具轨迹线条。

步骤四　平面凹槽侧壁精加工

1）单击"创建工序"图标📷，在弹出的"创建工序"对话框中，设置类型为 mill_planar、工序子类型为 PLANAR_PROFILE、程序为 4、刀具为 D4、几何体为 MCS-1、方法为 MILL_FINISH。

2）单击"应用"按钮，弹出"平面轮廓铣"对话框。单击"指定部件边界"图标📷，弹出"边界几何体"对话框，将模式由"面"更改为"曲线/边"，弹出"创建边界"对话框，选取图 3-102 所示的凹槽上部边界线，将材料侧设置为"外部"，其余采用默认设置，连续两次单击"确定"按钮，返回到"平面轮廓铣"对话框。

3）单击"指定底面"图标，弹出"平面"对话框，选取图 3-101 所示的凹槽底面，单击"确定"按钮。

4）在"平面轮廓铣"对话框中，设置部件余量为0、切削深度为恒定、公共为2。

5）单击"非切削移动"图标📷，弹出"非切削移动"对话框。在"进刀"选项卡中，设置开放区域进刀类型为圆弧，其余参数采用默认值，单击"确定"按钮。

6）单击"进给率和速度"图标📷，弹出"进给率和速度"对话框。设置合适的主轴速度和切削数值，单击"确定"按钮。

7）单击"生成"图标📷，刀具轨迹生成，依次单击"确定"和"取消"按钮。在图形区域窗口的空白处，单击鼠标右键，弹出右键菜单，单击"刷新"项，清除刀具轨迹线条。

步骤五　精加工手机模型外形轮廓

1）单击"创建工序"图标 📝，在弹出的"创建工序"对话框中，设置类型为 mill_planar、工序子类型为 PLANAR_PROFILE、程序为 5、刀具为 D12、几何体为 MCS-1、方法为 MILL_FINISH。

2）单击"应用"按钮，弹出"平面轮廓铣"对话框。单击"指定部件边界"图标 📑，弹出"边界几何体"对话框。将模式由"面"更改为"曲线/边"，弹出"创建边界"对话框，选取图 3-103 所示的手机下表面边界线，将材料侧设置为内部，平面设置为用户定义，弹出"平面"对话框，将类型设置为按某一距离，距离设置为 12，并通过反向图标 ⊠ 确保箭头朝上，具体如图 3-104 所示。连续三次单击"确定"按钮，返回到"平面轮廓铣"对话框。

手机下表面边界线

图　3-103

图　3-104

3）单击"指定底面"图标 📑，弹出"平面"对话框，选取图 3-105 所示手机外壳下表面，单击"确定"按钮。

4）在"平面轮廓铣"对话框中，设置部件余量为 0、切削深度为恒定、公共为 3。

5）单击"非切削移动"图标 📄，弹出"非切削移动"对话框。在"进刀"选项卡中，设置开放区域进刀类型为圆弧，其余参数采用默认值，单击"确定"按钮。

6）单击"进给率和速度"图标 📄，弹出"进给率和速度"对话框。设置合适的主轴速度和切削数值，单击"确定"按钮。

7）单击"生成"图标 📝，刀具轨迹生成，如图 3-106 所示，依次单击"确定"和"取消"按钮。在图形区域窗口的空白处，单击鼠标右键，弹出右键菜单，单击"刷新"项，清除刀具轨迹线条。

手机外壳下表面

图　3-105

图　3-106

步骤六　半精加工手机外壳曲面部位

1）单击"创建工序"图标 ，在弹出的"创建工序"对话框中，设置类型为 mill_contour、工序子类型为 CONTOUR_AREA、程序为 6、刀具为 R4、几何体为 MCS-1、方法为 MILL_SEMI_FINISH，具体如图 3-107 所示。

2）单击"应用"按钮，弹出"轮廓区域"对话框。单击"指定部件"图标 ，弹出"部件几何体"对话框，如图 3-108 所示，选取零件实体模型，单击"确定"按钮，返回到"轮廓区域"对话框。

3）单击"指定切削区域"图标 ，弹出"切削区域"对话框，选取图 3-109 所示的手机顶部曲面（包括圆角部位），单击"确定"按钮。

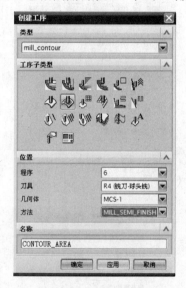

图　3-107

图　3-108

4）在"轮廓区域"对话框中，单击"驱动方法"项下的"编辑"图标 ，如图 3-110 所示，弹出"区域铣削驱动方法"对话框，设置切削模式为往复、切削方式设置为顺铣、步距设置为恒定、最大距离设置为 1.5000mm、步距已应用设置为在部件上、切削角设置为自动，如图 3-111 所示，单击"确定"按钮。

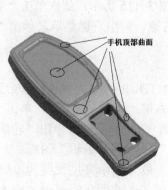

图　3-109

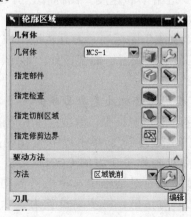

图　3-110

5）单击"切削参数"图标，在"切削参数"对话框的"策略"选项卡中按照图 3-112 所示设置；在"余量"选项卡中设置部件余量为 0.3000，其余参数采用默认设置，如图 3-113 所示，单击"确定"按钮。

6）单击"非切削移动"图标，弹出"非切削移动"对话框。在"进刀"选项卡中，设置开放区域进刀类型为无，其余参数采用默认值，如图 3-114 所示，单击"确定"按钮。

图 3-111

图 3-112

图 3-113

图 3-114

7）单击"进给率和速度"图标，弹出"进给率和速度"对话框。设置合适的主轴速度和切削数值，单击"确定"按钮。

8）单击"生成"图标，刀具轨迹生成，如图 3-115 所示，依次单击"确定"和"取消"按钮。在图形区域窗口的空白处，单击鼠标右键，弹出右键菜单，单击"刷新"项，清除刀具轨迹线条。

步骤七　精加工手机外壳曲面部位

1）在工序导航器窗口中，单击程序 6 下的 CONTOUR_AREA 操作，单击鼠标右键，弹出右键菜单，单击"复制"；单击程序 7，单击鼠标右键，弹出右键菜单，单击"内部粘贴"。

2）用鼠标双击程序 7 下的 CONTOUR_AREA_COPY 操作，弹出"轮廓区域"对话框。在"轮廓区域"对话框中，单击"驱动方法"项下的"编辑"图标，弹出"区域铣削驱动方法"对话框，将步距设置为残余高度、最大残余高度设置为 0.0010、切削角设置为指定，与 XC 的夹角设置为 135.0000，如图 3-116 所示，单击"确定"按钮，退回到"轮廓区域"对话框。

图　3-115

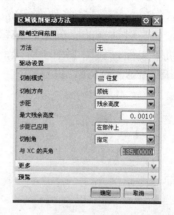

图　3-116

3）单击"轮廓区域"对话框中"刀具"项右侧的三角符号，刀具项被展开，将刀具设置为 R2，如图 3-117 所示。

4）单击"切削参数"图标 ，在"切削参数"对话框的"余量"选项卡中，所有余量都设置为 0.0000，所有公差都设置为 0.0050，如图 3-118 所示，单击"确定"按钮。

5）单击"进给率和速度"图标 ，弹出"进给率和速度"对话框。设置合适的精加工主轴速度和切削数值，单击"确定"按钮。

6）单击"生成"图标 ，刀具轨迹生成，单击"确定"按钮。在图形区域窗口的空白处，单击鼠标右键，弹出右键菜单，单击"刷新"项，清除刀具轨迹线条。

图　3-117

图　3-118

步骤八　钻孔加工

1）单击"创建工序"图标 ，在弹出的"创建工序"对话框中，设置类型为 drill、工序子类型为 PECK_DRILLING、程序为 8、刀具为 DR5、几何体为 MCS-1、方法为 DRILL_METHOD，如图 3-119 所示。

2）单击"应用"按钮，弹出"啄钻"对话框，如图 3-120 所示。单击图 3-120 所标示的"指定孔"图标 ，弹出"点到点几何体"对话框，单击"选择"按钮，弹出"名称"对话框，如图 3-121 所示。单击图 3-121 所标示的"一般点"按钮，弹出"点"对话框，如图 3-122 所示。直接捕捉手机四个孔的中心点，图 3-123 所标示的是捕捉第一个点的情景，其他三个点类同操作，捕捉完四个孔的中心点后，屏幕中的图形如图 3-124 所示。之后连续三次单击"确定"按钮，返回到"啄钻"对话框。

3) 单击"指定顶面"图标 ，将"顶面选项"设置为面，选取凹槽底面（*备注说明：在"顶面对话框"中，一定要先将顶面选项设置为面，否则无法进行选择操作*），如图 3-101 所示，单击"顶面"对话框的"确定"按钮；单击"指定底面"图标 ，将底面选项设置为面，选取手机下表面，如图 3-105 所示，单击"底面"对话框中的"确定"按钮。

图 3-119

图 3-120

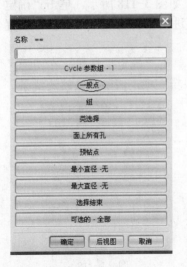

图 3-121

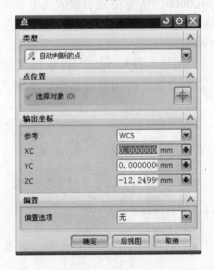

图 3-122

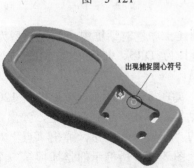

图 3-123

图 3-124

4）单击循环类型下面的"编辑参数"图标，如图 3-125 所示，在弹出的对话框中单击"确定"按钮，在弹出的"Cycle 参数"对话框中单击"Depth-模型深度"按钮，如图 3-126 所示。弹出"Cycle 深度"对话框，单击"穿过底面"按钮，单击"确定"按钮。在"Cycle 参数"对话框中单击"Step 值-未定义"按钮，将 Step #1 设置为 3，连续两次单击"确定"按钮，返回到"啄钻"对话框。

图　3-125

图　3-126

5）在"啄钻"对话框中，设置最小安全距离为 10.0000，具体如图 3-127 所示。

6）单击"进给率和速度"图标，弹出"进给率和速度"对话框。设置合适的主轴速度和切削数值，单击"确定"按钮。

7）单击"生成"图标，刀具轨迹生成，如图 3-128 所示，依次单击"确定"和"取消"按钮。

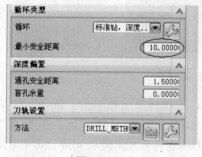

图 3-127

图　3-128

8）在图形区域窗口的空白处，单击鼠标右键，弹出右键菜单，单击"刷新"项，清除刀具轨迹线条。

3.4.5　实体模拟仿真加工

1）按住"Ctrl"键不放，用鼠标依次单击程序下的 8 个操作，松开"Ctrl"键，将光标放在其中的一个操作名上面，再单击鼠标右键，弹出右键菜单，并将鼠标移动到"刀轨"→"确认"。

2）单击"确认"项，弹出"刀轨可视化"对话框，单击"2D 动态"，单击"播放"图标，仿真加工开始，最后得到图 3-129 所示的仿真加工效果。

图　3-129

3.4.6 实例小结

1）为了提高加工效率，粗加工时尽可能使用大刀，但是由于零件结构复杂，局部结构尺寸太小，大刀开粗时，零件局部留有大量残料，这将极不利于后面的半精加工或精加工，因此本例采用了残料粗加工来清除局部留有的大量残料。

2）本例加工曲面采用的是定轴区域铣平行走刀方式，半精加工时，为了提高加工效率，设置较大的恒定间距；而精加工时，为了保证表面加工质量，则设置较小的残余高度。

3）钻孔加工时，为了防止钻头抬刀高度不够而发生过切现象，应该设置合理的最小安全距离，同时为了兼顾加工效率，本例设置了 10mm 的最小安全距离。

3.5 数控加工自动编程训练题

1）图 3-130 是一个高档电饭煲外壳模型的实体图，工件材质为 ABS 塑料。依据图的结构和尺寸特点，试选择合适的加工刀具，确定合理的加工方案和切削用量。从附带光盘/home exercise/exercise351 中打开该实体模型，并利用 UG 软件 CAM 模块完成该零件的数控编程。

图 3-130

2）图 3-131 是一个三维曲面零件的实体图，工件材质为铝合金。依据图的结构和尺寸特点，试选择合适的加工刀具，确定合理的加工方案和切削用量。从附带光盘/home exercise/exercise352 中打开该实体模型，并利用 UG 软件 CAM 模块完成该零件的数控编程。

图 3-131

第4章　典型数控铣职业资格考试 零件数控加工自动编程实例

4.1　数控技工职业资格考试概述

国家《劳动法》和《职业教育法》已确立了职业资格证书制度的法律地位，规定由国家确定职业分类，对规定的职业制定职业技能标准，实行职业资格证书制度，从事技术工种的劳动者，就业前或上岗前必须接受必要的培训，由经过国家劳动行政部门批准的考核鉴定机构负责对劳动者实施职业技能考核鉴定。

数控铣床是机械制造系统中一种重要的高效率、高精度与高柔性特点的自动化加工设备，可有效解决复杂、精密、小批多变零件的加工问题，充分适应现代化生产的需要。随着数控铣床的发展与普及，急需大量高素质的能够操作数控铣床，进行工件多工序组合切削加工的数控铣床操作工。基于此，数控铣床操作工职业资格培训与鉴定面向学院学生和全社会从事及准备从事本职业的人员，依据《铣工国家职业标准》的规定，开发数控铣床的各种加工操作技能，提高职业技术素质，增强就业能力和工作能力。

职业培训与鉴定的主要任务是：通过在培训现场进行的实际操作训练，进一步了解数控机床的组成、性能、结构和特点，掌握数控铣床的基本操作、日常维护保养、简单故障和加工中不正常现象的排除方法，熟悉数控铣床加工零件的全过程，能较熟练地使用数控铣床的全部功能完成中等复杂程度及以上零件的加工，初步具备在现场分析、处理工艺及程序问题的能力，普遍达到中级（国家职业资格四级）数控铣床操作工的职业资格水平，相当一部分达到高级（国家职业资格三级）数控铣床操作工和少部分达到技师（国家职业资格二级）的职业资格水平，并通过职业资格考核鉴定获取相应的职业资格证书。

4.1.1　高级数控铣床操作工要求

1. **较复杂数控工艺设计与数控程序编制**
1）按照工艺文件的要求，完成较复杂工件的加工。
2）编制较复杂工件的工艺路线。
3）手工编制较复杂的加工程序并加工。
4）应用 CAD/CAM 软件编程并加工。

2. 现场技术问题的分析处理

1）加工状态的监控及紧急情况的处理。

2）加工的中断及恢复。

3）阅读数控铣床各类报警信息，处理一般报警故障。

4）工件加工中产生废品的原因分析与解决。

本职业培训与鉴定的技术对象是金属材料的切削加工，在被培训与鉴定者初步具备数控机床工作原理（组成结构、插补原理、控制原理、伺服系统）和编程方法（常用指令代码、程序格式、子程序、固定循环）等数控应用技术基本知识、金属切削加工（钳工、铣工和镗工）的基本知识、编制常规工艺规程的基本知识、计算机应用的基本知识和生产技术管理知识等基础上进行。数控铣高级技工加工技能方面的具体要求参见表 4-1。

表 4-1

职业功能	工作内容	技能要求	相关知识	职业等级
一、工艺准备	（一）读图与绘图	1. 能读懂螺旋桨、减速器箱体、多位置非等速圆柱凸轮等复杂畸形零件的工作图 2. 能绘制等速凸轮、蜗杆、花键轴、直齿锥齿轮、专用铣刀等中等复杂程度的零件工作图 3. 能绘制简单零件的轴测图 4. 能读懂分度头、回转工作台等一般机构的装配图	1. 复杂畸形零件图的画法 2. 简单零件轴测图的画法 3. 一般机械装配图的表达方法	高级
	（二）制订加工工艺	能制订具有二维、简单三维型面零件的铣削工艺	1. 具有二维、简单三维型面零件的铣削加工工艺知识 2. 成形面、凸轮、孔系、模具等较复杂零件的铣削加工工艺	高级
	（三）工件定位与夹紧	1. 能正确使用和调整铣床用各种夹具 2. 能设计数控铣床用简单专用夹具	专用夹具和组合夹具的种类、结构和特点，复杂专用夹具的调整和一般组合夹具的组装方法	高级
	（四）刀具准备	能正确选择专用刀具和特殊刀具	数控铣削刀具的选择方法	高级
	（五）编制程序	能编制较复杂零件的铣削加工程序	具有二维、简单三维型面零件的编程方法	高级
	（六）设备调整及维护保养	1. 能排除编程错误、超程、欠电压、缺油等一般故障 2. 能根据说明书完成机床定期维护保养	1. 数控铣床的各类报警信息的内容及其解除方法 2. 数控铣床定期维护保养的方法 3. 数控铣床的结构及工作原理	高级
二、工件加工		能加工较复杂零件和较复杂型面	1. 大型、复杂零件的加工方法 2. 难加工材料、难加工工件以及精密工件的加工方法	高级
三、精度检验及误差分析	螺旋齿、模具型面及复杂大型零件的检验	1. 能进行螺旋齿槽、端面齿槽和锥面齿槽、模具型面及复杂大型零件的检验 2. 能正确使用杠杆千分尺、扭簧比较仪、水平仪、光学分度头等精密量具和量仪进行检验	1. 复杂型面及大型零件精度的检验方法 2. 精密量具和量仪及光学分度头的构造原理和使用、保养方法 3. 数字显示装置的构造和使用方法	高级

4.1.2　数控铣技工实操考试评分标准

数控铣技工实操考试评分标准见表 4-2。

表　4-2

工　种	数控铣床		图　号		GDSKXG021130		单　位		
准考证号			零件名称		考试件	姓名		学历	
定额时间	180min		考核日期			技术等级	高级	总得分	
序号	考核项目	考核内容及要求		配分	评分标准		检测结果	扣分	得分 备注
1	整体精度	100	IT	4	超差 0.01mm 扣 2 分				
2		40	IT	4	超差 0.01mm 扣 2 分				
3		12.25	IT	4	超差 0.01mm 扣 2 分				
4		96	IT	2	超差 0.01mm 扣 2 分				
5	上部精度	42.00	IT	4	超差 0.01mm 扣 2 分				
6		$R5.00$	IT	2	超差 0.01mm 扣 2 分				
7		$R3.00$	IT	2	超差 0.01mm 扣 2 分				
8		$R2.00$	IT	2	超差 0.01mm 扣 2 分				
9		$R134.81$	IT	4	超差 0.01mm 扣 2 分				
10		$R80.00$	IT	4	超差 0.01mm 扣 2 分				
11		$R70.00$	IT	4	超差 0.01mm 扣 2 分				
12	下部精度	41.15	IT	4	超差 0.01mm 扣 2 分				
13		35.00	IT	4	超差 0.01mm 扣 2 分				
14		29.00	IT	2	超差 0.01mm 扣 2 分				
15		$R79.89$	IT	4	超差 0.01mm 扣 2 分				
16		$R80.00$	IT	4	超差 0.01mm 扣 2 分				
17		$R140.00$	IT	4	超差 0.01mm 扣 2 分				
18		$4 \times \phi6$	IT	4	超差 0.01mm 扣 2 分				
19	粗糙度	3.2	Ra	6	差一级扣 5 分				
20	文明生产	按有关规定每违反一项从总分中扣 3 分，总扣分<10 分。发生重大事故取消考试							
21	其他项目	参照 GB/T1804-m。工件必须完整，局部无缺陷（夹伤等）。总扣分<10 分							
22	程序编制	严重违反工艺的则取消考试资格，小问题则酌情扣分。总扣分<10 分							
23	加工时间	90min 后尚未开始加工则终止考试。机床操作最长时间：120min 总时间 180min，每超过 1min 扣 1 分							
记录员		监考人			检验员			考评人	

4.1.3　数控铣技工技能鉴定考试说明

1. 鉴定方式

分为理论知识考试和技能操作考核两部分。理论知识考试采用笔试，技能操作考核采用现场实际操作方式。两项考试均采用百分制，皆达到 60 分以上者为合格；技师鉴定还须进行综合评审和论文答辩。

2. 考评员和考生的配备

理论知识考试每标准考场配备两名监考人员；技能操作考核每台设备配备两名监考人员；每次鉴定组成 3～5 人的考评小组。

3. 鉴定时间

各等级理论知识考试时间为 120min，高级数控技工考核时间为 180min。

4. 鉴定场所、设备

理论知识考试在标准教室进行；实操鉴定应配数控铣床、工件、夹具、量具、刀具等必备仪器设备。

5. 必要说明

取得中级数控铣床操作工职业资格证书后方可申报高级数控铣床操作工职业资格；取得高级数控铣床操作工职业资格证书后方可申报技师职业资格。

4.2　典型中级工技能鉴定零件数控加工自动编程

4.2.1　实例介绍

图 4-1 是一个典型的数控铣中级工技能鉴定零件，材质为铝，毛坯采用 102mm×62mm×35mm 的立方块铝料。毛坯料上下两个表面平整但不光滑，两个长的垂直面（侧面）较平整但不光滑，两个短的垂直面（侧面）非常不平整。

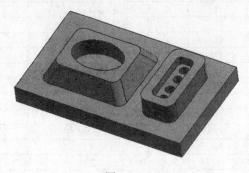

图　4-1

4.2.2　数控加工工艺分析

零件在学校的数控铣床上加工，毛坯两个长的垂直面（侧面）安装在平口钳上，加工坐标系原点确定为零件上表面的中心点，加工坐标系的 X 向与零件长度方向一致。零件的数控加工路线、切削刀具（高速钢）和切削工艺参数见表 4-3。

表　4-3

工　序　号	加工内容	刀具类型	刀具直径/mm	主轴转速/（r/min）	进给速度/（mm/min）
1	CAVITY 粗加工	平铣刀	20	1800	600
2	残料粗加工	平铣刀	6	2800	1000
3	精加工平面	平铣刀	6	2800	1000
4	等高半精加工锥面	平铣刀	6	2800	1000
5	等高精加工锥面	平铣刀	6	2800	1000
6	精加工凸台内侧壁	平铣刀	6	2800	1000
7	钻孔加工	钻头	5	1500	350

4.2.3　创建数控编程的准备操作

打开本书配套光盘\Source\ch04\01 中级工技能鉴定实体模型文件，在下拉菜单条中，单击"开始"→"加工"，打开"加工环境"对话框，直接单击"确定"按钮，进入到数控加工界面。

步骤一　创建程序组

1）单击"创建程序"图标 ，弹出"创建程序"对话框，设置类型为 mill_contour、程序为 NC_PROGRAM、名称为 1。

2）依次单击"应用"和"确定"按钮，完成名称为 1 的程序创建。

3）按照上述操作方法，依次创建名称为 2、3、4、5、6、7、8、9 的程序。

步骤二　创建刀具组

1）单击"创建刀具"图标 ，弹出"创建刀具"对话框，设置类型为 mill_contour、刀具子类型 MILL、名称为 D20。

2）单击"应用"按钮，弹出"铣刀-5 参数"对话框，将直径数值更改为 20，其余数值采用默认，单击"确定"按钮，完成直径为 20mm 的平铣刀创建。

3）按照同样的方法，完成名称为 D6、直径为 6mm 的平铣刀创建。

4）单击"创建刀具"图标 ，弹出"创建刀具"对话框，设置类型为 drill、刀具子类型为 DRILLING_TOOL、名称为 DR5。

5）单击"应用"按钮，弹出"钻刀"对话框，将直径数值更改为 5，其余数值采用默认，单击"确定"按钮，完成直径为 5mm 的钻头创建。

步骤三　创建几何体

1）在下拉菜单条中，单击"开始"→"所有应用模块"→"注塑模向导"，单击"注塑模工具"图标 。在弹出的"注塑模工具"对话框中，单击"创建方块"图标 。

2）在弹出的"创建方块"对话框中，将类型设置为包容块，将设置下面的间隙设置为 2，如图 4-2 所示。

3）选取图 4-3 所示零件上表面和图 4-4 所示零件的下表面。双击向上的粗箭头，屏幕出现面间隙输入框，将框中的数值更改为 0，如图 4-5 所示。单击"确定"按钮，包容零件的立方块就创建完成了。

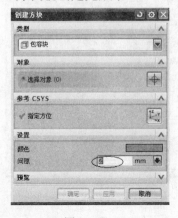

图　4-2

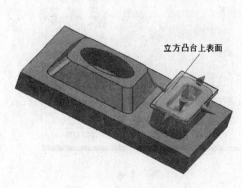

立方凸台上表面

图　4-3

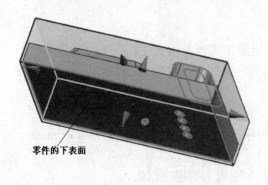

零件的下表面

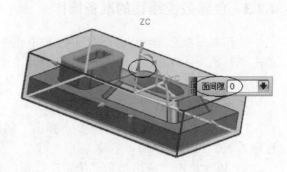

面间隙 0

图 4-4　　　　　　　　　　　　　　　　　　图 4-5

4）关闭"注塑模工具"对话框，在下拉菜单条中，单击"开始"→"所有应用模块"→"注塑模向导"，关闭"注塑模向导"工具栏。

5）在下拉菜单条中，单击"编辑"→"对象显示"，出现图 4-6 所示的"类选择"对话框，选取刚创建的立方块，单击"确定"按钮，弹出"编辑对象显示"对话框，将透明度游标拖到 60 的位置，如图 4-7 所示。单击"确定"按钮，此时屏幕的图形如图 4-8 所示。

6）单击"创建几何体"图标，弹出"创建几何体"对话框，单击几何体子类型下的"MCS"图标，几何体设置为 GEOMETRY，名称设置为 MCS-1，如图 4-9 所示，单击"应用"按钮。

图　4-6　　　　　　　　　　　　　　　　　　图　4-7

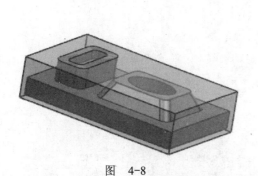

图　4-8

图　4-9

7）在弹出的"MCS"对话框中，选择指定 MCS 下拉框中的"自动判断"，如图 4-10 所示。选取图 4-11 所示的方块上表面，依次单击"确定"和"取消"按钮，名称为 MCS-1 的加工坐标系创建完成。

图　4-10

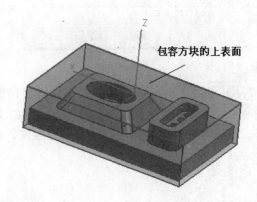

图　4-11

4.2.4　创建数控编程的加工操作

步骤一　型腔粗加工

1）单击"创建工序"图标 ，在弹出的"创建工序"对话框中，设置类型为 mill_contour、子类型为 CAVITY_MILL、程序为 1、刀具为 D20、几何体为 MCS-1、方法为 MILL_ROUGH，具体如图 4-12 所示。

2）单击"应用"按钮，弹出"型腔铣"对话框。单击"指定毛坯"图标 ，弹出"毛坯几何体"对话框，选取图 4-11 所示的半透明包容方块，单击"确定"按钮，返回到"型腔铣"对话框。

3）按键盘上的"Ctrl+B"键，弹出"类选择"对话框，选取图 4-11 所示的半透明包容方块，单击"确定"按钮，半透明包容方块被隐藏。

4）在"型腔铣"对话框中，单击"指定部件"图标 ，弹出"部件几何体"对话框，选取零件实体，单击"确定"按钮。

5）在"型腔铣"对话框中，设置切削模式为跟随周边、平面直径百分比为 50.0000，每刀的公共深度为恒定，最大距离为 1.5000，如图 4-13 所示。

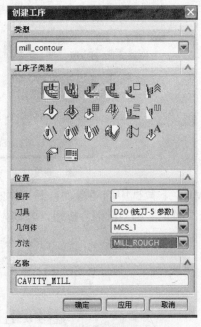

图　4-12

图　4-13

6）单击"切削层"图标 ▤，弹出"切削层"对话框。将范围类型设置为单个，选取图 4-14 所示的零件表面，此时范围深度的文本框数值更改为 12.0000，具体如图 4-15 所示，单击"确定"按钮，返回到"型腔铣"对话框。

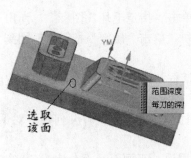

选取
该面

图　4-14

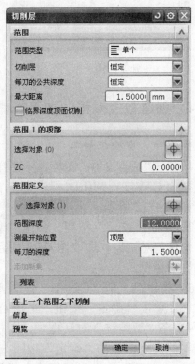

图　4-15

7）单击"切削参数"图标，弹出"切削参数"对话框。在"策略"选项卡中，将切削方向设置为顺铣、切削顺序设置为深度优先、刀路方向设置为向内，勾选"岛清理"复选框、"添加精加工刀路"复选框，并将刀路数设置为1、精加工步距设置为 0.5000mm，具体如图 4-16 所示；在"余量"选项卡中，勾选"使底面余量与侧面余量一致"复选框，设置部件侧面余量为 0.5000，其余余量设置为 0.0000，具体如图 4-17 所示，单击"确定"按钮。

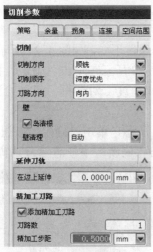

图　4-16

图　4-17

8）单击"非切削移动"图标，在弹出的"非切削移动"对话框中，设置封闭区域进刀类型为螺旋、直径为 50.0000%刀具、斜坡角为 5.0000，最小斜面长度为 50.0000%刀具；设置开放区域进刀类型为线性，其余采用默认值，如图 4-18 所示，单击"确定"按钮。

9）单击"进给率和速度"图标，弹出"进给率和速度"对话框。设置合适的主轴速度和切削数值，具体如图 4-19 所示，单击"确定"按钮。

10）单击"生成"图标，刀具轨迹生成，依次单击"确定"和"取消"按钮。

11）在图形区域窗口的空白处，单击鼠标右键，弹出右键菜单，单击"刷新"项，清除刀具轨迹线条。

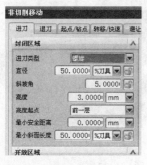

图　4-18

图　4-19

步骤二 残料粗加工

1）在工序导航器窗口中，单击程序 1 下的 CAVITY_MILL 操作，单击鼠标右键，弹出右键菜单，单击"复制"；单击程序 2，单击鼠标右键，弹出右键菜单，单击"内部粘贴"。

2）双击程序 2 下的 CAVITY_MILL_COPY 操作，弹出"型腔铣"对话框。单击对话框中"刀具"项右侧的三角符号，刀具项被展开，将刀具更改为 D6。将最大距离更改为 0.6000，其余参数保持不变，如图 4-20 所示。

3）单击"切削参数"图标，弹出"切削参数"对话框，在"策略"选项卡中，将切削顺序更改为深度优先，精加工步距更改为 0.3000，其余保持不变，如图 4-21 所示；在"空间范围"选项卡中，将参考刀具设置为 D20，具体如图 4-22 所示，单击"确定"按钮。

4）单击"进给率和速度"图标，弹出"进给率和速度"对话框。设置合适的主轴速度和切削数值，单击"确定"按钮。

5）单击"生成"图标，刀具轨迹生成，如图 4-23 所示，单击"确定"按钮，在图形区域窗口的空白处，单击鼠标右键，弹出右键菜单，单击"刷新"项，清除刀具轨迹线条。

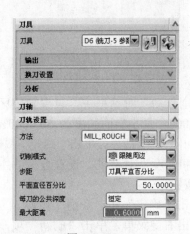

图 4-20

图 4-21

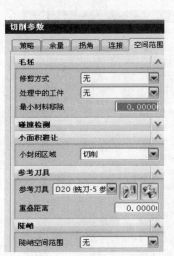

图 4-22

图 4-23

步骤三　精加工锥台和凸台顶部平面

1）单击"创建工序"图标 ，在弹出的"创建工序"对话框中，设置类型为 mill_planar、工序子类型为 FACE_MILLING、程序为 3、刀具为 D20、几何体为 MCS-1、方法为 MILL_FINISH。

2）单击"应用"按钮，弹出"面铣"对话框。单击"指定部件"图标 ，弹出"部件几何体"对话框，选取零件实体，单击"确定"按钮，返回到"面铣"对话框。单击"指定面边界"图标 ，弹出"指定面几何体"对话框，选取图 4-24 所示锥台和凸台顶部平面，单击"确定"按钮。

3）在"面铣"对话框中，设置切削模式为往复、平面直径百分比为 75.0000，毛坯距离为 1.0000、每刀深度为 0.0000、最终底部面余量为 0.0000，具体如图 4-25 所示。

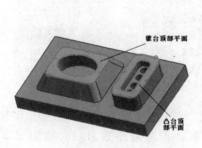

图 4-24

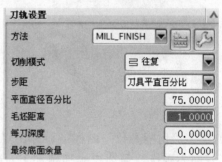

图 4-25

4）单击"切削参数"图标 ，弹出"切削参数"对话框。在"策略"选项卡中，设置刀具延展量为 25.0000%刀具，如图 4-26 所示。在"余量"选项卡中，所有余量设置为 0.0000，其余参数采用默认值，具体如图 4-27 所示，单击"确定"按钮。

5）单击"进给率和速度"图标 ，弹出"进给率和速度"对话框。设置合适的主轴速度和切削数值，单击"确定"按钮。

6）单击"生成"图标 ，刀具轨迹生成，依次单击"确定"和"取消"按钮。在图形区域窗口的空白处，单击鼠标右键，弹出右键菜单，单击"刷新"项，清除刀具轨迹线条。

图 4-26

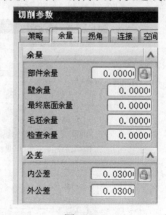

图 4-27

步骤四　精加工两个平面

1）单击"创建工序"图标 ，在弹出的"创建工序"对话框中，设置类型为 mill_planar、工序子类型为 FACE_MILLING、程序为 4、刀具为 D6、几何体为 MCS-1，方法为 MILL_FINISH。

2）单击"应用"按钮，弹出"面铣"对话框。单击"指定部件"图标，鼠标选取零件实体，单击"确定"按钮，返回到"面铣"对话框。单击"指定面边界"图标，弹出"指定面几何体"对话框，选取图 4-28 所示的两个底面，单击"确定"按钮。

3）在"面铣"对话框中，设置切削模式为跟随部件、平面直径百分比为 50.0000、毛坯距离为 0.8000、每刀深度为 0.0000、最终底部面余量为 0.0000，具体如图 4-29 所示。

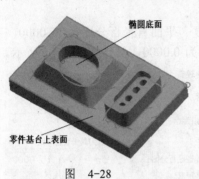

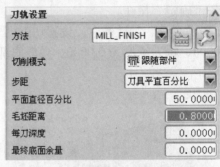

图　4-28　　　　　　　　　　　　　　　　　图　4-29

4）单击"切削参数"图标，弹出"切削参数"对话框。在"策略"选项卡中，设置切削方向为顺铣，勾选"添加精加工刀路"复选框，设置刀路数为 1、精加工步距为 0.5000mm、刀具延展量为 100.0000%刀具，如图 4-30 所示；在"余量"选项卡中，设置部件余量为 0.3，其余参数采用默认值，单击"确定"按钮。

5）单击"非切削移动"图标，在弹出的"非切削移动"对话框中，设置封闭区域进刀类型为插削、开放区域进刀类型为圆弧，其余采用默认值，单击"确定"按钮。

6）单击"进给率和速度"图标，弹出"进给率和速度"对话框。设置合适的主轴速度和切削数值，单击"确定"按钮。

7）单击"生成"图标，刀具轨迹生成，生成的轨迹如图 4-31 所示，依次单击"确定"和"取消"按钮。在图形区域窗口的空白处，单击鼠标右键，弹出右键菜单，单击"刷新"项，清除刀具轨迹线条。

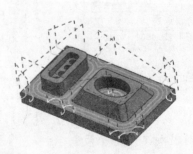

图　4-30　　　　　　　　　　　　　　　　　图　4-31

步骤五 半精加工锥台的锥面

1）单击"创建工序"图标 ，在弹出的"创建工序"对话框中，设置类型为 mill_contour、工序子类型为 ZLEVEL_PROFILE、程序为 5、刀具为 D6、几何体为 MCS-1、方法为 MILL_SEMI_FINISH，如图 4-32 所示。

2）单击"应用"按钮，弹出"深度加工轮廓"对话框。单击"指定部件"图标，弹出"部件几何体"对话框，选取零件实体，单击"确定"按钮，返回到"深度加工轮廓"对话框。

3）单击"指定切削区域"图标，弹出"切削区域"对话框，依次选取锥台的 8 个锥面，如图 4-33 所示。单击"确定"按钮，返回到"深度加工轮廓"对话框。

图 4-32.

8个锥面

图 4-33

4）在"深度加工轮廓"对话框中，设置每刀的公共深度为恒定、最大距离为 0.3。

5）单击"切削参数"图标，弹出"切削参数"对话框。在"策略"选项卡中，设置切削方向为顺铣、切削顺序为深度优先，具体如图 4-34 所示；在"余量"选项卡中，勾选"使底面余量和侧面余量一致"复选框，并设置侧面余量为 0.2000，其余参数采用默认，具体如图 4-35 所示；在"连接"选项卡中，将层到层设置为沿部件斜进刀，单击"确定"按钮，返回到"深度加工轮廓"对话框。

6）单击"非切削移动"图标，在弹出的"非切削移动"对话框中，设置开放区域进刀类型为圆弧，其余采用默认值，单击"确定"按钮。

7）单击"进给率和速度"图标，弹出"进给率和速度"对话框。设置合适的主轴速度和切削数值，单击"确定"按钮。

8）单击"生成"图标，刀具轨迹生成，依次单击"确定"和"取消"按钮。在图形区域窗口的空白处，单击鼠标右键，弹出右键菜单，单击"刷新"项，清除刀具轨迹线条。

图　4-34

图　4-35

步骤六　精加工锥台的锥面

1）单击"创建工序"图标 ，在弹出的"创建工序"对话框中，设置类型为 mill_contour、工序子类型为 CONTOUR_AREA、程序为 6、刀具为 D6、几何体为 MCS-1、方法为 MILL_FINISH，具体如图 4-36 所示。

2）单击"应用"按钮，弹出"轮廓区域"对话框。单击"指定部件"图标 ，弹出"部件几何体"对话框，选取零件实体，单击"确定"按钮，返回到"轮廓区域"对话框。

3）单击"指定切削区域"图标 ，弹出"切削区域"对话框，选取图 4-33 所示的 8 个锥面，单击"确定"按钮，返回到"轮廓区域"对话框。

4）单击"驱动方法"项中的"编辑"图标 ，如图 4-37 所示，弹出"区域铣削驱动方法"对话框。设置切削模式为径向往复、阵列中心为指定，并选择指定点的方式为"圆弧中心"，如图 4-38 所示。单击"圆弧中心"图标后，捕捉椭圆的中心点，如图 4-39 所示。

图　4-36

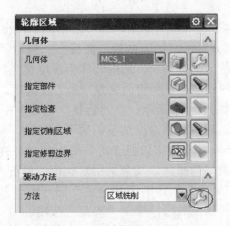

图　4-37

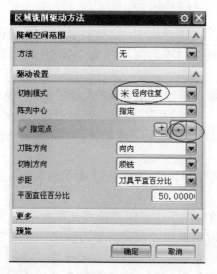

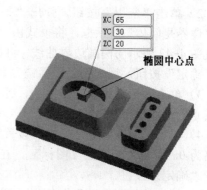

图 4-38

图 4-39

5）继续在"区域铣削驱动方法"对话框中设置切削方向为顺铣、步距为恒定、最大距离为 0.3mm，如图 4-40 所示，单击"确定"按钮，返回到"轮廓区域"对话框。

6）单击"切削参数"图标，在"切削参数"对话框的"余量"选项卡中，设置所有余量为 0.0000、所有公差为 0.0100，如图 4-41 所示，单击"确定"按钮，返回到"轮廓区域"对话框。

7）单击"非切削移动"图标，弹出"非切削移动"对话框。在"进刀"选项卡中，设置开放区域进刀类型为圆弧-平行于刀轴，其余参数采用默认值，单击"确定"按钮。

8）单击"进给率和速度"图标，弹出"进给率和速度"对话框。设置合适的主轴速度和切削数值，单击"确定"按钮。

9）单击"生成"图标，刀具轨迹生成，依次单击"确定"和"取消"按钮。在图形区域窗口的空白处，单击鼠标右键，弹出右键菜单，单击"刷新"项，清除刀具轨迹线条。

图 4-40

图 4-41

步骤七 精加工椭圆内侧壁

1）单击"创建工序"图标 ，在弹出的"创建工序"对话框中，设置类型为 mill_planar、工序子类型为 PLANAR_MILL、程序为 7、刀具为 D6、几何体为 MCS-1、方法为 MILL_FINISH。

2）单击"应用"按钮，弹出"平面铣"对话框。单击"指定部件边界"图标 ，弹出"边界几何体"对话框，将模式由"面"更改为"曲线/边"，弹出"创建边界"对话框，选取图4-42所示的椭圆边界曲线。将材料侧设置为外部，其余采用默认设置，连续两次单击"确定"按钮，返回到"平面铣"对话框。

3）单击"指定底面"图标 ，弹出"平面"对话框，选取图4-43所示的椭圆底面，单击"确定"按钮。

4）在"平面铣"对话框中，设置切削模式为轮廓加工、平面直径百分比为50、附加刀路为0。单击"切削层"图标 ，在"切削层"对话框中，设置类型为恒定、公共为2，单击"确定"按钮。

5）单击"切削参数"图标 ，弹出"切削参数"对话框。在"策略"选项卡中，设置切削方向为顺铣，勾选"岛清理"复选框；在"余量"选项卡中，设置所有余量为0，所有公差为0.01，单击"确定"按钮。

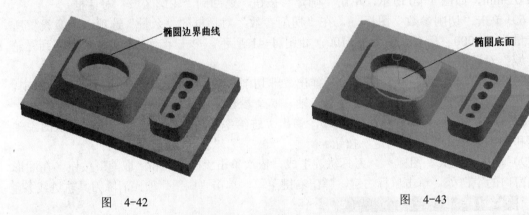

图 4-42 图 4-43

6）单击"非切削移动"图标 ，在弹出的"非切削移动"对话框中，设置开放区域进刀类型为圆弧，单击"确定"按钮。

7）单击"进给率和速度"图标 ，弹出"进给率和速度"对话框。设置合适的主轴速度和切削，单击"确定"按钮，返回到"平面铣"对话框。

8）单击"生成"图标 ，刀具轨迹生成，依次单击"确定"和"取消"按钮。在图形区域窗口的空白处，单击鼠标右键，弹出右键菜单，单击"刷新"项，清除刀具轨迹线条。

步骤八 精加工凸台内侧壁

1）在工序导航器窗口中，单击程序7下的PLANAR_MILL操作，单击鼠标右键，弹出右键菜单，单击"复制"；单击程序8，单击鼠标右键，弹出右键菜单，单击"内部粘贴"。

2）双击程序8下的PLANAR_MILL_COPY操作，弹出"平面铣"对话框。单击"指定部件边界"图标 ，弹出"编辑边界"对话框，单击"全部重选"按钮，单击"全部重选"对话框中的"确定"按钮。将"边界几何体"对话框中的模式由"面"更改为"曲线/边"，弹出"创建边界"对话框，将材料侧设置为外部，选取图4-44所示的曲线，连续三次单击"确定"按钮，返回到"平面铣"对话框。

3）单击"指定底面"图标，弹出"平面"对话框，选取图4-45所示的底面，单击"确定"按钮。

曲线

图 4-44

底面

图 4-45

4）单击"非切削移动"图标，在弹出的"非切削移动"对话框中，设置封闭区域的进刀类型为沿形状斜进刀、斜坡角为5、高度设置为1，单击"确定"按钮。

5）单击"生成"图标，刀具轨迹生成，单击"确定"按钮，在图形区域窗口的空白处，单击鼠标右键，弹出右键菜单，单击"刷新"项，清除刀具轨迹线条。

6）请读者按照相同的操作方法完成凸台外侧壁的精加工和零件基台侧壁的精加工。

步骤九　钻孔加工

1）单击"创建工序"图标，在弹出的"创建工序"对话框中，设置类型为drill、工序子类型为 PECK_DRILLING、程序为 9、刀具为 DR5、几何体为 MCS-1、方法为 DRILL_METHOD。

2）单击"应用"按钮，弹出"啄钻"对话框。单击"指定孔"图标，弹出"点到点几何体"对话框，单击"选择"按钮，单击"一般点"按钮，捕捉零件四个孔的中心点，连续三次单击"确定"按钮，返回到"啄钻"对话框。

3）单击"指定顶面"图标，将顶面选项设置为面，选取图4-45所示的凸台底面，单击"确定"按钮。单击"指定底面"图标，将底面选项设置为面，选取整个零件的下表面，单击"确定"按钮。

4）单击循环类型下面的"编辑参数"图标，在弹出的对话框中单击"确定"按钮，在弹出的"Cycle参数"对话框中单击"Depth-模型深度"按钮，单击"穿过底面"按钮。单击"Step值-未定义"按钮，将step #1设置为3，单击"确定"按钮。单击"Rtrcto-无"按钮，单击"距离"按钮，将退刀设置为15，连续两次单击"确定"按钮，返回到"啄钻"对话框。

5）单击"进给率和速度"图标，弹出"进给率和速度"对话框。设置合适的主轴速度和切削数值，单击"确定"按钮。

6）单击"生成"图标，刀具轨迹生成，依次单击"确定"和"取消"按钮。在图形区域窗口的空白处，单击鼠标右键，弹出右键菜单，单击"刷新"项，清除刀具轨迹线条。

4.2.5　实体模拟仿真加工

1）按住"Ctrl"键不放，依次单击程序下的 9 个操作，松开"Ctrl"键，在程序名上或操作名上单击鼠标右键，弹出右键菜单，并将鼠标移动到"刀轨"→"确认"。

2）单击"确认"项，弹出"刀轨可视化"对话框，单击"2D 动态"，单击"播放"图标▶，仿真加工开始，最后得到图 4-46 所示的仿真加工效果。

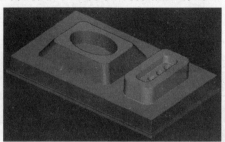

图　4-46

4.2.6　实例小结

1）本例是技能鉴定试题，不仅有尺寸精度要求，而且有加工时间要求。为了能提高加工速度，本例先采用 D20 的大平铣刀进行粗加工，然后采用 D6 的小平铣刀对局部结构进行残料加工。

2）本例 D6 小平铣刀对零件凸台的矩形小凹槽开粗加工时，虽然软件中可设置螺旋下刀，但由于该凹槽尺寸太小，实际加工中由于刀具没有足够空间而无法实现螺旋下刀，系统将默认采用垂直下刀方式。为了能顺利加工该凹槽，建议使用 D6 二刃键槽铣刀。

3）本例的锥面可以采用等高加工方式，也可以采用定轴区域铣削方式。本例采用定轴区域铣削方式来完成锥面的加工，为了能兼顾锥面的加工质量和加工时间，编程者应设置合适的切削步距。

4.3　典型高级工技能鉴定零件数控加工自动编程

4.3.1　实例介绍

图 4-47 是一个典型的数控铣高级技工技能鉴定零件，材质为铝，毛坯采用 86mm×86mm×35mm 的立方块铝料。毛坯料上下两个表面平整但不光滑，毛坯料两个侧面较平整。

图　4-47

4.3.2　数控加工工艺分析

零件在数控铣床上加工，毛坯的两个平整侧面安装在平口钳上，加工坐标系原点确定为零件上表面的中心点，加工坐标系的 X 向与零件侧边方向一致。零件的数控加工路线、切削刀具（高速钢）和切削工艺参数见表 4-4。

表　4-4

工　序　号	加 工 内 容	刀 具 类 型	刀具直径/mm	主轴转速/（r/min）	进给速度/（mm/min）
1	型腔粗加工	平铣刀	16	1800	550
2	残料粗加工	平铣刀	8	2600	950
3	精加工外形和平面	平铣刀	16	1800	550
4	精加工凹槽底面	平铣刀	4	3200	1200
5	精加工凹槽侧面	平铣刀	4	3200	1200
6	半精加工曲面部位	球头铣刀	8	2600	650
7	精加工曲面部位	球头铣刀	4	3200	1000
8	清根加工	球头铣刀	4	3200	1000
9	钻孔加工	钻头	6	1300	300

4.3.3　创建数控编程的准备操作

打开本书配套光盘\Source\ch04\02 高级工技能鉴定实体模型文件，在下拉菜单条中，单击"开始"→"加工"，打开"加工环境"对话框，直接单击"确定"按钮，进入到数控加工界面。

步骤一　创建程序组

1）单击"创建程序"图标 ，弹出"创建程序"对话框，设置类型为 mill_contour、程序为 NC_PROGRAM、名称为 1。

2）依次单击"应用"和"确定"按钮，完成名称为 1 的程序创建。

3）按照上述操作方法，依次创建名称为 2、3、4、5、6、7、8、9、11、12、13、14、15 的程序。

步骤二　创建刀具组

1）创建直径分别为 16mm、8mm、4mm 的平铣刀，其对应的名称分别是 D16、D8、D4。

2）创建直径分别为 8mm、4mm 的球头铣刀，其对应的名称分别是 R4、R2。

3）创建直径为 6mm 的钻头，其对应的名称是 DR6。

步骤三　创建几何体

1）在下拉菜单条中，单击"开始"→"所有应用模块"→"注塑模向导"，单击"注塑模工具"图标 。在弹出的"注塑模工具"对话框中单击"创建方块"图标 。

2）在弹出的"创建方块"对话框中，将类型设置为包容块，将设置下面的间隙设置为 3。

3）选取零件上表面和下表面，双击向上的粗箭头，屏幕出现间隙输入框，将框中的数值更改为 0，如图 4-48 所示。单击"确定"按钮，包容零件的立方块就创建完成了。

4）关闭"注塑模工具"对话框，在下拉菜单条中，单击"开始"→"所有应用模块"→"注塑模向导",关闭"注塑模向导"工具栏。

5）在下拉菜单条中,单击"编辑"→"对象显示",选取刚创建的立方块,单击"确定"按钮,弹出"编辑对象显示"对话框,将透明度游标拖到 60 的位置。单击"确定"按钮,此时立方块变为半透明颜色。

6）单击"创建几何体"图标 ,弹出"创建几何体"对话框,单击几何体子类型下的"MCS"图标 ,几何体设置为 GEOMETRY,名称设置为 MCS-1,单击"应用"按钮。

7）在弹出的"MCS"对话框中,选择指定 MCS 下拉框中的自动判断,如图 4-49 所示。选取半透明立方块的上表面,依次单击"确定"和"取消"按钮,名称为 MCS-1 的加工坐标系创建完成。

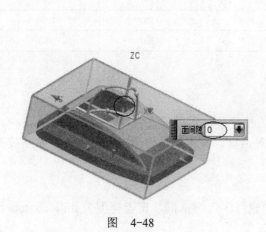

图　4-48　　　　　　　　　　　　　　　图　4-49

4.3.4　创建数控编程的加工操作

步骤一　型腔粗加工

1）单击"创建工序"图标 ,在弹出的"创建工序"对话框中,设置类型为 mill_contour、子类型为 CAVITY_MILL、程序为 1、刀具为 D16、几何体为 MCS-1、方法为 MILL_ROUGH。

2）单击"应用"按钮,弹出"型腔铣"对话框。单击"指定毛坯"图标 ,弹出"毛坯几何体"对话框,选取图 4-48 所示的半透明包容方块,单击"确定"按钮,返回到"型腔铣"对话框。

3）按键盘上的"Ctrl+B"键,弹出"类选择"对话框,选取图 4-48 所示的半透明包容方块,单击"确定"按钮,半透明包容方块被隐藏。

4）在"型腔铣"对话框中,单击"指定部件"图标 ,弹出"部件几何体"对话框,选取零件实体,单击"确定"按钮。

5）在"型腔铣"对话框中,设置切削模式为跟随周边、平面直径百分比为 50、每刀的公共深度设置为恒定、最大距离为 1.2。

6）单击"切削层"图标▤，弹出"切削层"对话框。将范围类型设置为单个，选取图 4-50 所示零件下表面，此时"切削层"对话框中范围深度的数值更改为 18。单击"确定"按钮，返回到"型腔铣"对话框。

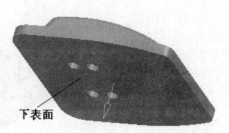

图   4-50

7）单击"切削参数"图标▦，弹出"切削参数"对话框，在"策略"选项卡中，设置切削方向为顺铣、切削顺序为深度优先、图样方向为向内，勾选"岛清理"复选框、"添加精加工刀路"复选框，并设置刀路数为 1、精加工步距为 0.5mm；在"余量"选项卡中，勾选"使底面余量和侧面余量一致"复选框，设置部件侧面余量为 0.3，其他余量设置为 0，单击"确定"按钮。

8）单击"非切削移动"图标▣，在弹出的"非切削移动"对话框中，设置封闭区域进刀类型为螺旋、直径为 50%刀具、斜坡角为 5、最小斜面长度为 50%刀具；设置开放区域进刀类型为线性，其余采用默认值，单击"确定"按钮。

9）单击"进给率和速度"图标▣，弹出"进给率和速度"对话框。设置合适的主轴速度和切削数值，单击"确定"按钮。

10）单击"生成"图标▣，刀具轨迹生成，依次单击"确定"和"取消"按钮。在图形区域窗口的空白处，单击鼠标右键，弹出右键菜单，单击"刷新"项，清除刀具轨迹线条。

步骤二   残料粗加工

1）在工序导航器窗口中，单击程序 1 下的 CAVITY_MILL 操作，单击鼠标右键，弹出右键菜单，单击"复制"；单击程序 2，单击鼠标右键，弹出右键菜单，单击"内部粘贴"。

2）双击程序 2 下的 CAVITY_MILL_COPY 操作，弹出"型腔铣"对话框。单击对话框中"刀具"项右侧的三角符号，刀具项被展开，将刀具更改为 D8，将最大距离更改为 0.8，其余参数保持不变。

3）单击"切削参数"图标▦，弹出"切削参数"对话框。在"空间范围"选项卡中，将参考刀具设置为 D16，单击"确定"按钮。

4）单击"非切削移动"图标▣，在弹出的"非切削移动"对话框中，设置封闭区域进刀类型为沿形状斜进刀、斜坡角为 5、高度为 2、最小斜面长度为 50%刀具，单击"确定"按钮。

5）单击"进给率和速度"图标▣，弹出"进给率和速度"对话框。设置合适的主轴速度和切削数值，单击"确定"按钮。

6）单击"生成"图标▣，刀具轨迹生成，单击"确定"按钮。

步骤三   精加工零件外形轮廓

1）单击"创建工序"图标▣，在弹出的"创建工序"对话框中，设置类型为 mill_planar、工序子类型为 PLANAR_MILL、程序为 3、刀具为 D16、几何体为 MCS-1、方法为 MILL_FINISH。

2）单击"应用"按钮，弹出"平面铣"对话框。单击"指定部件边界"图标▣，弹出"边界几何体"对话框，将模式由"面"更改为"曲线/边"，弹出"创建边界"对话框，选取图 4-51 所示的零件外形边界轮廓线，将材料侧设置为内部，其余采用默认设置，连续两次单击"确定"按钮，返回到"平面铣"对话框。

外形轮廓边界线

图　4-51

3）单击"指定底面"图标，弹出"平面"对话框，选取图 4-50 所示的零件下表面，单击"确定"按钮。

4）在"平面铣"对话框中，设置切削模式为轮廓加工、平面直径百分比为 50、附加刀路为 0。

5）单击"切削参数"图标，弹出"切削参数"对话框。在"策略"选项卡中，设置切削方向为顺铣，勾选"岛清理"复选框；在"余量"选项卡中，设置所有余量为 0、所有公差为 0.01，单击"确定"按钮。

6）单击"非切削移动"图标，在弹出的"非切削移动"对话框中，设置开放区域进刀类型为圆弧，单击"确定"按钮。

7）单击"进给率和速度"图标，弹出"进给率和速度"对话框。设置合适的主轴速度和切削，单击"确定"按钮，返回到"平面铣"对话框。

8）单击"生成"图标，刀具轨迹生成。依次单击"确定"和"取消"按钮。

步骤四　精加工零件平面区域

1）单击"创建工序"图标，在弹出的"创建工序"对话框中，设置类型为 mill_planar、工序子类型为 PLANAR_MILL、程序为 4、刀具为 D16、几何体为 MCS-1、方法为 MILL_FINISH。

2）单击"应用"按钮，弹出"平面铣"对话框。单击"指定部件边界"图标，弹出"边界几何体"对话框，将模式由"面"更改为"曲线/边"，弹出"创建边界"对话框，选取图 4-52 所示的边界线，将材料侧设置为内部，其余采用默认设置，连续两次单击"确定"按钮，返回到"平面铣"对话框。

3）单击"指定底面"图标，弹出"平面"对话框，选取图 4-53 所示的平面，单击"确定"按钮。

4）在"平面铣"对话框中，设置切削模式为轮廓加工、平面直径百分比为 50、附加刀路为 0。

5）单击"切削参数"图标，弹出"切削参数"对话框。在"策略"选项卡中，设置切削方向为顺铣，勾选"岛清理"复选框；在"余量"选项卡中，设置所有余量为 0、所有公差为 0.01，单击"确定"按钮。

6）单击"非切削移动"图标，在弹出的"非切削移动"对话框中，设置开放区域进刀类型为圆弧、高度为 30，单击"确定"按钮。

7）单击"进给率和速度"图标![icon]，弹出"进给率和速度"对话框。设置合适的主轴速度和切削，单击"确定"按钮，返回到"平面铣"对话框。

8）单击"生成"图标![icon]，刀具轨迹生成，依次单击"确定"和"取消"按钮。

9）零件两侧直壁部位应采用直径为 20mm 的平铣刀进行精加工，请读者自行完成该步骤的数控程序编制，在此不再详述。

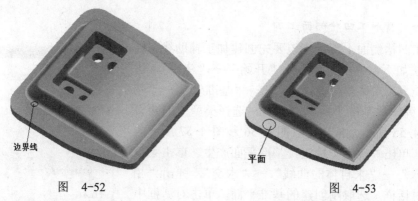

图　4-52　　　　　　　　　　　　　　　　　图　4-53

步骤五　精加工两个凹槽底面

1）单击"创建工序"图标![icon]，在弹出的"创建工序"对话框中，设置类型为 mill_planar、工序子类型为 FACE_MILLING、程序为 5、刀具为 D4、几何体为 MCS-1、方法为 MILL_FINISH。

2）单击"应用"按钮，弹出"面铣"对话框。单击"指定部件"图标![icon]，弹出"部件几何体"对话框，选取零件实体，单击"确定"按钮。返回到"面铣"对话框，单击"指定面边界"图标![icon]，弹出"指定面几何体"对话框，选取图 4-54 所示的两个凹槽底面，单击"确定"按钮。

3）在"面铣"对话框中，设置切削模式为跟随部件、平面直径百分比为 50、毛坯距离为 1、每刀深度为 0、最终底部面余量为 0。

图　4-54

4）单击"切削参数"图标![icon]，弹出"切削参数"对话框。在"策略"选项卡中，设置切削方向为顺铣，其余采用默认设置。在"余量"选项卡中，设置部件余量为 0.3，其他余量设置为 0，单击"确定"按钮。

5）单击"非切削移动"图标，在弹出的"非切削移动"对话框中，设置封闭区域进刀类型为插削，其余采用默认值，单击"确定"按钮。

6）单击"进给率和速度"图标，弹出"进给率和速度"对话框。设置合适的主轴速度和切削，单击"确定"按钮，返回到"面铣"对话框。

7）单击"生成"图标，刀具轨迹生成，依次单击"确定"和"取消"按钮。

步骤六　精加工凹槽侧面上部

要加工凹槽侧面上部，应该要先创建加工辅助线。辅助线的做法如下：单击菜单命令"开始"→"建模"，进入建模环境。单击菜单命令"插入"→"基准/点"→"基准平面"，弹出"基准平面"对话框，选择类型中的两直线，如图 4-55 所示。依次选取图 4-56 和图 4-57 所示的两条直线，单击"确定"按钮，基准平面产生。单击菜单命令"插入"→"来自体的曲线"→"求交"，弹出"相交曲线"对话框。选取刚创建的基准平面，单击对话框中的第二组选择面图标，如图 4-58 所标示，之后选取图 4-59 所示的曲面组（提示：只需在标示区域单击一次即可选取图 4-59 所示的曲面组），同时相交曲线显示在屏幕中，单击"确定"按钮。单击菜单命令"开始"→"加工"，重新进入到加工环境。

图　4-55

1）单击"创建工序"图标，在弹出的"创建工序"对话框中，设置类型为 mill_planar、工序子类型为 PLANAR_MILL、程序为 6、刀具为 D4、几何体为 MCS-1、方法为 MILL_FINISH。

2）单击"应用"按钮，弹出"平面铣"对话框。单击"指定部件边界"图标，弹出"边界几何体"对话框，将模式由"面"更改为"曲线/边"，弹出"创建边界"对话框，选取图 4-59 所示的相交曲线，将材料侧设置为外部，其余采用默认设置，连续两次单击"确定"按钮，返回到"平面铣"对话框。

3）单击"指定底面"图标，弹出"平面"对话框，将类型设置为两直线，如图 4-60 所标示。选取图 4-59 所示相交曲线中的任何两条直线，单击"确定"按钮。

4）在"平面铣"对话框中，设置切削模式为轮廓加工、平面直径百分比为 50、附加刀路为 0。

5）单击"切削参数"图标，弹出"切削参数"对话框。在"策略"选项卡中，设置切削方向为顺铣，勾选"岛清理"复选框；在"余量"选项卡中，设置所有余量为 0、所有公差为 0.01，单击"确定"按钮。

6）单击"非切削移动"图标，在弹出的"非切削移动"对话框中，设置开放区域进刀类型为圆弧，单击"确定"按钮。

7）单击"进给率和速度"图标，弹出"进给率和速度"对话框。设置合适的主轴速度和切削，单击"确定"按钮，返回到"平面铣"对话框。

8）单击"生成"图标，刀具轨迹生成，依次单击"确定"和"取消"按钮。

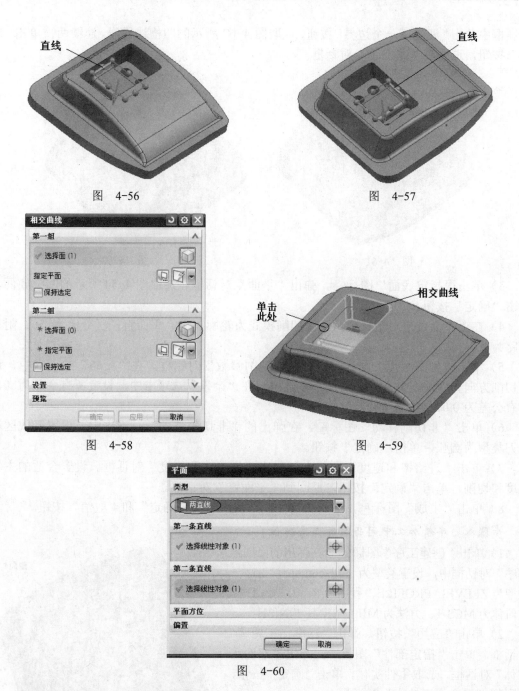

图　4-56

图　4-57

图　4-58

图　4-59

图　4-60

步骤七　精加工凹槽侧面下部

1）单击"创建工序"图标 ，在弹出的"创建工序"对话框中，设置类型为 mill_planar、工序子类型为 PLANAR_MILL、程序为 7、刀具为 D4、几何体为 MCS-1、方法为 MILL_FINISH。

2）单击"应用"按钮，弹出"平面铣"对话框。单击"指定部件边界"图标，弹出"边界几何体"对话框，将模式由"面"更改为"曲线/边"，弹出"创建边界"对话框，将材料侧设置为外部，其余采用默认设置，选取图 4-61 所示的凹槽边界线，在"创建边界"

对话框中单击"创建下一个边界"按钮，选取图 4-62 所示的凹槽边界线。连续两次单击"确定"按钮，退回到"平面铣"对话框。

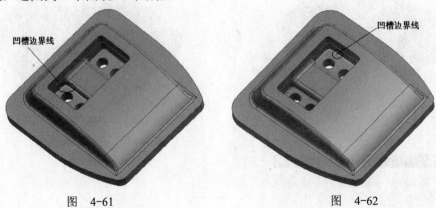

图　4-61　　　　　　　　　　　　　　　　图　4-62

3）单击"指定底面"图标，弹出"平面"对话框。选取图 4-54 所示的凹槽底面，单击"确定"按钮。

4）在"平面铣"对话框中，设置切削模式为轮廓加工、平面直径百分比为 50、附加刀路为 0。

5）单击"切削参数"图标，弹出"切削参数"对话框。在"策略"选项卡中，设置切削方向为顺铣，勾选"岛清理"复选框；在"余量"选项卡中，设置所有余量为 0、所有公差为 0.01，单击"确定"按钮。

6）单击"非切削移动"图标，在弹出的"非切削移动"对话框中，设置开放区域进刀类型为圆弧，单击"确定"按钮。

7）单击"进给率和速度"图标，弹出"进给率和速度"对话框。设置合适的主轴速度和切削，单击"确定"按钮，返回到"平面铣"对话框。

8）单击"生成"图标，刀具轨迹生成，依次单击"确定"和"取消"按钮。

步骤八　半精加工中间凸台的圆角部位

1）单击"创建工序"图标，在弹出的"创建工序"对话框中，设置类型为 mill_contour、工序子类型为 ZLEVEL_PROFILE、程序为 8、刀具为 D4、几何体为 MCS-1、方法为 MILL_SEMI_FINISH。

2）单击"应用"按钮，弹出"深度加工轮廓"对话框。单击"指定部件"图标，弹出"部件几何体"对话框，选取零件实体，单击"确定"按钮，返回到"深度加工轮廓"对话框。

3）单击"指定切削区域"图标，弹出"切削区域"对话框，依次选取中间凸台的 6 个曲面，如图 4-63 所示，单击"确定"按钮，返回到"深度加工轮廓"对话框。

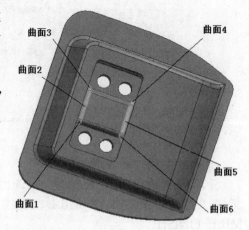

图　4-63

4）设置每刀的公共深度为恒定，最大距离为 0.15。

5）单击"切削参数"图标，弹出"切削参数"对话框，在"策略"选项卡中，设置切削方向为混合、切削顺序为深度优先；在"余量"选项卡中，勾选"使底面余量和侧面余量一致"复选框，设置部件侧面余量为 0.15，其余参数采用默认；在"连接"选项卡中，设置层到层为直接对部件进刀，单击"确定"按钮，返回到"深度加工轮廓"对话框。

6）单击"非切削移动"图标 ，在弹出的"非切削移动"对话框中，设置封闭区域进刀类型为螺旋、直径为 50%刀具、斜坡角为 8、高度为 3、最小斜面长度为 50%刀具；设置开放区域进刀类型为圆弧，其余采用默认值，单击"确定"按钮。

7）单击"进给率和速度"图标 ，弹出"进给率和速度"对话框。设置合适的主轴速度和切削数值，单击"确定"按钮。

8）单击"生成"图标 ，刀具轨迹生成，依次单击"确定"和"取消"按钮。

步骤九　半精加工零件曲面部位

1）单击"创建工序"图标 ，在弹出的"创建工序"对话框中，设置类型为 mill_contour、工序子类型为 CONTOUR_AREA、程序为 9、刀具为 R4、几何体为 MCS-1、方法为 MILL_SEMI_FINISH。

2）单击"应用"按钮，弹出"轮廓区域"对话框。单击"指定部件"图标 ，弹出"部件几何体"对话框，选取零件实体，单击"确定"按钮，返回到"轮廓区域"对话框。

3）单击"指定切削区域"图标 ，弹出"切削区域"对话框，选取图 4-64 所示的零件曲面（共 20 个曲面块），单击"确定"按钮。

4）在"轮廓区域"对话框中，单击驱动方法项下的"编辑"图标 ，弹出"区域铣削驱动方法"对话框，设置切削模式为往复、切削方式为顺铣、步距为恒定、最大距离为 2.0000mm、步距已应用为在部件上、切削角为指定、与 XC 的夹角为 45.0000，如图 4-65 所示，单击"确定"按钮。

零件曲面

图　4-64

图　4-65

5）单击"切削参数"图标 ，在"切削参数"对话框的"余量"选项卡中，设置部件余量为 0.2，其余参数采用默认设置，单击"确定"按钮。

6）单击"非切削移动"图标 ，弹出"非切削移动"对话框。在"进刀"选项卡中，设置开放区域进刀类型为圆弧-平行于刀轴，其余参数采用默认值，单击"确定"按钮。

7）单击"进给率和速度"图标 ，弹出"进给率和速度"对话框。设置合适的主轴速度和切削数值，单击"确定"按钮。

8）单击"生成"图标 ![icon]，刀具轨迹生成，依次单击"确定"和"取消"按钮。

步骤十　精加工零件顶部曲面部位（不含前端部位）

1）单击"创建工序"图标 ![icon]，在弹出的"创建工序"对话框中，设置类型为 mill_contour、工序子类型为 CONTOUR_AREA、程序为 10、刀具为 R4、几何体为 MCS-1、方法为 MILL_FINISH。

2）单击"应用"按钮，弹出"轮廓区域"对话框。单击"指定部件"图标 ![icon]，弹出"部件几何体"对话框，选取零件实体，单击"确定"按钮，返回到"轮廓区域"对话框。

3）单击"指定切削区域"图标 ![icon]，弹出"切削区域"对话框，选取图 4-66 所示的零件曲面（共 14 个曲面块），单击"确定"按钮。

4）在"轮廓区域"对话框中，单击驱动方法项下的"编辑"图标 ![icon]，弹出"区域铣削驱动方法"对话框，设置切削模式为往复、切削方式为顺铣、步距为残余高度、最大残余高度为 0.0010、步距已应用为在部件上、切削角为指定、与 XC 的夹角为 135.0000，如图 4-67 所示，单击"确定"按钮。

5）单击"切削参数"图标 ![icon]，在"切削参数"对话框的"余量"选项卡中，设置所有余量为 0、所有公差为 0.01，单击"确定"按钮。

6）单击"非切削移动"图标 ![icon]，弹出"非切削移动"对话框。在"进刀"选项卡中，设置开放区域进刀类型为圆弧-平行于刀轴，其余参数采用默认值，单击"确定"按钮。

7）单击"进给率和速度"图标 ![icon]，弹出"进给率和速度"对话框。设置合适的主轴速度和切削数值，单击"确定"按钮。

8）单击"生成"图标 ![icon]，刀具轨迹生成，依次单击"确定"和"取消"按钮。

图　4-66

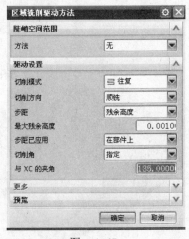

图　4-67

步骤十一　精加工零件前端曲面部位

1）单击"创建工序"图标 ![icon]，在弹出的"创建工序"对话框中，设置类型为 mill_contour、工序子类型为 ZLEVEL_PROFILE、程序为 11、刀具为 R4、几何体为 MCS-1、方法为 MILL_FINISH。

2）单击"应用"按钮，弹出"深度加工轮廓"对话框。单击"指定部件"图标 ![icon]，弹出"部件几何体"对话框，选取零件实体，单击"确定"按钮，返回到"深度加工轮廓"对话框。

3）单击"指定切削区域"图标 ![icon]，弹出"切削区域"对话框，依次选取图 4-68 所示的零件前端 9 个曲面，单击"确定"按钮，返回到"深度加工轮廓"对话框。

4）设置每刀的公共深度为恒定，最大距离为 0.05。

5）单击"切削参数"图标，弹出切削参数对话框，在"策略"选项中，设置切削方向为混合、切削顺序为深度优先；在"余量"选项中，设置所有余量为 0，所有公差为 0.01；在"连接"选项中，设置层到层为沿部件斜进刀，单击"确定"按钮，返回到"深度加工轮廓"对话框。

6）单击"非切削移动"图标，在弹出的"非切削移动"对话框中，设置开放区域进刀类型为无，其余采用默认值；单击"转移/快速"选项卡，将区域之间项下的转移类型设置为前一平面，如图 4-69 所示，单击"确定"按钮。

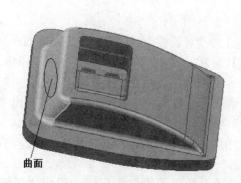

图　4-68

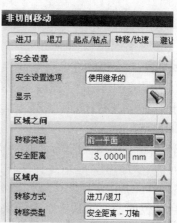

图　4-69

7）单击"进给率和速度"图标，弹出"进给率和速度"对话框。设置合适的主轴速度和切削数值，单击"确定"按钮。

8）单击"生成"图标，刀具轨迹生成，依次单击"确定"和"取消"按钮。

步骤十二　R2 圆弧部位的清根精加工

1）单击"创建工序"图标，在弹出的"创建工序"对话框中设置，类型为 mill_planar、工序子类型为 PLANAR_MILL、程序为 12、刀具为 R2、几何体为 MCS-1、方法为 MILL_FINISH。

2）单击"应用"按钮，弹出"平面铣"对话框。单击"指定部件边界"图标，弹出"边界几何体"对话框，将模式由"面"更改为"曲线/边"，弹出"创建边界"对话框，将类型设置为封闭的、材料侧设置为内部、刀具位置为对中，如图 4-70 所示。选取图 4-71 所示的边界线，连续两次单击"确定"按钮，返回到"平面铣"对话框。

3）单击"指定底面"图标，弹出"平面"对话框，选取图 4-53 所示的平面，单击"确定"按钮。

4）在"平面铣"对话框中，设置切削模式为轮廓加工、步距为恒定、最大距离为 0.1mm、附加刀路为 5。

5）单击"非切削移动"图标，在弹出的"非切削移动"对话框中，设置开放区域进刀类型为无，单击"确定"按钮。

6）单击"进给率和速度"图标，弹出"进给率和速度"对话框。设置合适的主轴速度和切削数值，单击"确定"按钮，返回到"平面铣"对话框。

7）单击"生成"图标，刀具轨迹生成，依次单击"确定"和"取消"按钮。

图 4-70

边界线

图 4-71

步骤十三　精加工中间凸台部位

1）单击"创建工序"图标，在弹出的"创建工序"对话框中，设置类型为 mill_contour、工序子类型为 CONTOUR_AREA、程序为 13、刀具为 R2、几何体为 MCS-1、方法为 MILL_FINISH。

2）单击"应用"按钮，弹出"轮廓区域"对话框。单击"指定部件"图标，弹出"部件几何体"对话框，选取零件实体，单击"确定"按钮，返回到"轮廓区域"对话框。

3）单击"指定切削区域"图标，弹出"切削区域"对话框，选取图 4-72 所示的中间凸台部位的曲面（共 3 个曲面块），单击"确定"按钮。

4）在"轮廓区域"对话框中，单击驱动方法项下的"编辑"图标，弹出"区域铣削驱动方法"对话框，设置切削模式为往复、切削方式为顺铣、步距为残余高度、最大残余高度为 0.0010、步距已应用为在部件上、切削角为指定、与 XC 的夹角为 0.0000，如图 4-73 所示，单击"确定"按钮。

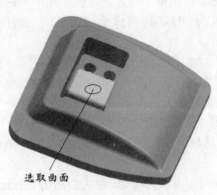

选取曲面

图 4-72

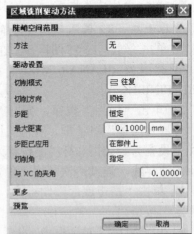

图 4-73

5）单击"切削参数"图标，在"切削参数"对话框的"余量"选项卡中，设置所有余量为 0、所有公差为 0.01，单击"确定"按钮。

6）单击"非切削移动"图标，弹出"非切削移动"对话框。在"进刀"选项卡中，设置开放区域进刀类型为圆弧-平行于刀轴，其余参数采用默认值，单击"确定"按钮。

7）单击"进给率和速度"图标🔧，弹出"进给率和速度"对话框。设置合适的主轴速度和切削数值，单击"确定"按钮。

8）单击"生成"图标🖱，刀具轨迹生成，依次单击"确定"和"取消"按钮。

步骤十四　钻孔加工

1）单击"创建工序"图标🖱，在弹出的"创建工序"对话框中，设置类型为 drill、工序子类型为 PECK_DRILLING、程序为 14、刀具为 DR6、几何体为 MCS-1、方法为 DRILL_METHOD。

2）单击"应用"按钮，弹出"啄钻"对话框。单击"指定孔"图标◈，弹出"点到点几何体"对话框，单击"选择"按钮，单击"一般点"按钮，捕捉凹槽中两个孔的中心点（这两个孔在一个凹槽内），连续三次单击"确定"按钮，返回到"啄钻"对话框。

3）单击"指定顶面"图标◈，将顶面选项设置为面，选取图 4-54 所示的凹槽底面（应选孔所在的凹槽底面，否则会报错），单击"确定"按钮。单击"指定底面"图标◈，将底面选项设置为面，选取图 4-50 所示零件下表面，单击"确定"按钮。

4）单击循环类型下面的"编辑参数"图标🖉，在弹出的对话框中单击"确定"按钮，在弹出的"Cycle 参数"对话框中单击"Depth-模型深度"按钮，单击"穿过底面"按钮。单击"Step 值-未定义"按钮，将 step #1 设置为 3，单击"确定"按钮。单击"Rtrcto-无"按钮，单击"距离"按钮，将退刀设置为 15，连续两次单击"确定"按钮，返回到"啄钻"对话框。

5）单击"进给率和速度"图标🔧，弹出"进给率和速度"对话框。设置合适的主轴速度和切削数值，单击"确定"按钮。

6）单击"生成"图标🖱，刀具轨迹生成，单击"确定"和"取消"按钮。

7）用同样的操作方法，请读者自行完成另一凹槽中两个孔的加工。

4.3.5　实体模拟仿真加工

1）按住"Ctrl"键不放，依次单击程序下的 15 个操作，松开"Ctrl"键，在程序名上或操作名上单击鼠标右键，弹出右键菜单，并将鼠标移动到"刀轨"→"确认"。

2）单击"确认"项，弹出"刀轨可视化"对话框，单击"2D 动态"，单击"播放"图标▶，仿真加工开始，最后得到图 4-74 所示的仿真加工效果。

图　4-74

4.3.6　实例小结

1）本例中曲面部位较多且复杂，为了能够获得较好的表面质量，编程者应根据曲面形状和特点采用不同的曲面加工方式。基于实际的加工经验，本例中对充电器顶部曲面采用平行铣加工方式，对前端曲面则采用等高铣加工方式。

2）充电器凹槽的圆角部位结构尺寸较小，为了快速去除这部分材料，本例采用了 D8 平铣刀对这部分结构进行了残料加工。同时根据圆角的尺寸，本例对凹槽的精加工采用了更小的 D4 平铣刀。凹槽侧壁中间部位由于 R2 球头铣刀的原因，实际加工中该部位会出现一定的刀痕。

3）充电器面板外围有一圈 *R*2mm 的圆角，为了提高该部位的表面加工质量，编程者需要编制专门的清根程序。本例编制的清根程序使用的是 R2 球头铣刀，采用的是二维多圈外形编程方法，具体可参见本例中的步骤十二。

4.4　典型技师技能鉴定零件数控加工自动编程

4.4.1　实例介绍

图 4-75 所示零件是一个数控铣技师技能鉴定零件，材质为铝，毛坯采用 115mm×75mm×35mm 的立方块铝料，毛坯料六个面平整且光滑。

图　4-75

4.4.2　数控加工工艺分析

零件在学校的数控铣床上加工，毛坯的两个侧面安装在平口钳上。加工坐标系确定在零件上表面的中心点，加工坐标系的 X 向与零件长边方向一致。零件的数控加工路线、切削刀具（高速钢）和切削工艺参数参见表 4-5。

表　4-5

工　序　号	加　工　内　容	刀　具　类　型	刀具直径/mm	主轴转速/（r/min）	进给速度/（mm/min）
1	型腔粗加工	平铣刀	8	2800	1200
2	槽底面精加工	平铣刀	8	2800	1200
3	槽侧壁精加工	平铣刀	8	2800	1200
4	槽中间凸台侧壁精加工	平铣刀	8	2800	1200
5	曲面部位的半精加工	球头铣刀	10	2500	1000
6	曲面部位的精加工	球头铣刀	10	2500	1000
7	钻孔加工	钻头	9.8	600	80
8	铰孔加工	铰刀	10	250	25

4.4.3　创建数控编程的准备操作

打开本书配套光盘\Source\ch04\03 技师技能鉴定实体模型文件，在下拉菜单条中，单击"开始"→"加工"，打开"加工环境"对话框，直接单击"确定"按钮，进入数控加工界面。

步骤一　创建程序组

1）单击"创建程序"图标 ，弹出"创建程序"对话框，设置类型为 mill_contour、程序为 NC_PROGRAM、名称为 1。

2）依次单击"应用"和"确定"按钮，完成名称为 1 的程序创建。

3）按照上述操作方法，依次创建名称为 2、3、4、5、6、7、8、9 的程序。

步骤二　创建刀具组

1）创建直径为 8mm 的平铣刀，其对应的名称分别是 D8。

2）创建直径为 10mm 的球头铣刀，其对应的名称分别是 R5。

3）创建直径为 9.8mm 的钻头，其对应的名称是 DR9.8。

4）创建直径为 10mm 的铰刀，其对应的名称是 RE10。

步骤三　创建几何体

1）在下拉菜单条中，单击"开始"→"所有应用模块"→"注塑模向导"，单击"注塑模工具"图标 ，在弹出的"注塑模工具"对话框中单击"创建方块"图标 。

2）在弹出的"创建方块"对话框中，将类型设置为包容块、设置下面的间隙设置为 0，如图 4-76 所示。

3）选取零件上表面和下表面，单击"确定"按钮，包容零件的立方块就创建完成了，如图 4-77 所示。

4）关闭"注塑模工具"对话框，在下拉菜单条中，单击"开始"→"所有应用模块"→"注塑模向导"，关闭"注塑模向导"工具栏。

图　4-76

图　4-77

5）在下拉菜单条中，单击"编辑"→"对象显示"，出现图 4-78 所示的"类选择"对话框，选取刚创建的立方块，单击"确定"按钮，弹出"编辑对象显示"对话框，将透明度游标拖到 60 的位置，如图 4-79 所示。单击"确定"按钮，此时屏幕的图形如图 4-80 所示。

6）单击"创建几何体"图标 ，弹出"创建几何体"对话框，单击几何体子类型下的"MCS"图标，几何体设置为 GEOMETRY，名称设置为 MCS-1，单击"应用"按钮。

7）在弹出的"MCS"对话框中，将安全距离设置为 15.0000，如图 4-81 所示，选取透明方块上表面，依次单击"确定"和"取消"按钮，名称为 MCS-1 的加工坐标系创建完成。

图　4-79

图　4-78

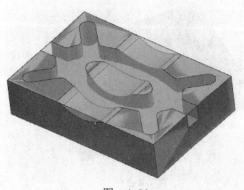

图　4-80

图　4-81

4.4.4　创建数控编程的加工操作

步骤一　型腔粗加工

1）单击"创建工序"图标 ，在弹出的"创建工序"对话框中，设置类型为 mill_contour、工序子类型为 CAVITY_MILL、程序为 1、刀具为 D8、几何体为 MCS-1、方法为 MILL_ROUGH。

2）单击"应用"按钮，弹出"型腔铣"对话框。单击"指定毛坯"图标 ，弹出"毛坯几何体"对话框，选取半透明包容方块，单击"确定"按钮，返回到"型腔铣"对话框。

3）按键盘上的"Ctrl+B"键，弹出"类选择"对话框，选取半透明包容方块，单击"确定"按钮，半透明包容方块被隐藏。

4）在"型腔铣"对话框中，单击"指定部件"图标 ，弹出"部件几何体"对话框，选取零件实体，单击"确定"按钮。

5）在"型腔铣"对话框中，设置切削模式为跟随周边、平面直径百分比为 50、每刀的公共深度设置为恒定、最大距离为 0.6。

6）单击"切削参数"图标 ，弹出"切削参数"对话框，在"策略"选项卡中，设置切削方向为顺铣、切削顺序为深度优先、图样方向为向内，勾选"岛清理"复选框、"添加精加工刀路"复选框，并将刀路数设置为 1、精加工步距设置为 0.5mm；在"余量"选项卡中，勾选"使底面余量和侧面余量一致"复选框，设置部件侧面余量为 0.3，其他余量设置为 0，单击"确定"按钮。

7）单击"非切削移动"图标 ，在弹出的"非切削移动"对话框中，设置封闭区域进刀类型为螺旋、直径为 50%刀具、斜坡角为 5、最小斜面长度为 50%刀具；设置开放区域进刀类型为线性，其余采用默认值，单击"确定"按钮。

8）单击"进给率和速度"图标 ，弹出"进给率和速度"对话框。设置合适的主轴速度和切削数值，单击"确定"按钮。

9）单击"生成"图标 ，刀具轨迹生成，依次单击"确定"和"取消"按钮。在图形区域窗口的空白处，单击鼠标右键，弹出右键菜单，单击"刷新"项，清除刀具轨迹线条。

步骤二　槽底面精加工

1）单击"创建工序"图标 ，在弹出的"创建工序"对话框中，设置类型为 mill_planar、工序子类型为 FACE_MILLING、程序为 2、刀具为 D8、几何体为 MCS-1、方法为 MILL_FINISH。

2）单击"应用"按钮，弹出"面铣"对话框。单击"指定部件"图标 ，弹出"部件几何体"对话框，选取零件实体，单击"确定"按钮，返回到"面铣"对话框。单击"指定面边界"图标 ，弹出"指定面几何体"对话框，选取图 4-82 所示的平面，单击"确定"按钮。

3）在"面铣"对话框中，设置切削模式为跟随部件、平面直径百分比为 75.0000，毛坯距离为 1.0000、每刀深度为 0.0000、最终底面余量为 0.0000，具体如图 4-83 所示。

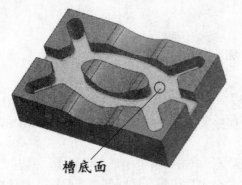

槽底面

图　4-82

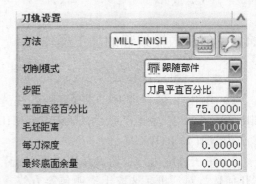

图　4-83

4）单击"切削参数"图标 ，弹出"切削参数"对话框，在"策略"选项卡中，设置切削方向为顺铣、刀具延展量为 100%刀具；在"余量"选项卡中，设置部件余量为 0.3，其余参数采用默认值，单击"确定"按钮。

5）单击"非切削移动"图标 ，在弹出的"非切削移动"对话框中，设置封闭区域进刀类型为插削，其余采用默认设置，单击"确定"按钮。

6）单击"进给率和速度"图标 ，弹出"进给率和速度"对话框。设置合适的主轴速度和切削数值，单击"确定"按钮。

7）单击"生成"图标 ，刀具轨迹生成，依次单击"确定"和"取消"按钮。在图形区域窗口的空白处，单击鼠标右键，弹出右键菜单，单击"刷新"项，清除刀具轨迹线条。

步骤三　槽侧壁精加工

1）单击"创建工序"图标 ，在弹出的"创建工序"对话框中，设置类型为 mill_planar、工序子类型为 PLANAR_MILL、程序为 3、刀具为 D8、几何体为 MCS-1、方法为 MILL_FINISH。

2）单击"应用"按钮，弹出"平面铣"对话框。单击"指定部件边界"图标 ，弹出"边界几何体"对话框，将模式由"面"更改为"曲线/边"，弹出"创建边界"对话框，选取图 4-84 所示的边界线，将类型设置为开放的、材料侧设置为左，其余采用默认设置，连续两次单击"确定"按钮，返回到"平面铣"对话框。

3）单击"指定底面"图标 ，弹出"平面"对话框，选取图 4-82 所示的底面，单击"确定"按钮。

4）在"平面铣"对话框中，设置切削模式为轮廓加工、平面直径百分比为 50、附加刀路为 0。单击"切削层"图标 ，在"切削层"对话框中，设置类型为恒定、公共为 1.5，单击"确定"按钮。

5）单击"切削参数"图标 ，弹出"切削参数"对话框，在"策略"选项卡中，设置切削方向为顺铣，勾选"岛清理"复选框；在"余量"选项卡中，设置所有余量为 0、所有公差为 0.01，单击"确定"按钮。

6）单击"非切削移动"图标 ，在弹出的"非切削移动"对话框中，设置开放区域进刀类型为圆弧，单击"确定"按钮。

7）单击"进给率和速度"图标 ，弹出"进给率和速度"对话框。设置合适的主轴速度和切削，单击"确定"按钮，返回到"平面铣"对话框。

8）单击"生成"图标 ，刀具轨迹生成，如图 4-85 所示。依次单击"确定"和"取消"按钮。在图形区域窗口的空白处，单击鼠标右键，弹出右键菜单，单击"刷新"项，清除刀具轨迹线条。

9）另一侧的精加工请读者自行完成，在此不再详述。

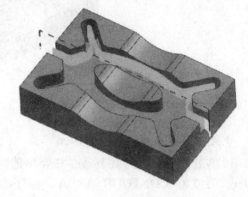

边界线

图　4-84　　　　　　　　　　　　　　　　　图　4-85

步骤四　凸台侧壁精加工

1）在工序导航器窗口中，单击程序 3 下的 PLANAR_MILL 操作，单击鼠标右键，弹出右键菜单，单击"复制"；单击程序 5，单击鼠标右键，弹出右键菜单，单击"内部粘贴"。

2）双击程序 5 下的 PLANAR_MILL_COPY 操作，弹出"平面铣"对话框。单击"指定部件边界"图标 ，弹出"编辑边界"对话框，单击"全部重选"按钮，在"全部重选"对话框中单击"确定"按钮。将"边界几何体"对话框中的模式由"面"更改为"曲线/边"，弹出"创建边界"对话框。将类型设置为封闭的、平面设置为用户定义，选取中间凸台上表面，如图 4-86 所示，单击"确定"按钮。将材料侧设置为内部，选取图 4-87 所示的边界线，连续两次单击"确定"按钮，返回到"平面铣"对话框。

3）单击"非切削移动"图标 ，在弹出的"非切削移动"对话框中，设置开放区域的进刀类型为圆弧，其余采用默认设置，单击"确定"按钮。

4）单击"生成"图标 ，刀具轨迹生成，如图 4-88 所示，单击"确定"按钮。在图形区域窗口的空白处，单击鼠标右键，弹出右键菜单，单击"刷新"项，清除刀具轨迹线条。

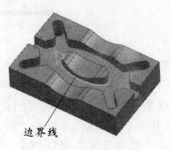

距离 0

面 / 拉伸(11)

边界线

图　4-86　　　　　　　　　　　　　　　　　图　4-87

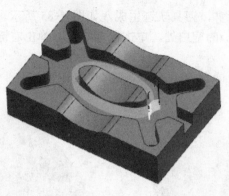

图 4-88

步骤五 曲面部位的半精加工

1）单击"创建工序"图标 ，在弹出的"创建工序"对话框中，设置类型为 mill_contour、工序子类型为 CONTOUR_AREA、程序为 6、刀具为 R5、几何体为 MCS-1、方法为 MILL_SEMI_FINISH，如图 4-89 所示。

图 4-89

2）单击"应用"按钮，弹出"轮廓区域"对话框。单击"指定部件"图标 ，弹出"部件几何体"对话框，选取零件实体，单击"确定"按钮，返回到"轮廓区域"对话框。

3）单击"指定切削区域"图标 ，弹出"切削区域"对话框，选取图 4-90 所示的零件曲面（共 9 个曲面块），单击"确定"按钮。

4）在"轮廓区域"对话框中，单击驱动方法项下的"编辑"图标 ，弹出"区域铣削驱动方法"对话框，设置切削模式为往复、切削方式为顺铣、步距为恒定、最大距离为 2.0000mm、步距已应用为在部件上，切削角为指定、与 XC 的夹角为 0.0000，如图 4-91 所示，单击"确定"按钮。

图 4-90

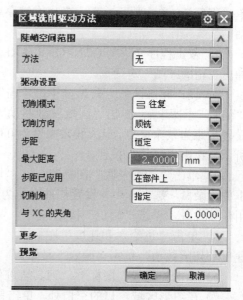

图 4-91

5）单击"切削参数"图标，在"切削参数"对话框的"余量"选项卡中，设置部件余量为 0.2，其余参数采用默认设置，单击"确定"按钮。

6）单击"非切削移动"图标，弹出"非切削移动"对话框。在"进刀"选项卡中，设置开放区域进刀类型为圆弧-平行于刀轴，其余参数采用默认值，单击"确定"按钮。

7）单击"进给率和速度"图标，弹出"进给率和速度"对话框。设置合适的主轴速度和切削数值，单击"确定"按钮。

8）单击"生成"图标，刀具轨迹生成，如图 4-92 所示，依次单击"确定"和"取消"按钮。

9）在图形区域窗口的空白处，单击鼠标右键，弹出右键菜单，单击"刷新"项，清除刀具轨迹线条。

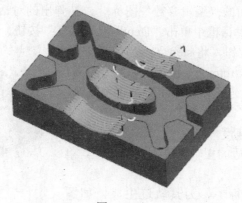

图 4-92

步骤六　曲面部位的精加工

1）在工序导航器窗口中，单击程序 6 下的 CONTOUR_AREA 操作，单击鼠标右键，弹出右键菜单，单击"复制"；单击程序 7，单击鼠标右键，弹出右键菜单，单击"内部粘贴"。

2）双击程序 7 下的 CONTOUR_AREA_COPY 操作，弹出"轮廓区域"对话框。

3）在"轮廓区域"对话框中，单击驱动方法项下的"编辑"图标，弹出"区域铣削驱动方法"对话框，设置步距为残余高度、最大残余高度为 0.0010，如图 4-93 所示，单击"确定"按钮。

4）单击"切削参数"图标，在"切削参数"对话框的"余量"选项卡中，设置部件余量为 0，其余参数采用默认设置，单击"确定"按钮。

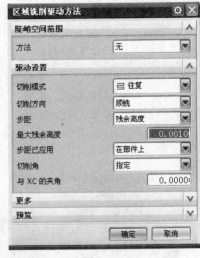

图　4-93

5）单击"进给率和速度"图标，弹出"进给率和速度"对话框。设置合适的主轴速度和切削数值，单击"确定"按钮。

6）单击"生成"图标，刀具轨迹生成，依次单击"确定"和"取消"按钮。

7）在图形区域窗口的空白处，单击鼠标右键，弹出右键菜单，单击"刷新"项，清除刀具轨迹线条。

步骤七　钻孔加工

1）单击"创建工序"图标，在弹出的"创建工序"对话框中，设置类型为 drill、工序子类型为 PECK_DRILLING、程序为 8、刀具为 DR9.8、几何体为 MCS-1、方法为 DRILL_METHOD。

2）单击"应用"按钮，弹出"啄钻"对话框。单击"指定孔"图标，弹出"点到点几何体"对话框，单击"选择"按钮，单击"一般点"按钮，捕捉零件四个孔的中心点，连续三次单击"确定"按钮，返回到"啄钻"对话框。

3）单击"指定顶面"图标，将顶面选项设置为面，选取图 4-82 所示的槽底面，单击"确定"按钮。单击"指定底面"图标，将底面选项设置为面，选取整个零件的下表面，单击"确定"按钮。

4）单击循环类型下面的"编辑参数"图标，在弹出的对话框中单击"确定"按钮，在弹出的"Cycle 参数"对话框中单击"Depth-模型深度"按钮，单击"穿过底面"按钮。单击"Step 值-未定义"按钮，将 step #1 设置为 3，单击"确定"按钮。单击"Rtrcto-无"按钮，单击"距离"按钮，将退刀设置为 15，连续两次单击"确定"按钮，返回到"啄钻"对话框。

5）单击"进给率和速度"图标，弹出"进给率和速度"对话框。设置合适的主轴速度和切削数值，单击"确定"按钮。

6）单击"生成"图标，刀具轨迹生成，如图 4-94 所示。依次单击"确定"和"取消"按钮。在图

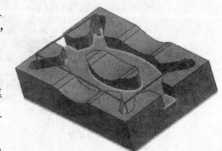

图　4-94

形区域窗口的空白处，单击鼠标右键，弹出右键菜单，单击"刷新"项，清除刀具轨迹线条。

步骤八　铰孔加工

1）单击"创建工序"图标 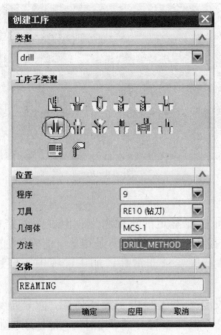，在弹出的"创建工序"对话框中，设置类型为 drill、子类型为 REAMING、程序为 9、刀具为 RE10、几何体为 MCS-1、方法为 DRILL_METHOD，如图 4-95 所示。

图　4-95

2）单击"应用"按钮，弹出"铰"对话框。单击"指定孔"图标 ，弹出"点到点几何体"对话框，单击"选择"按钮，单击"一般点"按钮，捕捉四个孔的中心点，连续三次单击"确定"按钮，返回到"铰"对话框。

3）单击"指定顶面"图标 ，将顶面选项设置为面，选取图 4-82 所示的槽底面，单击"确定"按钮。单击"指定底面"图标 ，将底面选项设置为面，选取整个零件的下表面，单击"确定"按钮。

4）单击循环类型下面的"编辑参数"图标 ，在弹出的对话框中单击"确定"按钮，在弹出的"Cycle 参数"对话框中单击"Depth-模型深度"按钮，单击"穿过底面"按钮。单击"Rtrcto-无"按钮，单击"距离"按钮，将退刀设置为 15，连续两次单击"确定"按钮，返回到"铰"对话框。

5）单击"进给率和速度"图标 ，弹出"进给率和速度"对话框。设置合适的主轴速度和切削数值，单击"确定"按钮。

6）单击"生成"图标 ，刀具轨迹生成，依次单击"确定"和"取消"按钮。

7）在图形区域窗口的空白处，单击鼠标右键，弹出右键菜单，单击"刷新"项，清除刀具轨迹线条。

4.4.5 实体模拟仿真加工

1）按住"Ctrl"键不放，依次单击程序 1、2、3、4、5、6、7、8、9，松开"Ctrl"键，单击鼠标右键，弹出右键菜单，并将鼠标移动到"刀轨"→"确认"。

2）单击"确认"项，弹出"刀轨可视化"对话框，单击"2D 动态"，单击"播放"图标，仿真加工开始，最后得到图 4-96 所示的仿真加工效果。

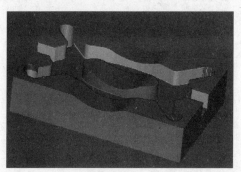

图 4-96

4.4.6 实例小结

1）本例虽然为数控技师技能鉴定的实操考题，但零件的结构和形状都不是很复杂，所以对于一般读者而言，其数控编程难度好像不是很大。但实际加工中其难度还是比较大的，这主要是因为该零件的尺寸精度要求非常高，加工过程中需要进行在线测量，并根据测量的结果进行补偿加工。

2）实际考试过程中并没有给考生提供三维实体图，而只是给学生提供零件的二维工程图。在较短的时间内，考生不仅要看懂零件的图样，而且还要利用三维软件完成零件的三维实体造型。利用考生自己的三维图，在规定时间内还需要完成数控程序的编制和实际工件的加工操作，因此对于考生来说其完成的难度是比较大的。

3）该零件的曲面加工部分比较简单，但是合理确定球头铣刀的大小却是一个问题。有的读者会认为球头铣刀越小越好，因为这样加工精度就会越高；而有的读者会认为球头铣刀越大越好，因为这样加工效率会更高。其实在结构允许的情况下，应尽量采用较大的球头铣刀加工曲面，这样不仅效率会更高而且加工表面质量还会更好。

4.5 数控加工自动编程训练题

1）图 4-97 是一个数控铣中级技工实操测试题，工件材质为铝。依据图的结构和尺寸特点，试选择合适的加工刀具，确定合理的加工方案和切削用量。利用 UG CAD 模块完成该零件的实体造型，并利用 UG CAM 模块完成该零件的数控编程，造型与软件编程的时间不超过 60min。

2）图 4-98 是一个数控铣高级技工实操测试题，工件材质为 45 钢。依据图的结构和尺寸特点，试选择合适的加工刀具，确定合理的加工方案和切削用量。利用 UG CAD 模块完成该零件的实体造型，并利用 UG CAM 模块完成该零件的数控编程，造型与软件编程的时间不超过 70min。

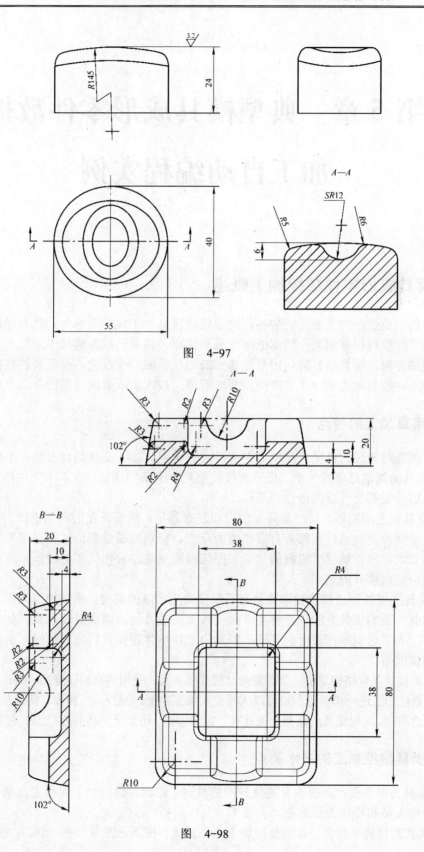

图　4-97

图　4-98

第5章 典型模具成形零件数控加工自动编程实例

5.1 模具成形零件数控加工概述

模具是工业生产的重要工艺装备，由于使用模具加工成形零部件，具有生产效率高、质量好、节约原材料和能源、成本低等一系列优点，模具已成为当代工业生产的重要手段和工艺发展方向。模具是目前应用数控加工最为广泛的一个行业，而模具的数控加工有其自身的特点，模具制造是一个生产周期要求紧迫，技术手段要求较高的复杂生产过程。

5.1.1 模具加工的特点

模具制造与普通的机械产品制造有着很大的区别，以下是模具加工的几个特点：

1）模具的制造是单件生产。每一副模具都是一个新的项目，有着不同的结构特点，每一个模具的开发都是一项创造性的工作。

2）模具制造周期短。新产品开发的周期越来越短，模具开发的周期也随之缩短，因此模具从报价到设计制造过程都要有很快速的反应。特别是模具制造过程必须要快，才能达到客户的要求。所以就要求模具的加工工序应高度集成，并优化工艺过程，在最短的加工工艺流程中完成模具的加工。

3）模具加工的制造精度要求高。为了保证成形产品的精度，模具加工的误差必须进行有效的控制，否则模具上的误差将在产品上放大。模具的表面质量要求高，如注塑模具或压铸模具，为了达到零件表面的光洁，以及为了使熔体在模具内流动顺畅，必须要有较低的表面粗糙度值。

总之，模具具有结构复杂、型面复杂、精度要求高、使用的材料硬度高、制造周期短等特点。应用数控加工进行模具的制造可以大幅提高加工精度，减少人工操作，提高加工效率，缩短模具制造周期。同时模具的数控加工具有一定典型性，比普通产品的数控加工有更高的要求。

5.1.2 模具数控加工的技术要点

1）模具为单件生产，很少有重复开模的机会。因此，数控加工编程工作量大，对数控加工的编程人员和操作人员有更高的要求。

2）模具的结构部件多，而且数控加工工作量大，模具通常有型腔、型芯、镶块或滑块、电极等零件需要通过数控加工成形。模具的型腔面复杂，而且对成形产品的外观质量影响大，因此在加工型腔表面时必须达到足够的精度，尽量减少钳工修整和手工抛光工作。

3）模具的精度要求高，通常模具的公差范围要达到成形产品的 1/5～1/3；而在配合处的精度要求就更高，只有达到足够的配合精度，才能保证不溢料，所以在进行数控加工时必须严格控制误差。

4）模具材料通常要用到很硬的钢材，如压铸模具所用的 H13 钢材，通常在热处理后，硬度会达到 52～58HRC，而锻压模具的硬度就更高。所以数控加工时必须采用高硬度的硬质合金刀具，选择合理的切削用量进行数控加工，有条件的最好用高速铣削来加工。

5）模具加工中，对于尖角、筋条等部位，无法用机加工加工到位。另外某些特殊要求的产品，需要进行电火花加工，而电火花加工要用到电极。电极加工时需要设置合适的放电间隙。模具电极通常采用铜或石墨，石墨具有易加工、电加工速度快、价格便宜的特点，但在数控加工时，石墨粉尘对机床的损害极大，要有专门的吸尘装置或者浸在液体中进行加工，需要用到专门的数控石墨加工中心。

6）在铣削模具型腔比较复杂的曲面时，一般需要较长的周期，因此，在每次开机铣削前应对机床、夹具、刀具进行适当的检查，以免在中途发生故障，影响加工精度，甚至造成废品。

7）在模具型腔铣削时，应根据加工表面的表面粗糙度适当掌握修锉余量。对于铣削比较困难的部位，如果加工表面质量较差，应适当多留些修锉余量；而对于平面、直角沟槽等容易加工的部位，应尽量降低加工表面粗糙度值，减少修锉工作量，避免因大面积修锉而影响型腔曲面的精度。

5.1.3　数控铣床在模具加工中的主要应用

1. 外形轮廓加工

对于平面内的曲线轮廓，使用普通铣床手工操作生产效率极低，而且加工精度也很难达到设计要求，而采用数控铣床就可以轻松的实现，如注塑模的镶块等。

2. 曲面加工

对于大部分的注塑模、压铸模和拉深模而言，其成形零件的表面往往是由曲面组成的。曲面加工是数控铣加工最擅长的加工领域，结合使用 CAD/CAM 软件进行数控程序的编制，数控铣床可以加工各种复杂的曲面形状，并且在零件表面只留下很少的残余量。在注塑模及压铸模中应用得最多的就是对模具型腔和型芯的加工，以及电极、镶块的加工。

3. 孔加工

孔的加工通常需要经过钻孔、扩孔、倒角、铰孔等操作，需要用到多把刀具，特别是有多个孔且各个孔之间有位置精度要求时。使用数控加工中心进行孔的加工，可以在一台机床上自动完成所有孔的加工工序，可以保证有足够的精度，同时其加工效率又非常高。而在模具型芯加工中，常有顶尖孔、配合的定位孔等精度要求较高的孔，也应该使用数控铣床或者加工中心进行加工，一方面保证精度，另一方面也可以减少重复安装找正的时间，大大缩短模具制造周期。

5.1.4　模具分类及结构

模具的类型通常是按照加工对象和工艺的不同进行分类，从行业角度的区分来看主要有塑料模具、橡胶模具、金属冷冲模具、金属冷挤压模具和热挤压模具、金属拉拔模具、粉末冶金模具、金属压铸模具、金属精密铸造模具、玻璃模具、玻璃钢模具等。而塑料模具中按照成型方法的不同，又可以划分出对应不同工艺要求的塑料加工模具类型，主要有注射成型模具、挤出成型模具、压塑成型模具、吹塑成型模具、吸塑成型模具、高发泡聚苯乙烯成型模具等。这些模具中使用最为常见的是注塑模具和金属冷冲模具两大类，下面简要介绍这两类模具的结构。

注塑模具按照结构可以分为两板模具（2 PLATE MOLD），又称为单一分型面模，是注塑模中最简单的一种，它以分型面为界面将整个模具分为两部分：动模和定模。一部分型腔在动模，另一部分型腔在定模。主流道在定模，分流道开设在分型面上，开模后，制品和流道留在动模，动模部分设有顶出系统。图 5-1 所示就是一套简单的两板模具装配图。三板模或细水口模（3PLATE MOLD，PLN-POINT GATE MOLD）有两个分型面将模具分成三部分，比两板增加了浇口板，适用于制品的四周不准有浇口痕迹的场合。

金属冷冲模具按照工艺可以分为冲裁模、弯曲模、拉深模、复合模等，其中弯曲模和拉深模的成型零件一般都需要进行数控加工。金属冷冲模具成形零件所使用的钢材都是一些硬度较高的合金钢，切削性能均不好，且这类模具的成形零件在机械加工后都要进行热处理，因此机械加工时要考虑后续热处理工序对其零件精度的影响。图 5-2 所示就是一套弯曲模具的装配图。

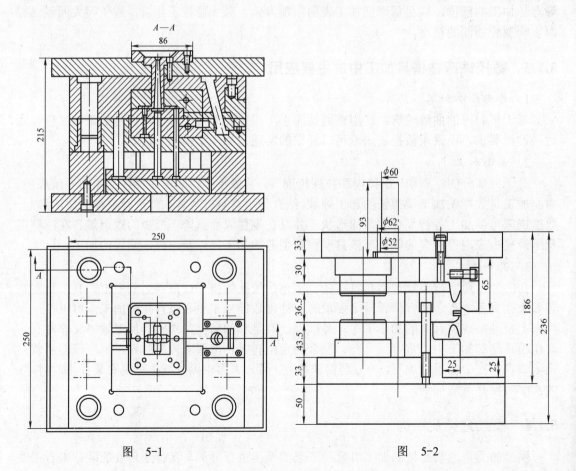

图 5-1   图 5-2

5.2　电风扇整体叶轮模具成形零件数控加工自动编程

5.2.1　实例介绍

图 5-3 是一个电风扇整体叶轮注塑模成型零件，材质为 P20 钢，毛坯采用 350mm×350mm×60mm 的立方块。立方块毛坯料基准角所在的两个垂直表面已在磨床上进行了加工，毛坯料的上下两个表面也已在磨床上进行了加工，立方块毛坯外形尺寸已达到了图样要求，无需再进行数控铣加工。

图　5-3

5.2.2　数控加工工艺分析

该零件在数控铣床上加工，零件底面通过磁吸盘安装在机床工作台上，加工坐标系原点确定为基准角边线与零件上表面相交的一点，加工坐标系的 X 向与零件的一个基准面重合，加工坐标系的 Y 向与零件的另一个基准面重合。零件的数控加工路线、切削刀具（硬质合金刀具）和切削工艺参数见表 5-1。

表　5-1

工 序 号	加 工 内 容	刀 具 类 型	刀具直径/mm	主轴转速/（r/min）	进给速度/（mm/min）
1	粗加工整个零件	飞刀	D30R5	1000	600
2	残料粗加工一	飞刀	D16R0.8	1500	900
3	残料粗加工二	平铣刀	8	3000	1800
4	等高半精加工	平铣刀	12	2800	1500
5	区域铣半精加工	球头铣刀	6	3500	1500
6	等高精加工	平铣刀	8	3000	1800
7	区域铣精加工	球头铣刀	6	3500	1500
8	清根加工	球头铣刀	3	4000	400
9	清根加工	球头铣刀	1	5000	300

5.2.3　创建数控编程的准备操作

打开本书配套光盘\Source\ch05\01 电风扇整体叶轮模具实体模型文件，在下拉菜单条中单击"开始"→"加工"，打开"加工环境"对话框，直接单击"确定"按钮，进入到数控加工界面。

步骤一　创建程序组

1）单击"创建程序"图标 ，弹出"创建程序"对话框，设置类型为 mill_contour、程序为 NC_PROGRAM、名称为 1，具体如图 5-4 所示。

2）依次单击"应用"和"确定"按钮，完成名称为 1 的程序创建。

3）按照上述操作方法，依次创建名称为 2、3、4、5、6、7、8、9、10、11、12、13、14、15 的程序。

步骤二　创建刀具组

1）单击"创建刀具"图标，弹出"创建刀具"对话框，设置类型为 mill_contour、刀具子类型 MILL、名称为 D12。

2）单击"应用"按钮，弹出"铣刀-5　参数"对话框，将直径数值更改为 12，其余数值采用默认，单击"确定"按钮，完成直径为 12mm 的平铣刀创建。

3）按照相同的操作方法，完成直径为 8mm 名称为 D8 的平铣刀创建。

4）单击"创建刀具"图标，弹出"创建刀具"对话框，设置类型为 mill_contour、刀具子类型 MILL、名称为 D30R5。

5）单击"应用"按钮，弹出"铣刀-5　参数"对话框，将直径数值更改为 30，下半径设置为 5，具体如图 5-5 所示，完成直径为 30mm、圆角半径为 5mm 的飞刀创建。

6）按照相同的操作方法，完成直径为 16mm、圆角半径为 0.8mm 的飞刀创建，对应的名称为 D16R0.8。

7）单击"创建刀具"图标，弹出"创建刀具"对话框，设置类型为 mill_contour、刀具子类型 BALL_MILL、名称为 R3。

8）单击"应用"按钮，弹出"铣刀-球头铣"对话框，将直径数值更改为 6，其余数值采用默认，单击"确定"按钮，完成直径为 6mm 的球头铣刀创建。

9）按照相同的操作方法，完成直径分别为 3mm 和 1mm 的球头铣刀创建，对应的名称分别为 R1.5 和 R0.5。

图　5-4

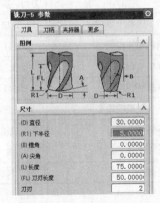

图　5-5

步骤三　创建几何体

1）在下拉菜单条中，单击"开始"→"所有应用模块"→"注塑模向导"，单击"注塑模工具"图标，如图 5-6 所示。在弹出的"注塑模工具"对话框中，单击第一个"创建方块"图标，如图 5-7 所示。

图　5-6　　　　　　　　　　图　5-7

2）在弹出的"创建方块"对话框中，将类型设置为包容块，将设置下面的间隙设置为 0。

3）依次选取图 5-8 所示零件上表面和图 5-9 所示零件下表面，屏幕中将出现一个立方体块。单击"确定"按钮，包容零件的立方块创建完成。

图　5-8　　　　　　　　　　图　5-9

4）关闭"注塑模工具"对话框，在下拉菜单条中单击"开始"→"所有应用模块"→"注塑模向导"，关闭"注塑模向导"工具栏。

5）在下拉菜单条中，单击"编辑"→"对象显示"，选取刚创建的立方块，单击"确定"按钮，弹出"编辑对象显示"对话框，将透明度游标拖到 60 的位置，如图 5-10 所示，单击"确定"按钮，此时屏幕的图形如图 5-11 所示。

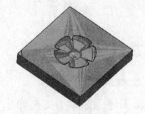

图　5-10　　　　　　　　　　图　5-11

6）单击图 5-12 所示的"创建几何体"图标，弹出"创建几何体"对话框，单击图 5-13 所示几何体子类型下的"MCS"图标，几何体设置为 GEOMETRY，名称设置为 MCS-1，单击"应用"按钮。

7）在弹出的"MCS"对话框中，单击图 5-14 所示的"CSYS 对话框"图标，弹出"CSYS"对话框，按照图 5-15 所示选择类型下的"原点，X 点，Y 点"。依次捕捉图 5-16 所示的角点 1、角点 2 和角点 3（必须按照顺序选择），连续两次单击"确定"按钮后单击"取消"按钮。

图 5-12

图 5-13

图 5-14

图 5-15

8）以上步骤创建了以零件基准角点为原点的数控加工坐标系，该坐标系如图 5-17 所示，实际加工时应以该零件的基准角进行对刀操作。

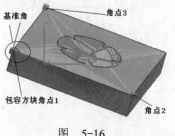

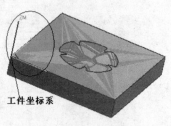

图 5-16

图 5-17

5.2.4 创建数控编程的加工操作

步骤一 型腔粗加工

1）单击"创建工序"图标 ，在弹出的"创建工序"对话框中，设置类型为 mill_contour、工序子类型为 CAVITY_MILL、程序为 1、刀具为 D30R5、几何体为 MCS-1、方法为 MILL_ROUGH，具体如图 5-18 所示。

2）单击"应用"按钮，弹出"型腔铣"对话框。单击"指定毛坯"图标 ，弹出"毛坯几何体"对话框，选取刚创建的半透明包容方块，单击"确定"按钮，返回到"型腔铣"对话框。

3）按键盘上的"Ctrl+B"键，弹出"类选择"对话框，选取半透明包容方块，单击"确定"按钮，半透明包容方块被隐藏。

4）在"型腔铣"对话框中，单击"指定部件"图标 ，弹出"部件几何体"对话框，选取零件实体，单击"确定"按钮。

5）在"型腔铣"对话框中，单击"指定切削区域"图标，选取图 5-19 所标示的叶轮曲面，单击"确定"按钮，退回到"型腔铣"对话框。

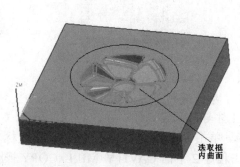

选取框
内曲面

图　5-18　　　　　　　　　　　　　　　　图　5-19

6）在"型腔铣"对话框中，设置切削模式为跟随周边、平面直径百分比为 50.0000、每刀的公共深度为恒定、最大距离为 1.5，如图 5-20 所示。

7）单击"切削参数"图标，弹出"切削参数"对话框。在"策略"选项卡中，设置切削方向为顺铣、切削顺序为深度优先、刀路方向为向外，勾选"岛清理"复选框、"添加精加工刀路"复选框，并将刀路数设置为 1、精加工步距设置为 0.5000mm，具体如图 5-21 所示。

8）在"余量"选项卡中，勾选"使底面余量和侧面余量一致"复选框，设置部件侧面余量为 0.3，其他余量设置为 0，单击"确定"按钮。

图　5-20　　　　　　　　　　　　　　　　图　5-21

9）单击"非切削移动"图标，在弹出的"非切削移动"对话框中，设置封闭区域进刀类型为螺旋、直径为 35.0000%刀具、斜坡角为 5.0000、最小斜面长度为 35.0000%刀具，其余采用默认值，如图 5-22 所示。单击"非切削移动"对话框中的"转移/快速"选项卡，设置区域之间的转移类型为安全距离-刀轴、区域内的转移方式为进刀/退刀、转移类型为最小安全值 Z、安全距离为 0.5，其余采用默认值，单击"确定"按钮，退回到"型腔铣"对话框。

10）单击"进给率和速度"图标，弹出"进给率和速度"对话框。设置合适的主轴速度和切削数值，单击"确定"按钮。

11）单击"生成"图标，刀具轨迹生成，如图 5-23 所示。依次单击"确定"和"取消"按钮。

图 5-22　　　　　　　　　　　图 5-23

步骤二　残料粗加工一

1）在工序导航器窗口中，单击程序 1 下的 CAVITY_MILL 操作，单击鼠标右键，弹出右键菜单，单击"复制"；单击程序 2，单击鼠标右键，弹出右键菜单，单击"内部粘贴"。

2）双击程序 2 下的 CAVITY_MILL_COPY 操作，弹出"型腔铣"对话框。单击图 5-24 所示的三角符号，刀具项被展开，将刀具更改为 D16R0.8，将最大距离更改为 0.6，其余参数保持不变，如图 5-25 所示。

图 5-24　　　　　　　　　　　图 5-25

3）单击"切削参数"图标，弹出"切削参数"对话框。在"策略"选项卡中，将切削顺序更改为深度优先，精加工步距更改为 0.3，其余保持不变；在"空间范围"选项卡中，将参考刀具设置为 D30R5，具体如图 5-26 所示，单击"确定"按钮。

4）单击"进给率和速度"图标，弹出"进给率和速度"对话框。设置合适的主轴速度和切削数值，单击"确定"按钮。

5）单击"生成"图标，刀具轨迹生成，如图 5-27 所示，单击"确定"按钮。

图 5-26　　　　　　　　　　　图 5-27

步骤三　残料粗加工二

1）在工序导航器窗口中，单击程序 1 下的 CAVITY_MILL 操作，单击鼠标右键，弹出右键菜单，单击"复制"；单击程序 3，单击鼠标右键，弹出右键菜单，单击"内部粘贴"。

2）双击程序 3 下的 CAVITY_MILL_COPY_1 操作，弹出"型腔铣"对话框。单击图 5-24 所示的三角符号，刀具项被展开，将刀具更改为 D8，将最大距离更改为 0.3000，其余参数保持不变，如图 5-28 所示。

3）单击"切削参数"图标 ，弹出"切削参数"对话框。在"策略"选项卡中，将切削顺序更改为深度优先，精加工步距更改为 0.3000，其余保持不变，具体参见图 5-29 所示；在"空间范围"选项卡中，将参考刀具设置为 D16R0.8，单击"确定"按钮。

图　5-28

图　5-29

4）单击"进给率和速度"图标 ，弹出"进给率和速度"对话框。设置合适的主轴速度和切削数值，单击"确定"按钮。

5）单击"生成"图标 ，刀具轨迹生成，如图 5-30 所示，单击"确定"按钮。

图　5-30

步骤四　等高半精加工一

1）单击"创建工序"图标 ，在弹出的"创建工序"对话框中，设置类型为 mill_contour、工序子类型为 ZLEVEL_PROFILE、程序为 4、刀具为 D12、几何体为 MCS-1、方法为 MILL_SEMI_FINISH，如图 5-31 所示。

2）单击"应用"按钮，弹出"深度加工轮廓"对话框。单击"指定部件"图标 ，弹出"部件几何体"对话框，选取零件实体，单击"确定"按钮，返回到"深度加工轮廓"对话框。

3）单击"指定切削区域"图标，弹出"切削区域"对话框，依次选取图 5-32 所示的 8 个曲面块，单击"确定"按钮，返回到"深度加工轮廓"对话框。

4）在"深度加工轮廓"对话框中，设置每刀的公共深度为恒定、最大距离为 0.1。

图 5-31

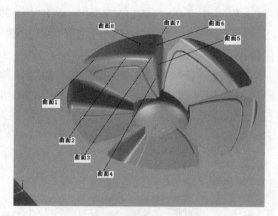

图 5-32

5）单击"切削参数"图标，弹出"切削参数"对话框。在"策略"选项卡中，设置切削方向为混合（减少抬刀次数）、切削顺序为深度优先，具体如图 5-33 所示；在"余量"选项卡中，勾选"使底面余量和侧面余量一致"复选框，并设置部件侧面余量为 0.1500，其余参数采用默认，具体如图 5-34 所示；在"连接"选项卡中，设置层到层为直接对部件进刀，单击"确定"按钮，返回到"深度加工轮廓"对话框。

6）单击"非切削移动"图标，在弹出的"非切削移动"对话框中，设置开放区域进刀类型为圆弧，其余采用默认值。单击"转移/快速"选项卡，将区域内的转移方式设置为进刀/退刀，设置转移类型为最小安全值 Z，安全距离为 0.5，单击"确定"按钮。

7）单击"进给率和速度"图标，弹出"进给率和速度"对话框。设置合适的主轴速度和切削数值，单击"确定"按钮。

8）单击"生成"图标，刀具轨迹生成。依次单击"确定"和"取消"按钮。

图 5-33

图 5-34

9）单击工序导航器中程序 4 下的 ZLEVEL_PROFILE，并单击鼠标右键，弹出右键菜单，如图 5-35 所示。

10）依次将光标移动到"对象""变换"菜单项，如图 5-36 所示。单击"变换"项，弹出"变换"对话框。将类型设置为绕直线旋转，直线方法设置为两点，角度设置为 72.0000，结果选择复制，非关联副本数设置为 4，具体如图 5-37 所示。

　　11）单击指定起始点右侧的下拉框，单击"圆弧中心"项，如图 5-38 所示。选取图 5-39 所示的圆弧中心点。

图　5-35

图　5-36

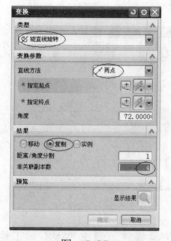

图　5-37

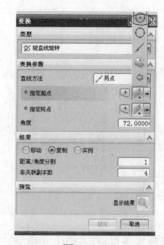

图　5-38

　　12）单击指定终点右侧的下拉框，单击"圆弧中心"项。选取图 5-40 所示的圆弧中心点。

　　13）单击"确定"按钮，新生成了四个等高半精加工刀路，如图 5-41 所示。

　　14）此时，工序导航器中也发生了变化，在程序 4 下新出现了四个等高加工操作，如图 5-42 所示。

图　5-39

图　5-40

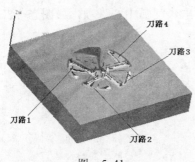

图 5-41

图 5-42

步骤五 等高半精加工二

1）在工序导航器窗口中，单击程序 4 下的 ZLEVEL_PROFILE 操作，单击鼠标右键，弹出右键菜单，单击"复制"，如图 5-43 所示；单击程序 5，单击鼠标右键，弹出右键菜单，单击"内部粘贴"。

图 5-43

图 5-44

2）双击程序 5 下的 ZLEVEL_PROFILE_COPY_4 操作，弹出"深度加工轮廓"对话框。单击"指定切削区域"图标，弹出"切削区域"对话框，单击"删除"图标，将原来的 8 个曲面部位删除，具体如图 5-44 所示。选取图 5-45 所示的四个曲面，单击"确定"按钮。

3）单击"生成"图标，刀具轨迹生成，单击"确定"按钮。

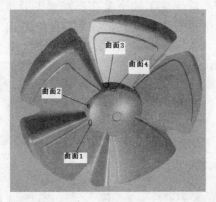

图 5-45

步骤六 定轴区域铣叶轮曲面部位（半精加工）

1）单击"创建工序"图标 📝，在弹出的"创建工序"对话框中，设置类型为 mill_contour、工序子类型为 CONTOUR_AREA、程序为 6、刀具为 R3、几何体为 MCS-1、方法为 MILL_SEMI_FINISH，如图 5-46 所示。

2）单击"应用"按钮，弹出"轮廓区域"对话框。单击"指定部件"图标 🎨，弹出"部件几何体"对话框，选取零件实体，单击"确定"按钮，返回到"轮廓区域"对话框。

3）单击"指定切削区域"图标 🖌，弹出"切削区域"对话框，选取图 5-47 所示的叶轮曲面部位（其中在标识 1 和标识 2 的位置处各有一个极小的曲面，请将图形放大后，再选取这两个极小的曲面），单击"确定"按钮。

图 5-46

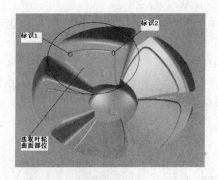

图 5-47

4）在"轮廓区域"对话框中，单击驱动方法项下的"编辑"图标 🖎，弹出"区域铣削驱动方法"对话框，设置切削模式为往复、切削方式为顺铣、步距为恒定、最大距离为 0.3000mm、步距已应用为在部件上、切削角为指定、与 XC 的夹角为 45.000，如图 5-48 所示，单击"确定"按钮。

5）单击"切削参数"图标 📑，在"切削参数"对话框的"余量"选项卡中，设置部件余量为 0.15，其余参数采用默认设置，单击"确定"按钮。

6）单击"非切削移动"图标 📄，弹出"非切削移动"对话框。在"进刀"选项卡中，设置开放区域进刀类型为圆弧-平行于刀轴，其余参数采用默认值，单击"确定"按钮。

7）单击"进给率和速度"图标 🐿，弹出"进给率和速度"对话框。设置合适的主轴速度和切削数值，单击"确定"按钮。

8）单击"生成"图标 🖱，刀具轨迹生成，如图 5-49 所示，依次单击"确定"和"取消"按钮。

9）单击工序导航器中程序 6 下的 CONTOUR_AREA，单击鼠标右键，弹出右键菜单。

10）依次将光标移动到"对象""变换"菜单项，单击"变换"项，弹出"变换"对话框。将类型设置为绕直线旋转，直线方法设置为两点，角度设置为 72.0000，结果选择复制，非关联副本数设置为 4，具体如图 5-37 所示。

图 5-48

图 5-49

11）单击指定起始点右侧的下拉框，单击"圆弧中心"项，如图 5-38 所示。选取图 5-39 所示的圆弧中心点。

12）单击指定终点右侧的下拉框，单击"圆弧中心"项。选取图 5-40 所示的圆弧中心点。

13）单击"确定"按钮，新生成了四个定轴铣半精加工刀路，如图 5-50 所示。

14）此时，工序导航器中也发生了变化，在程序 6 下新出现了四个等高加工操作，如图 5-51 所示。

图 5-50

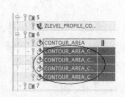

图 5-51

步骤七 定轴区域铣中间凹槽曲面部位（半精加工）

1）在工序导航器窗口中，单击程序 6 下的 CONTOUR_AREA 操作，单击鼠标右键，弹出右键菜单，单击"复制"；单击程序 7，单击鼠标右键，弹出右键菜单，单击"内部粘贴"。

2）双击程序 7 下的 CONTOUR_AREA_COPY_4 操作，弹出"轮廓区域"对话框。单击"指定切削区域"图标，弹出"切削区域"对话框。展开列表，单击"删除"图标，将原来的 24 个曲面部位删除。选取图 5-52 所示的 9 个曲面（中间凹槽曲面），单击"确定"按钮。

3）单击"生成"图标，刀具轨迹生成，单击"确定"按钮。

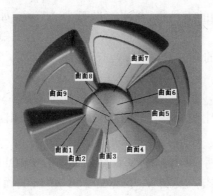

图　5-52

步骤八　等高精加工一

1）在工序导航器窗口中，单击程序 4 下的 ZLEVEL_PROFILE 操作，单击鼠标右键，弹出右键菜单，单击"复制"；单击程序 8，单击鼠标右键，弹出右键菜单，单击"内部粘贴"。

2）双击程序 8 下的 ZLEVEL_PROFILE_COPY_5 操作，弹出"深度加工轮廓"对话框。单击对话框"刀具"右侧的三角符号，刀具项被展开，将刀具由 D12 更改为 D8。将刀轨设置项下的方法更改为 MILL_FINISH，将最大距离更改为 0.0500，将最小切削长度更改为 0.3000，其余参数保持不变，如图 5-53 所示。

3）单击"切削参数"图标，在"切削参数"对话框的"余量"选项卡中，设置所有余量为 0.0000，所有公差为 0.0100，如图 5-54 所示，单击"确定"按钮。

图　5-53

图　5-54

4）单击"进给率和速度"图标，弹出"进给率和速度"对话框。设置合适的主轴速度和切削数值，单击"确定"按钮。

5）单击"生成"图标，刀具轨迹生成，单击"确定"按钮。

6）单击工序导航器中程序 8 下的 ZLEVEL_PROFILE_COPY_5，单击鼠标右键，弹出右键菜单。

7）依次将光标移动到"对象""变换"菜单项，单击"变换"项，弹出"变换"对话框。将类型设置为绕直线旋转，直线方法设置为两点，角度设置为 72.0000，结果选择复制，非关联副本数设置为 4，具体如图 5-37 所示。

8）单击指定起始点右侧的下拉框，单击"圆弧中心"项，如图 5-38 所示。选取图 5-39 所示的圆弧中心点。

9）单击指定终点右侧的下拉框，单击"圆弧中心"项。选取图 5-40 所示的圆弧中心点。

10）单击"确定"按钮，新生成了四个等高精加工刀路。

11）此时，工序导航器中也发生了变化，在程序 8 下新出现了四个等高加工操作。

步骤九　等高精加工二

1）在工序导航器窗口中，单击程序 5 下的 ZLEVEL_PROFILE_COPY_4 操作，单击鼠标右键，弹出右键菜单，单击"复制"；单击程序 9，单击鼠标右键，弹出右键菜单，单击"内部粘贴"。

2）双击程序 9 下的 ZLEVEL_PROFILE_COPY_4_COPY 操作，弹出"深度加工轮廓"对话框。单击对话框"刀具"右侧的三角符号，刀具项被展开，将刀具由 D12 更改为 D8。将刀轨设置项下的方法更改为 MILL_FINISH，将最大距离更改为 0.0500，将最小切削长度更改为 0.3000、其余参数保持不变，如图 5-53 所示。

3）单击"切削参数"图标 🔲，在"切削参数"对话框的"余量"选项卡中，设置所有余量为 0.0000、所有公差 0.0100，如图 5-54 所示，单击"确定"按钮。

4）单击"进给率和速度"图标 🔩，弹出"进给率和速度"对话框。设置合适的主轴速度和切削数值，单击"确定"按钮。

5）单击"生成"图标 🔖，刀具轨迹生成，单击"确定"按钮。

步骤十　定轴铣叶轮曲面部位一（精加工）

1）单击"创建工序"图标 🔧，在弹出的"创建工序"对话框中，设置类型为 mill_contour、工序子类型为 CONTOUR_AREA、程序为 10、刀具为 R3、几何体为 MCS-1、方法为 MILL_FINISH，如图 5-55 所示。

2）单击"应用"按钮，弹出"轮廓区域"对话框。单击"指定部件"图标 🗃，弹出"部件几何体"对话框，选取零件实体，单击"确定"按钮，返回到"轮廓区域"对话框。

3）单击"指定切削区域"图标 🔩，弹出"切削区域"对话框，选取图 5-56 所示的部分叶轮曲面部位（共 7 个曲面块），单击"确定"按钮。

图　5-55

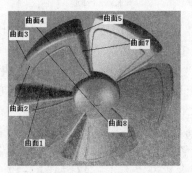

图　5-56

4）在"轮廓区域"对话框中，单击驱动方法项下的"编辑"图标 ，如图 5-57 所示，弹出"区域铣削驱动方法"对话框，将切削模式设置为往复、切削方式设置为顺铣、步距设置为残余高度、最大残余高度设置为 0.0010mm、步距已应用设置为在部件上、切削角设置为指定、与 XC 的夹角设置为 135.0000，如图 5-58 所示，单击"确定"按钮。

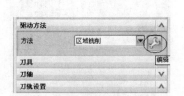

图 5-57

图 5-58

5）单击"切削参数"图标 ，在"切削参数"对话框的"余量"选项卡中，设置所有余量为 0.0000、所有公差为 0.0100，如图 5-59 所示，单击"确定"按钮。

6）单击"非切削移动"图标 ，弹出"非切削移动"对话框。在"进刀"选项卡中，设置开放区域进刀类型为圆弧-平行于刀轴，其余参数采用默认值，如图 5-60 所示，单击"确定"按钮。

图 5-59

图 5-60

7）单击"进给率和速度"图标 ，弹出"进给率和速度"对话框。设置合适的主轴速度和切削数值，单击"确定"按钮。

8）单击"生成"图标 ，刀具轨迹生成，如图 5-61 所示，依次单击"确定"和"取消"按钮。

9）单击工序导航器中程序 10 下的 CONTOUR_AREA_1，并单击鼠标右键，弹出右键菜单。

10）依次将光标移动到"对象""变换"菜单项，单击"变换"项，弹出"变换"对话框。将类型设置为绕直线旋转、直线方法设置为两点、角度设置为 72.0000，结果选择复制,非关联副本数设置为 4,具体如图 5-37 所示。

11)单击指定起始点右侧的下拉框,单击"圆弧中心"项,如图 5-38 所示。选取图 5-39 所示的圆弧中心点。

12)单击指定终点右侧的下拉框,单击"圆弧中心"项。选取图 5-40 所示的圆弧中心点。

13)单击"确定"按钮,新生成了四个定轴铣精加工刀路,如图 5-62 所示。

14)此时,工序导航器中也发生了变化,在程序 10 下新出现了四个定轴铣精加工操作。

图 5-61   图 5-62

步骤十一　定轴铣叶轮曲面部位二(精加工)

1)在工序导航器窗口中,单击程序 10 下的 CONTOUR_AREA_1 操作,单击鼠标右键,弹出右键菜单,单击"复制";单击程序 11,单击鼠标右键,弹出右键菜单,单击"内部粘贴"。

2)双击程序 11 下的 CONTOUR_AREA_1_COPY_4 操作,弹出"轮廓区域"对话框。单击"指定切削区域"图标 ，弹出"切削区域"对话框。展开列表,单击"删除"图标 ，将原来的 7 个曲面部位删除。选取图 5-63 所示的 2 个曲面,单击"确定"按钮。

3)单击"生成"图标 ，刀具轨迹生成,如图 5-64 所示,单击"轮廓区域"对话框中的"确定"按钮退出。

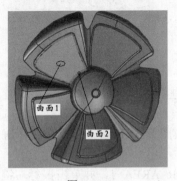 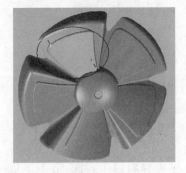

图 5-63   图 5-64

4)单击工序导航器中程序 11 下的 CONTOUR_AREA_1_COPY_4,并单击鼠标右键,弹出右键菜单。

5）依次将光标移动到"对象""变换"菜单项，单击"变换"项，弹出"变换"对话框。将类型设置为绕直线旋转、直线方法设置为两点、角度设置为 72.0000，结果选择复制，非关联副本数设置为 4，具体如图 5-37 所示。

6）单击指定起始点右侧的下拉框，单击"圆弧中心"项，如图 5-38 所示。选取图 5-39 所示的圆弧中心点。

7）单击指定终点右侧的下拉框，单击"圆弧中心"项。选取图 5-40 所示的圆弧中心点。

8）单击"确定"按钮，新生成了四个定轴铣精加工刀路。

9）此时，工序导航器中也发生了变化，在程序 11 下新出现了四个定轴铣精加工操作。

步骤十二　精加工中间凹槽曲面部位

1）在工序导航器窗口中，单击程序 10 下的 CONTOUR_AREA_1 操作，单击鼠标右键，弹出右键菜单，单击"复制"；单击程序 12，单击鼠标右键，弹出右键菜单，单击"内部粘贴"。

2）双击程序 12 下的 CONTOUR_AREA_1_COPY_5 操作，弹出"轮廓区域"对话框。单击"指定切削区域"图标 ，弹出"切削区域"对话框。展开列表，单击"删除"图标 ，将原来的 7 个曲面部位删除。选取图 5-52 所示的 9 个曲面，单击"确定"按钮。

3）单击"生成"图标 ，刀具轨迹生成，单击"轮廓区域"对话框中的"确定"按钮退出。

步骤十三　叶轮曲面部位清根加工（精加工）

1）在工序导航器窗口中，单击程序 10 下的 CONTOUR_AREA_1 操作，单击鼠标右键，弹出右键菜单，单击"复制"；单击程序 13，单击鼠标右键，弹出右键菜单，单击"内部粘贴"。

2）双击程序 13 下的 CONTOUR_AREA_1_COPY_6 操作，弹出"轮廓区域"对话框。单击"指定切削区域"图标 ，弹出"切削区域"对话框。展开列表，单击"删除"图标 ，将原来的 7 个曲面部位删除。选取图 5-65 所示的 14 个曲面块（其中标识 1 和标识 2 所在处有两个极小的曲面，须将图形放大后再选择这两个极小曲面），单击"确定"按钮。

3）在"轮廓区域"对话框中，单击刀具右侧的三角符号，刀具项被展开，将刀具更改为 R1.5。

4）单击"生成"图标 ，刀具轨迹生成，如图 5-66 所示，单击"轮廓区域"对话框中的"确定"按钮退出。

5）单击工序导航器中程序 13 下的 CONTOUR_AREA_1_COPY_6，并单击鼠标右键，弹出右键菜单。

6）依次将光标移动到"对象""变换"菜单项，单击"变换"项，弹出"变换"对话框。将类型设置为绕直线旋转、直线方法设置为两点、角度设置为 72.0000，结果选择复制，非关联副本数设置为 4，具体如图 5-37 所示。

7）单击指定起始点右侧的下拉框，单击"圆弧中心"项，如图 5-38 所示。选取图 5-39 所示的圆弧中心点。

8）单击指定终点右侧的下拉框，单击"圆弧中心"项。选取图 5-40 所示的圆弧中心点。

9）单击"确定"按钮，新生成了四个定轴铣精加工刀路。

10）此时，工序导航器中也发生了变化，在程序 13 下新出现了四个定轴铣精加工操作。

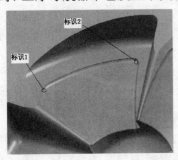

图　5-65

图　5-66

步骤十四　中间凹槽 $R0.5$mm 圆角部位清根加工（$R1.5$ 刀具）

1）单击"创建工序"图标 ，在弹出的"创建工序"对话框中，设置类型为 mill_planar、工序子类型为 PLANAR_PROFILE、程序为 14、刀具为 R1.5、几何体为 MCS-1、方法为 MILL_FINISH，具体如图 5-67 所示。

2）单击"应用"按钮，弹出"平面轮廓铣"对话框。单击"指定部件边界"图标 ，弹出"边界几何体"对话框，将模式由"面"更改为"曲线/边"，弹出"创建边界"对话框，选取图 5-68 所示的边界线，将刀具位置设置为"对中"，其余采用默认设置，连续两次单击"确定"按钮，返回到"平面轮廓铣"对话框。

图　5-67

图　5-68

3）单击"指定底面"图标 ，弹出"平面"对话框，将类型设置为点和方向，指定矢量设置为 ZC，如图 5-69 所示。选取图 5-68 所示边界线其中的一个端点，单击"确定"按钮。

4）在"平面轮廓铣"对话框中，将部件余量设置为 0、切削进给设置为 800、切削深度设置为恒定、公共设置为 0。

5）单击"切削参数"图标 ，弹出"切削参数"对话框。在"余量"选项卡中，设置所有的余量为 0.0000，所有的公差为 0.0100，单击"确定"按钮。

6）单击"非切削移动"图标，弹出"非切削移动"对话框。在"进刀"选项卡中，设置开放区域进刀类型为无，其余参数采用默认值，如图 5-70 所示。单击"确定"按钮，返回到"平面轮廓铣"对话框。

图　5-69　　　　　　　　　　　图　5-70

7）单击"进给率和速度"图标，弹出"进给率和速度"对话框。设置合适的主轴速度和切削，单击"确定"按钮，返回到"平面轮廓铣"对话框。

8）单击"生成"图标，刀具轨迹生成，生成的轨迹如图 5-71 所示，依次单击"确定"和"取消"按钮。

9）在图形区域窗口的空白处，单击鼠标右键，弹出右键菜单，单击"刷新"项，清除刀具轨迹线条。

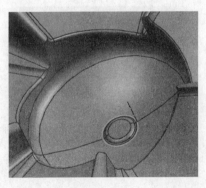

图　5-71

步骤十五　中间凹槽 $R0.5mm$ 圆角部位清根加工（$R0.5$ 刀具）

1）在工序导航器窗口中，单击程序 14 下的 PLANAR_PROFILE 操作，单击鼠标右键，弹出右键菜单，单击"复制"；单击程序 15，单击鼠标右键，弹出右键菜单，单击"内部粘贴"。

2）双击程序 15 下的 PLANAR_PROFILE_COPY 操作，弹出"平面轮廓铣"对话框。单击刀具右侧的三角符号，刀具项被展开，将刀具更改为 R0.5，如图 5-72 所示。

3）单击"进给率和速度"图标，弹出"进给率和速度"对话框。设置合适的主轴速度和切削，单击"确定"按钮，返回到"平面轮廓铣"对话框。

4）单击"生成"图标![icon]，刀具轨迹生成，依次单击"确定"和"取消"按钮。

5）在图形区域窗口的空白处，单击鼠标右键，弹出右键菜单，单击"刷新"项，清除刀具轨迹线条。

图　5-72

5.2.5　实体模拟仿真加工

1）按住"Ctrl"键不放，依次单击程序 1、2、3、4、5、6、7、8、9、10、11、12、13、14、15，松开"Ctrl"键，单击鼠标右键，弹出右键菜单，并将鼠标移动到"刀轨"→"确认"。

2）单击"确认"项，弹出"刀轨可视化"对话框，单击"2D 动态"，单击"播放"图标![icon]，仿真加工开始，最后得到图 5-73 所示的仿真加工效果。

图　5-73

5.2.6　实例小结

1）电风扇整体叶轮模尺寸较大，但是许多局部结构尺寸又较小，为了能够快速去除大量材料，同时又能保证半精加工正常进行而不发生断刀现象，本例采用了 2 次残料加工，依次用两把较小刀具对局部结构进行了残料清除。

2）电风扇整体叶轮模的曲面形状差异很大，为了能更好地加工出这些曲面，本例对不同表面分别进行了等高曲面精加工和定轴区域铣精加工。为了能达到满意的表面质量，应设置合适的切削间距。

3）电风扇某些局部结构尺寸非常小，应采用小的球头铣刀进行清根加工，本例分别采用了 R1.5 和 R0.5 的球头铣刀进行清根加工。当然小球头铣刀进行数控加工有时加工效果并不理想，则可以考虑采用电火花加工。

5.3　曲面分型面注塑模型腔零件数控加工自动编程

5.3.1　实例介绍

图 5-74 是一个曲面分型面注塑模型腔零件，材质为 45 钢，毛坯采用 170mm×115mm×40mm 的立方块。立方块毛坯料两个垂直表面已在磨床上进行了加工，毛坯料的上下两个表面也已在磨床上进行了加工，立方块毛坯外形尺寸已达到了图样要求，无需再进行数控铣加工。

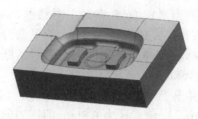

图　5-74

5.3.2　数控加工工艺分析

该零件在数控铣床上加工，零件底面通过磁吸盘安装在机床工作台上，加工坐标系原点确定为工件中心与零件上表面相交的一点，加工坐标系的 X 向与零件长度方向平行，加工坐标系的 Y 向与零件的宽度方向平行。零件的数控加工路线、切削刀具（硬质合金刀具）和切削工艺参数见表 5-2。

表　5-2

工序号	加工内容	刀具类型	刀具直径/mm	主轴转速/（r/min）	进给速度/（mm/min）
1	粗加工整个零件	飞刀	D16R0.8	3000	2000
2	残料粗加工	平铣刀	8	4000	3200
3	精铣小凸台平面	平铣刀	8	4000	3200
4	精铣内腔大平台面	平铣刀	8	4000	3200
5	精铣小凸台侧壁	球头铣刀	8	4000	3200
6	粗加工内腔圆弧凹槽曲面	球头铣刀	6	4500	3500
7	等高加工内腔上部圆弧面	球头铣刀	6	4500	3500
8	精加工内腔圆弧凹槽曲面	球头铣刀	6	4500	3500
9	精加工内腔中间圆包曲面	球头铣刀	6	4500	3500
10	精加工分型曲面	球头铣刀	6	4500	3500

5.3.3　创建数控编程的准备操作

打开本书配套光盘\Source\ch05\02 曲面分型面注塑模型腔零件实体模型文件，在下拉菜单条中，单击"开始"→"加工"，打开"加工环境"对话框，直接单击"确定"按钮，进入到数控加工界面。

步骤一 创建程序组

1）单击"创建程序"图标，弹出"创建程序"对话框，设置类型为 mill_contour、程序为 NC_PROGRAM、名称为 1。

2）依次单击"应用"和"确定"按钮，完成名称为 1 的程序创建。

3）按照上述操作方法，依次创建名称为 2、3、4、5、6、7、8、9、10、11 的程序。

步骤二 创建刀具组

1）单击"创建刀具"图标，弹出"创建刀具"对话框，设置类型为 mill_contour、刀具子类型 MILL、名称为 D8。

2）单击"应用"按钮，弹出"铣刀-5 参数"对话框，将直径数值更改为 8，其余数值采用默认，单击"确定"按钮，完成直径为 8mm 的平铣刀创建。

3）单击"创建刀具"图标，弹出"创建刀具"对话框，设置类型为 mill_contour、刀具子类型 MILL、名称为 D16R0.8。

4）单击"应用"按钮，弹出"铣刀-5 参数"对话框，将直径数值更改为 16，下半径设置为 0.8，完成直径为 16mm、圆角半径为 0.8mm 的飞刀创建。

5）单击"创建刀具"图标，弹出"创建刀具"对话框，设置类型为 mill_contour、刀具子类型 BALL_MILL、名称为 R3。

6）单击"应用"按钮，弹出"铣刀-球头铣"对话框，将直径数值更改为 6，其余数值采用默认，单击"确定"按钮，完成直径为 6mm 的球铣刀创建。

步骤三 创建几何体

1）在下拉菜单条中，单击"开始"→"所有应用模块"→"注塑模向导"，单击"注塑模工具"图标，如图 5-75 所示。在弹出的"注塑模工具"对话框中，单击第一个"创建方块"图标，如图 5-76 所示。

图 5-75   图 5-76

2）在弹出的"创建方块"对话框中，将类型设置为包容块，将设置下面的间隙设置为 0。

3）依次选取零件上表面和零件下表面，屏幕中将出现一个立方体块。单击"确定"按钮，包容零件的立方块创建完成。

4）关闭"注塑模工具"对话框，在下拉菜单条中，单击"开始"→"所有应用模块"→"注塑模向导"，关闭"注塑模向导"工具栏。

5）在下拉菜单条中，单击"编辑"→"对象显示"，选取刚创建的立方块，单击"确定"按钮，弹出"编辑对象显示"对话框，将透明度游标拖到 60 的位置，单击"确定"按钮。

6）单击"创建几何体"图标，弹出"创建几何体"对话框，单击几何体子类型下的"MCS"图标，几何体设置为 GEOMETRY、名称设置为 MCS-1，单击"应用"按钮，弹出"MCS"对话框。

7）单击毛坯上表面，单击"确定"按钮退出。

8）以上步骤创建了以零件上表面为原点的数控加工坐标系，如图 5-77 所示。

9）为了残料加工过程中尽量减少刀路，此处需要另外制作一个过程毛坯。该毛坯长宽与前面的毛坯相同，而高度则应设置为 28.1mm。制作后的两个毛坯如图 5-78 所示。

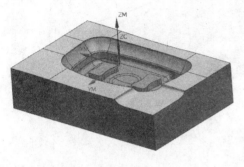
图　5-77

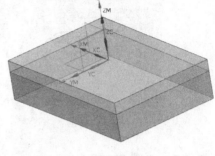
图　5-78

5.3.4　创建数控编程的加工操作

步骤一　粗加工整个零件

1）单击"创建工序"图标 ，在弹出的"创建工序"对话框中，设置类型为 mill_contour、工序子类型为 CAVITY_MILL、程序为 1、刀具为 D16R0.8、几何体为 MCS-1、方法为 MILL_ROUGH。

2）单击"应用"按钮，弹出"型腔铣"对话框。单击"指定毛坯"图标 ，弹出"毛坯几何体"对话框，选取大的毛坯实体，单击"确定"按钮，返回到"型腔铣"对话框。

3）按键盘上的"Ctrl+B"键，弹出"类选择"对话框，选取大的毛坯实体，单击"确定"按钮，大的半透明毛坯实体被隐藏。

4）在"型腔铣"对话框中，单击"指定部件"图标 ，弹出"部件几何体"对话框，选取零件实体，单击"确定"按钮。

5）在"型腔铣"对话框中，设置切削模式为跟随部件、平面直径百分比为 75、每刀的公共深度为恒定，最大距离为 0.5。

6）单击"切削参数"图标 ，弹出"切削参数"对话框。在"策略"选项卡中，将切削方向设置为顺铣，切削顺序设置为深度优先，勾选"添加精加工刀路"复选框，并将刀路数设置为 1、精加工步距设置为 0.5mm。

7）在"余量"选项卡中，勾选"使底面余量和侧面余量一致"复选框，设置部件侧面余量为 0.2，其他余量设置为 0，单击"确定"按钮。

8）单击"非切削移动"图标 ，在弹出的"非切削移动"对话框中，设置封闭区域进刀类型为沿形状斜进刀、斜坡角为 3.0000，其余采用默认值，如图 5-79 所示。单击"非切削移动"对话框中的"转移/快速"选项卡，设置区域之间的转移类型为安全距离-刀轴、区域内的转移方式为进刀/退刀、转移类型为最小安全值 Z、安全距离为 0.5，其余采用默认值，单击"确定"按钮，退回到"型腔铣"对话框。

9）单击"进给率和速度"图标 ，弹出"进给率和速度"对话框。设置合适的主轴速度和切削数值，单击"确定"按钮。

10）单击"生成"图标 ⬚，刀具轨迹生成，如图 5-80 所示。依次单击"确定"和"取消"按钮。

图 5-79

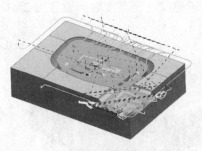

图 5-80

步骤二 残料粗加工

1）在工序导航器窗口中，单击程序 1 下的 CAVITY_MILL 操作，单击鼠标右键，弹出右键菜单，单击"复制"；单击程序 2，单击鼠标右键，弹出右键菜单，单击"内部粘贴"。

2）双击程序 2 下的 CAVITY_MILL_COPY 操作，弹出"型腔铣"对话框。单击刀具项的三角符号，刀具项被展开，将刀具更改为 D8，将最大距离更改为 0.3，其余参数保持不变。

3）单击"切削参数"图标 ⬚，弹出"切削参数"对话框。在"空间范围"选项卡中，将参考刀具设置为 D16R0.8，单击"确定"按钮。

4）单击"非切削移动"图标 ⬚，在"非切削移动"对话框的"转移/快速"选项卡中，设置区域之间的转移类型为直接、区域内的转移方式为无、转移类型为直接，如图 5-81 所示。单击"确定"按钮，退回到"型腔铣"对话框。

5）单击指定"切削区域"图标 ⬚，选取图 5-82 所示零件内腔 97 个曲面，单击"切削区域"对话框中的"确定"按钮，如图 5-83 所示。

图 5-81

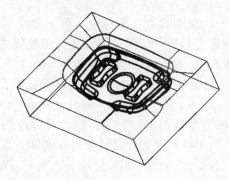

图 5-82

6）单击"进给率和速度"图标 ⬚，弹出"进给率和速度"对话框。设置合适的主轴速度和切削数值，单击"确定"按钮。

7）单击"生成"图标 ⬚，刀具轨迹生成，如图 5-84 所示，单击"确定"按钮。

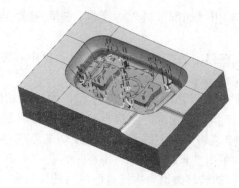

图　5-83　　　　　　　　　　　　　　　　图　5-84

步骤三　精铣小凸台平面

1）单击"创建工序"图标 ⮑，在弹出的"创建工序"对话框中，设置类型为 mill_planar、工序子类型为 FACE_MILLING_AREA、程序为 3、刀具为 D8、几何体为 MCS-1、方法为 MILL_FINISH。

2）单击"应用"按钮，弹出"面铣削区域"对话框。单击"指定部件"图标 ⬛，弹出"部件几何体"对话框，选取零件实体，单击"确定"按钮。单击"指定切削区域"图标 ⬛，弹出"切削区域"对话框，选取两个小凸台的上表面，如图 5-85 所示，单击"确定"按钮。

3）在弹出的"面铣削区域"对话框中，将切削模式设置为往复、最终底面余量设置为 0，其余参数采用默认值。

4）单击"进给率和速度"图标 ⬛，弹出"进给率和速度"对话框，设置合适的主轴速度和切削数值。

5）单击"生成"图标 ⬛，刀具轨迹生成，如图 5-86 所示，单击"确定"按钮。在图形区域窗口的空白处，单击鼠标右键，弹出右键菜单，单击"刷新"项，清除刀具轨迹线条。

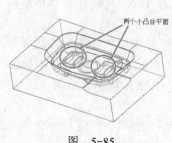
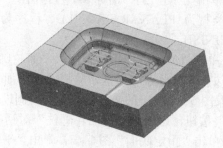

两个小凸台平面

图　5-85　　　　　　　　　　　　　　　　图　5-86

步骤四　精铣内腔大平台面

1）单击"创建工序"图标 ⮑，在弹出的"创建工序"对话框中，设置类型为 mill_planar、工序子类型为 FACE_MILLING_AREA、程序为 4、刀具为 D8、几何体为 MCS-1、方法为 MILL_FINISH。

2）单击"应用"按钮，弹出"面铣削区域"对话框。单击"指定部件"图标 ⬛，弹出"部件几何体"对话框，选取零件实体，单击"确定"按钮。单击"指定切削区域"图标，弹出"切削区域"对话框，选取零件内腔大平台面，如图5-87所示，单击"确定"按钮。

3）在弹出的"面铣削区域"对话框中，将切削模式设置为跟随部件、最终底面余量设置为0，其余参数采用默认值。

4）单击"切削参数"图标，弹出"切削参数"对话框，在"策略"选项卡中，勾选"延伸到部件轮廓"复选框；在"余量"选项卡中，将部件余量设置为0.3；在"连接"选项卡中，将开放刀路设置为变换切削方向，单击"确定"按钮。

5）单击"非切削移动"图标，在"非切削移动"对话框"转移/快速"选项卡中，设置区域之间的转移类型为直接、区域内的转移方式为无、转移类型为直接，单击"确定"按钮。

6）单击"进给率和速度"图标，弹出"进给率和速度"对话框，设置合适的主轴速度和切削数值。

7）单击"生成"图标，刀具轨迹生成，如图5-88所示，单击"确定"按钮。在图形区域窗口的空白处，单击鼠标右键，弹出右键菜单，单击"刷新"项，清除刀具轨迹线条。

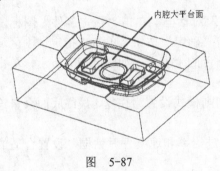
内腔大平台面

图　5-87

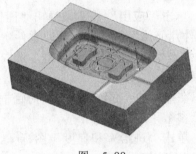

图　5-88

步骤五　精铣小凸台侧壁

1）单击"创建工序"图标，在弹出的"创建工序"对话框中，设置类型为mill_planar、工序子类型为PLANAR_PROFILE、程序为5、刀具为D8、几何体为MCS-1、方法为MILL_FINISH。

2）单击"应用"按钮，弹出"平面轮廓铣"对话框。单击"指定部件边界"图标，弹出"边界几何体"对话框，将模式由"面"更改为"曲线/边"，弹出"创建边界"对话框，选取图5-89所示的边界线，将材料侧设置为内部，其余采用默认设置，连续两次单击"确定"按钮，返回到"平面轮廓铣"对话框。

3）单击"指定底面"图标，弹出"平面"对话框，选取图5-87所示内腔大平台面，单击"确定"按钮。

4）在"平面轮廓铣"对话框中，设置部件余量为0、切削进给为3200、切削深度为恒定、公共为2。单击"非切削移动"图标，弹出"非切削移动"对话框。在"进刀"选项卡中，设置开放区域进刀类型为圆弧，其余参数采用默认值，单击"确定"按钮。

5）单击"进给率和速度"图标，弹出"进给率和速度"对话框，设置主轴速度为4000、切削为3200，单击"确定"按钮，返回到"平面轮廓铣"对话框。

6）单击"生成"图标，刀具轨迹生成，如图5-90所示。

7）使用同样的方法，可完成另一小凸台侧壁的精加工，在此不再详述，请读者自行完成。

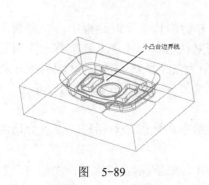

小凸台边界线

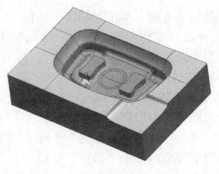

图 5-89　　　　　　　　　　　　　图 5-90

步骤六　粗加工内腔圆弧凹槽曲面

1）单击"创建工序"图标，在弹出的"创建工序"对话框中，设置类型为 mill_contour、工序子类型为 CAVITY_MILL、程序为 6、刀具为 R3、几何体为 MCS-1、方法为 MILL_ROUGH。

2）单击"应用"按钮，弹出"型腔铣"对话框。单击"指定毛坯"图标，弹出"毛坯几何体"对话框，选取小的毛坯实体（第二个毛坯实体），单击"确定"按钮，返回到"型腔铣"对话框。

3）按键盘上的"Ctrl+B"键，弹出"类选择"对话框，选取小的毛坯实体，单击"确定"按钮，小的半透明毛坯实体被隐藏。

4）在"型腔铣"对话框中，单击"指定部件"图标，弹出"部件几何体"对话框，选取零件实体，单击"确定"按钮。

5）单击指定"切削区域"图标，选取图 5-91 所示零件内腔 31 个曲面片，单击"切削区域"对话框中的"确定"按钮，如图 5-92 所示。

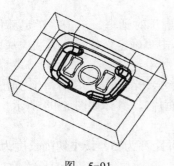

图 5-91　　　　　　　　　　　　　图 5-92

6）在"型腔铣"对话框中，设置切削模式为跟随部件、平面直径百分比为 30、每刀的公共深度为恒定、最大距离为 0.3。

7）单击"切削参数"图标，弹出"切削参数"对话框。在"策略"选项卡中，将切削方向设置为顺铣，切削顺序设置为深度优先，勾选"添加精加工刀路"复选框，并将刀路数设置为 1、精加工步距设置为 0.5mm。

8）在"余量"选项卡中，勾选"使底面余量和侧面余量一致"复选框，设置部件侧面余量为 0.2，其他余量设置为 0，单击"确定"按钮；在"连接"选项卡中，将开放刀路设置为变换切削方向，单击"确定"按钮。

9）单击"非切削移动"图标，在弹出的"非切削移动"对话框中，设置封闭区域进刀类型为沿形状斜进刀、斜坡角为 3，其余采用默认值。单击"非切削移动"对话框中的"转移/快速"选项卡，设置区域之间的转移类型为安全距离-刀轴、区域内的转移方式为进刀/退刀、转移类型为最小安全值 Z、安全距离为 0.5，其余采用默认值。单击"确定"按钮，退回到"型腔铣"对话框。

10）单击"进给率和速度"图标，弹出"进给率和速度"对话框。设置合适的主轴速度和切削数值，单击"确定"按钮。

11）单击"生成"图标，刀具轨迹生成，如图 5-93 所示。依次单击"确定"和"取消"按钮。

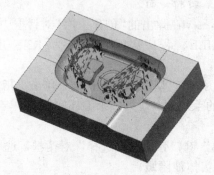

图　5-93

步骤七　等高精加工内腔上部凹弧面

1）单击"创建工序"图标，在弹出的"创建工序"对话框中，设置类型为 mill_contour、工序子类型为 ZLEVEL_PROFILE、程序为 7、刀具为 R3、几何体为 MCS-1、方法为 MILL_FINISH。

2）单击"应用"按钮，弹出"深度加工轮廓"对话框，单击"指定部件"图标，弹出"部件几何体"对话框，选取零件实体，单击"确定"按钮，返回"深度加工轮廓"对话框。

3）在"深度加工轮廓"对话框中，单击"指定切削区域"图标，弹出"切削区域"对话框，选取零件内腔上部凹弧面（共 16 个曲面片），具体如图 5-94 所示。单击"确定"按钮，返回到"深度加工轮廓"对话框。

4）在"深度加工轮廓"对话框中，设置合并距离为 5、最小切削长度为 0.5、每刀的公共深度为恒定、最大距离为 0.2。

5）单击"切削参数"图标，弹出"切削参数"对话框，在"策略"选项卡中，将切削方向设置为顺铣、切削顺序设置为层优先；在"余量"选项卡中，将所有公差设置为 0.005；在"连接"选项卡中，将层到层设置为沿部件斜进刀，如图 5-95 所示，单击"确定"按钮。

6）单击"非切削移动"图标，在弹出的"非切削移动"对话框中，设置开放区域进刀类型为圆弧，其余采用默认值，单击"确定"按钮。

7）单击"进给率和速度"图标，弹出"进给率和速度"对话框。设置合适的精加工主轴速度和切削数值，单击"确定"按钮。

8）单击"生成"图标 ，刀具轨迹生成，如图 5-96 所示，依次单击"确定"和"取消"按钮。在图形区域窗口的空白处，单击鼠标右键，弹出右键菜单，单击"刷新"项，清除刀具轨迹线条。

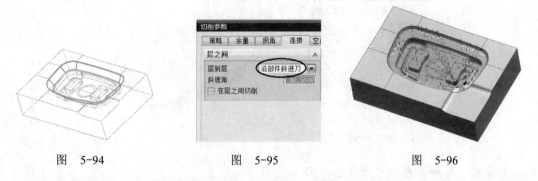

图 5-94   图 5-95   图 5-96

步骤八　精加工内腔圆弧凹槽曲面

1）单击"创建工序"图标 ，在弹出的"创建工序"对话框中，设置类型为 mill_contour、工序子类型为 CONTOUR_AREA、程序为 8、刀具为 R3、几何体为 MCS-1、方法为 MILL_FINISH。

2）单击"应用"按钮，弹出"轮廓区域"对话框。单击"指定部件"图标 ，弹出"部件几何体"对话框，选取零件实体，单击"确定"按钮，返回到"轮廓区域"对话框。

3）单击"指定切削区域"图标 ，弹出"切削区域"对话框，选取图 5-97 所示的 55 个曲面片，单击"确定"按钮。

4）在"轮廓区域"对话框中，单击驱动方法项下的"编辑"图标 ，弹出"区域铣削驱动方法"对话框，将切削模式设置为跟随周边、切削方向设置为顺铣、步距设置为恒定、最大距离设置为 0.2000mm、步距已应用设置为在部件上，如图 5-98 所示，单击"确定"按钮。

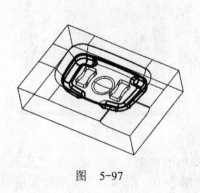 

图 5-97   图 5-98

5）单击"非切削移动"图标 ，弹出"非切削移动"对话框。在"进刀"选项卡中，设置开放区域进刀类型为圆弧-平行于刀轴，如图 5-99 所示，其余参数采用默认值，单击"确定"按钮。

6）单击"进给率和速度"图标 ，弹出"进给率和速度"对话框。设置合适的主轴速度和切削数值，单击"确定"按钮。

7）单击"生成"图标 ，刀具轨迹生成，如图 5-100 所示，依次单击"确定"和"取消"按钮。

图　5-99　　　　　　　　　　图　5-100

步骤九　精加工内腔中间圆包曲面

1）单击"创建工序"图标 ，在弹出的"创建工序"对话框中，设置类型为 mill_contour、工序子类型为 CONTOUR_AREA、程序为 9、刀具为 R3、几何体为 MCS-1、方法为 MILL_FINISH。

2）单击"应用"按钮，弹出"轮廓区域"对话框。单击"指定部件"图标 ，弹出"部件几何体"对话框，选取零件实体，单击"确定"按钮，返回到"轮廓区域"对话框。

3）单击"指定切削区域"图标 ，弹出"切削区域"对话框，选取图 5-101 所示的 4 个曲面片，单击"确定"按钮。

4）在"轮廓区域"对话框中，单击驱动方法项下的"编辑"图标 ，弹出"区域铣削驱动方法"对话框，将切削模式设置为往复、切削方向设置为顺铣、步距设置为恒定、最大距离设置为 0.2000mm、步距已应用设置为在部件上，如图 5-102 所示，单击"确定"按钮。

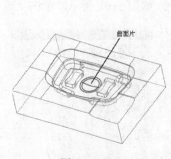

图　5-101

图　5-102

5）单击"非切削移动"图标 ，弹出"非切削移动"对话框。在"进刀"选项卡中，设置开放区域进刀类型为圆弧-平行于刀轴，如图 5-103 所示，其余参数采用默认值，单击"确定"按钮。

6）单击"进给率和速度"图标 ，弹出"进给率和速度"对话框。设置合适的主轴速度和切削数值，单击"确定"按钮。

7）单击"生成"图标 ，刀具轨迹生成，如图 5-104 所示，依次单击"确定"和"取消"按钮。

图　5-103　　　　　　　　　　　图　5-104

步骤十　精加工分型曲面

1）单击"创建工序"图标 ，在弹出的"创建工序"对话框中，设置类型为 mill_contour、工序子类型为 CONTOUR_AREA、程序为 10、刀具为 R3、几何体为 MCS-1、方法为 MILL_FINISH。

2）单击"应用"按钮，弹出"轮廓区域"对话框。单击"指定部件"图标，弹出"部件几何体"对话框，选取零件实体，单击"确定"按钮，返回到"轮廓区域"对话框。

3）单击"指定切削区域"图标，弹出"切削区域"对话框，选取图 5-105 所示的分型曲面（10 个曲面片），单击"确定"按钮。

4）在"轮廓区域"对话框中，单击驱动方法项下的"编辑"图标，弹出"区域铣削驱动方法"对话框，将切削模式设置为往复、切削方向设置为顺铣、步距设置为恒定、最大距离设置为 0.2 mm、步距已应用设置为在部件上，单击"确定"按钮。

5）单击"非切削移动"图标，弹出"非切削移动"对话框。在"进刀"选项卡中，设置开放区域进刀类型为圆弧-平行于刀轴，其余参数采用默认值，单击"确定"按钮。

6）单击"进给率和速度"图标，弹出"进给率和速度"对话框。设置合适的主轴速度和切削数值，单击"确定"按钮。

7）单击"生成"图标，刀具轨迹生成，如图 5-106 所示，依次单击"确定"和"取消"按钮。

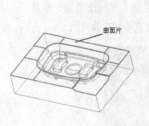

图　5-105　　　　　　　　　　　图　5-106

步骤十一　清角精加工

步骤八曲面精加工中有些部位没有加工到位，因此需要增加一道清角精加工程序，具体步骤如下所示。

1）单击"创建工序"图标，在弹出的"创建工序"对话框中，设置类型为 mill_contour、工序子类型为 CONTOUR_AREA、程序为 11、刀具为 R3、几何体为 MCS-1、方法为 MILL_FINISH。

2）单击"应用"按钮，弹出"轮廓区域"对话框。单击"指定部件"图标 ，弹出"部件几何体"对话框，选取零件实体，单击"确定"按钮，返回到"轮廓区域"对话框。

3）单击"指定切削区域"图标 ，弹出"切削区域"对话框，选取图 5-107 所示曲面部位（2 个曲面片），单击"确定"按钮。

4）在"轮廓区域"对话框中，单击驱动方法项下的"编辑"图标 ，弹出"区域铣削驱动方法"对话框，将切削模式设置为往复、切削方向设置为顺铣、步距设置为恒定、最大距离设置为 0.2 mm、步距已应用设置为在部件上，单击"确定"按钮。

5）单击"非切削移动"图标 ，弹出"非切削移动"对话框。在"进刀"选项卡中，设置开放区域进刀类型为圆弧-平行于刀轴，其余参数采用默认值，单击"确定"按钮。

6）单击"进给率和速度"图标 ，弹出"进给率和速度"对话框。设置合适的主轴速度和切削数值，单击"确定"按钮。

7）单击"生成"图标 ，刀具轨迹生成，如图 5-108 所示，依次单击"确定"和"取消"按钮。

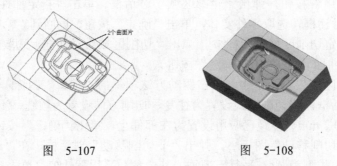

图　5-107　　　　　　　　　　图　5-108

5.3.5　实体模拟仿真加工

1）按住"Ctrl"键不放，用鼠标依次单击程序 1、2、3、4、5、6、7、8、9、10、11，松开"Ctrl"键，单击鼠标右键，弹出右键菜单，并将鼠标移动到"刀轨"→"确认"。

2）单击"确认"项，弹出"刀轨可视化"对话框，单击"2D 动态"，单击"播放"图标 ，仿真加工开始，最后得到图 5-109 所示的仿真加工效果。

图　5-109

5.3.6　实例小结

1）本例实体为某注塑模型腔成形零件，分型面为曲面，零件结构比较复杂。为了快速去除材料, 粗加工时应尽量选用大铣刀。为了降低刀具成本, 实际加工中选用了装刀片式的平铣刀。

2）本零件开粗时采用直径为 16mm 的铣刀, 残料粗加工时采用直径为 8mm 的铣刀。但由于本零件结构复杂, 型腔两侧底部有较深的曲面槽, 因此数控编程时还采用了 R3 的球头铣刀对这些曲面凹槽进行了局部开粗加工。为了避免局部开粗加工出现不必要的刀路, 程序中采用了过程毛坯。

5.4　数控加工自动编程训练题

1）图 5-110 是一个注塑模成形零件, 依据图的结构和尺寸特点, 试选择合适的加工刀具, 确定合理的加工方案和切削用量, 从附带光盘/home exercise/exercise551 中打开该实体模型, 利用 UG 软件 CAM 模块完成该零件的数控编程。

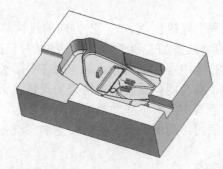

图　5-110

2）图 5-111 是一个注塑模成形零件, 依据图的结构和尺寸特点, 试选择合适的加工刀具, 确定合理的加工方案和切削用量, 从附带光盘/home exercise/exercise552 中打开该实体模型, 利用 UG 软件 CAM 模块完成该零件的数控编程。

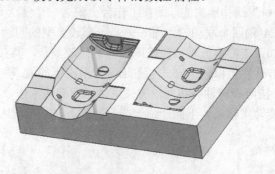

图　5-111

第6章 典型零件多轴数控
加工自动编程实例

6.1 多轴数控加工概述

多轴数控铣床在加工过程中除提供 X、Y、Z 方向的线性移动外，还提供绕 X 轴、Y 轴或 Z 轴的转动，通常将具有 4 轴铣加工和 5 轴铣加工的数控机床统称为多轴铣加工机床。多轴数控铣加工技术是数控技术中难度最大、通常应用在尖端领域中的加工技术。多轴数控铣加工技术集计算机控制、高性能伺服驱动和精密加工技术于一体，应用于复杂零件的高效、精密、自动化加工。而其中的五轴联动数控铣床是发电、船舶、航空航天、汽车、模具、高精密仪器等军用和民用部门所迫切需要的关键加工设备。

6.1.1 多轴数控铣床的结构

多轴数控铣床按照旋转轴个数分类，通常可以分为四轴数控铣床和五轴数控铣床。多轴数控铣床如果按照旋转轴的结构和形式分类，通常可以分为主轴旋转多轴数控铣床和工作台旋转多轴数控铣床。四轴数控铣床结构一般比较简单，该类机床通常属于工作台旋转的多轴数控铣床，其结构通常是"3+1"结构形式的，即在工作台上安装一个绕 X 轴旋转的转盘，从而形成 X 轴、Y 轴、Z 轴和 A 轴四个联动轴。图 6-1 是一个较典型的四轴数控铣床模型，图 6-2 是一台典型的真实四轴加工中心。五轴数控铣床结构变化较复杂，其具体分类也有多种方式，例如按照主轴头的安装方式，可以分为立式（主轴方向沿机床的 Z 轴方向）和卧式（主轴方向沿机床的 Y 轴方向）；按照旋转轴与线性轴的关系可以双旋转工作台、双旋转主轴头，以及一个旋转工作台与一个旋转主轴头。下面介绍一些典型的五轴数控铣床的结构及其特点。

图 6-1

图 6-2

1. 双旋转工作台机床

这种类型的机床是一个工作台做回转运动，另一个工作台做偏摆运动，回转工作台附加在偏摆工作台上，随偏摆工作台的运动而运动。其中，偏摆工作台通常称为机床的第四轴，而回转工作台通常称为机床的第五轴。图 6-3 所示是一台典型的双旋转工作台五轴联动数控铣床。这种类型机床的特点如下：

1）适用于重量轻的零件加工。

2）由于零件放置在旋转工作台上，降低了机床的刚性。

3）装夹工件时，应考虑机床沿线性轴（X、Y、Z）的运动极限。

2. 双旋转主轴头机床

这种类型的机床是通过主轴头在两个方向的旋转来实现五轴联动加工，图 6-4 所示为一台双旋转主轴头加工中心。这种类型机床的特点如下：

1）适用于大尺寸和重型零件加工。

2）便于工件装夹。

3）广泛用于汽车、航空产品的制造。

4）这种结构的机床适应高速铣削加工。

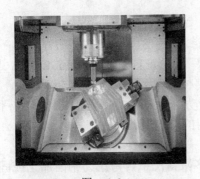　　

图 6-3　　　　　　　　　　　　　图 6-4

6.1.2　多轴数控铣床的优点

多轴数控铣床除了具有线性移动外，还具有转动，因此多轴加工比普通三轴数控铣床加工具有以下明显的优点：

1. 可以加工三轴铣无法加工的零件

对于一些比较复杂的结构，如图 6-5 所示叶轮零件和图 6-6 所示飞机结构件的腔体，由于三轴加工机床的限制，零件上有很多位置刀具不能到达；而在多轴加工中，由于提供了旋转运动，刀具可以比较容易地到达希望的位置，实现零件的加工。

2. 避免球刀刀尖部位切削，改善曲面切削质量

使用五轴联动机床加工，可以通过编程软件设置刀具与零件面的法向成一定角度，从而避免球刀刀尖参与零件的切削（因为球刀刀尖点的线速度为零，不具备切削力），改善了切削条件，提高了切削效率，并将显著提高曲面的切削表面质量。

图 6-5

图 6-6

3. 减少工件的装夹次数，减少定位误差，缩短辅助时间

多轴铣加工在加工复杂零件时只需 1～2 次装夹，相比普通数控铣削的多次装夹，明显地节省了辅助时间。装夹次数减少，也将减少工装夹具，从而减少零件的加工成本。另外，多次装夹所产生的定位（对刀）误差对于精密零件的加工精度影响也是非常巨大的，采用多轴铣加工则可以避免工件的多次装夹，从而保证零件的加工精度。

4. 对于一些特殊曲面，可以利用平铣刀代替球头铣刀进行加工，从而可极大地提高加工效率。

6.1.3 多轴数控铣削编程技术

多轴数控铣削编程相当复杂，基本上不可能采用手工来进行数控编程，而应借助于数控编程软件。目前能进行多轴数控编程的软件有很多，比如 UG、Mastecam、CATIA、PowerMILL 等软件。但是功能强大、能很好完成一些复杂整体叶轮零件的多轴数控编程软件其实并不太多。UG 是一款不错的多轴数控铣削编程软件，功能强大，具有检查刀具过切或干涉的功能。UG 多轴编程方式有许多种，在此介绍 UG 常用的三种多轴编程方式。

1. 多轴铣定位加工编程

利用多轴铣床进行多轴加工，实际上在大多数情况下可考虑为平面加工或固定轴加工。在这种情况下，机床的旋转轴首先进行旋转，将加工工件（针对具有旋转工作台的机床）或刀具主轴（针对具有旋转主轴头的机床）旋转到一定方位，然后对工件进行类同于三轴的数控加工，在对工件的实际连续切削过程中，加工工件或刀具主轴方位并不随着切削的进给而改变，这种加工方式即是多轴铣定位加工。

2. 多轴顺序铣

顺序铣操作通过从一个表面到下一个表面的一系列刀具运动完成零件轮廓的铣削，这一系列铣削运动称为子操作，这些子操作允许对刀具的运动进行灵活的控制，以便获得满意的加工质量。顺序铣操作运用"线性"刀具运动来完成零件边沿的精加工。顺序铣也可以加工区域，但是这种区域常常局限于从一个单一的驱动面或一个单一的零件面的等距偏移。顺序铣加工通常有 4 个子操作：定位刀具起始位置、进刀、连续刀轨（切削）、退刀。

3. 可变轴曲面轮廓铣

可变轴曲面轮廓铣用于部件型面的精加工。通过控制刀具轴、投射方向和驱动方法，可变轴曲面轮廓铣可以生成复杂部件的 5 轴加工刀轨。可变轴曲面轮廓铣的刀轨创建需要两个步骤，第 1 步从驱动几何体上产生驱动点，第 2 步将驱动点沿投射方向投射到部件几何体上。UG 中可变轴曲面轮廓铣提供了多种产生驱动点的方法，包括边界驱动方式、表面积驱动方式、曲线/点驱动方式、刀轨驱动方式等。UG 中可变轴曲面轮廓铣同时也提供了丰富的刀轴控制方式，比如在表面积驱动方式下，UG 提供了多达近 20 种的刀轴控制方式，为高效高质量的加工复杂曲面零件提供了保障。

6.1.4 多轴数控加工仿真技术

由于多轴数控铣削编程涉及复杂的空间概念，虽然目前许多编程软件能够生成多轴加工的刀路，但是这些刀路很多时候都会产生过切或干涉，而编程软件很多时候却无法自行避免。因此，目前采用编程软件生成的多轴数控刀路往往不能直接后处理去加工，而应在实际加工前进行刀轨的检查。虽然 UG 软件具有实体仿真切削功能，但是对于多轴加工来说，UG 这种实体仿真切削功能还是不够强大，对于一些过切或干涉有时无法体现出来。对于多轴数控加工编程来说，最好借助专业的仿真切削软件来模拟检验编制的多轴数控加工刀路。

VERICUT 数控加工仿真软件是美国 CG Tech 公司开发的世界上最先进的加工仿真软件之一，该软件自 1988 年开始推向市场以来，始终与世界先进的制造技术保持同步，在机械制造业得到了广泛的应用，特别是在高精尖加工领域，逐渐成为编程工程师必不可少的工具。VERICUT 中 Multi-Axis 多轴仿真模块是在 MACHINE SIMULATION 模块的基础上，使 VERICUT 能够模拟和验证四轴/五轴铣、钻削加工以及四轴车削加工。对这些多轴加工进行碰撞、干涉检查，以提前预知并想办法解决可能出现的事故，是保护昂贵机床的很好手段。用户可以直接调用、修改该模块中自带的多轴机床模型，也可很方便地自己建立与车间机床相应的机床模型。

6.2 典型非规整圆柱形零件四轴数控加工自动编程

6.2.1 实例介绍

图 6-7 是一个非规整圆柱形零件，材质为 45 钢，毛坯采用 ϕ75mm×180mm 的圆柱形棒料。棒料的圆柱形表面已在车床上进行了加工，毛坯棒料的直径尺寸 75mm 已达到了要求。

图 6-7

6.2.2 数控加工工艺分析

该零件在"3+1"结构的四轴加工中心上加工，零件右端面安装在四轴加工中心的旋转三爪卡盘上，加工坐标系原点确定为零件轴线与零件左端面的交点，加工坐标系的 X 向与零件的轴线重合。零件的数控加工路线、切削刀具（硬质合金刀具）和切削工艺参数见表 6-1。

表 6-1

工 序 号	加 工 内 容	刀 具 类 型	刀具直径/mm	主轴转速/(r/min)	进给速度/(mm/min)
1	加工左端三个平面	平铣刀	12	1500	450
2	加工左端三个曲面	球头铣刀	6	3000	900
3	加工锥孔	平铣刀	12	1500	450
4	钻孔	钻头	8	400	60
5	粗加工中间曲面	平铣刀	8	2300	700
6	精加工中间曲面	球头铣刀	16	1200	300
7	加工右端螺旋槽	球头铣刀	6、8	3000、2300	900、700

6.2.3 创建数控编程的准备操作

打开本书配套光盘\Source\ch06\01 非规整圆柱形零件实体模型文件，在下拉菜单条中，单击"开始"→"加工"，打开"加工环境"对话框，直接单击"确定"按钮，进入到数控加工界面。

步骤一 创建程序组

单击"创建程序"图标，弹出"创建程序"对话框，依次创建名称为 1、2、3、4、5、6、7、8、9 的程序。

步骤二 创建刀具组

1）创建直径为 8mm、名称为 D8，直径为 12mm、名称为 D12 的两把平铣刀。

2）创建直径为 6mm、名称为 R3，直径为 8mm、名称为 R4 和直径为 16mm、名称为 R8 的三把球头铣刀。

3）创建直径为 8mm、名称为 DR8 的钻头。

步骤三 创建几何体

1）在下拉菜单条中，单击"开始"→"建模"，单击"拉伸"图标，将曲线选择方式更改为面的边，并选取零件右侧的端面，如图 6-8 所示。

2）在"拉伸"对话框中通过反向图标，确保拉伸方向朝向零件的左端面，在"结束"文本框中输入 150，如图 6-9 所示，单击"拉伸"对话框中的"确定"按钮，毛坯生成。

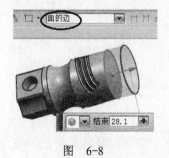

图 6-8

图 6-9

3）在下拉菜单条中，单击"编辑"→"对象显示"，选取刚创建的圆柱毛坯，单击"确定"按钮，弹出"编辑对象显示"对话框，将透明度游标拖到 60 的位置，单击"确定"按钮，此时屏幕的图形如图 6-10 所示。

4）在下拉菜单条中，单击"开始"→"加工"，回到数控加工环境。双击图 6-11 所示工序导航器中的 MCS_MILL 图标，弹出"Mill Orient"对话框，单击"CSYS 对话框"图标，弹出"CSYS"对话框并自动进入"动态"选项，单击 Z 向粗箭头，如图 6-12 所示。然后选取图 6-10 所示的平面，连续两次单击"确定"按钮，建立了图 6-13 所示的加工坐标系。

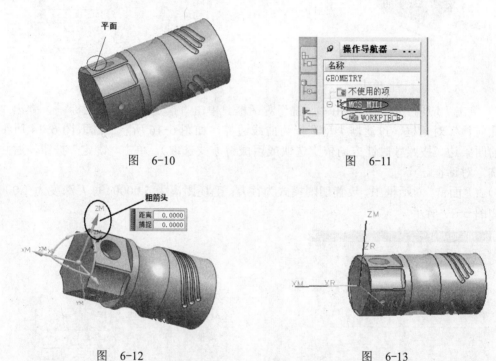

图 6-10　　　　　　　　　　　　图 6-11

图 6-12　　　　　　　　　　　　图 6-13

5）双击图 6-11 所示操作导航器中的 WORKPIECE 图标，弹出"铣削几何体"对话框，单击"指定毛坯"图标，选取透明的圆柱体，单击"毛坯几何体"对话框的"确定"按钮，将透明圆柱体隐藏，单击"指定部件"图标，选取整个零件实体，单击"部件几何体"对话框的"确定"按钮，单击"铣削几何体"对话框的"确定"按钮。

6.2.4 创建数控编程的加工操作

步骤一 定位加工零件左边的三个平面

在加工这三个平面前，先分别在这三个平面上绘制三个矩形。矩形的一条边与平面右侧边重合，其他三条边均比平面相应的边要长 10mm，具体如图 6-14 所示。

1）单击"创建工序"图标，在弹出的"创建工序"对话框中，设置类型为 mill_planar、工序子类型为 FACE_MILLING、程序为 1、刀具为 D12、几何体为 WORKPIECE、方法为 MILL_FINISH，具体如图 6-15 所示。

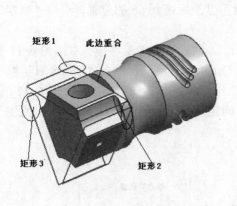

图 6-14

图 6-15

2）单击"应用"按钮，弹出"面铣"对话框。单击"指定面边界"图标⬚，弹出"指定面几何体"对话框，过滤器类型选择为曲线边界，如图 6-16 所示。选取图 6-14 所示矩形 1 的四条边（按照顺时针方向依次选取或用成链方式选取），单击"确定"按钮，返回到"面铣"对话框。

3）在"面铣"对话框中，设置切削模式为往复、毛坯距离为 5.0000、每刀深度为 1.0000，具体如图 6-17 所示。

图 6-16

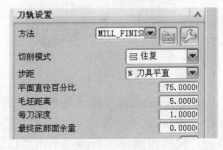

图 6-17

4）单击"切削参数"图标⬚，弹出"切削参数"对话框。在"策略"选项卡中，将切削方向设置为顺铣，勾选"添加精加工刀路"复选框，并将刀路数设置为 1、精加工步距设置为 0.5000mm、毛坯延展设置为 0.0000%刀具，具体如图 6-18 所示，单击"确定"按钮退出对话框。

5）单击"非切削移动"图标⬚，在弹出的"非切削移动"对话框中，设置封闭区域进刀类型为与开放区域相同，开放区域进刀类型为线性，其余采用默认值。单击"非切削移动"对话框中的"传递/快速"选项卡，设置区域之间的传递类型为前一平面、安全距离为 15.0000mm、区域内的传递类型为前一平面、安全距离为 15.0000mm，具体如图 6-19 所示。单击"确定"按钮，退出对话框。

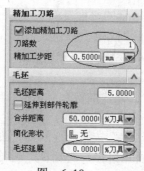

图 6-18   图 6-19

6）选择"刀轴"项目下轴的方向为"指定矢量"，如图 6-20 所示。选择指定矢量下的"面/平面法向"图标 ，如图 6-21 所示，选取图 6-22 所示的平面 1。

7）单击"进给和速度"图标，弹出"进给和速度"对话框。设置合适的主轴速度和切削数值，单击"确定"按钮。

8）单击"生成"图标，刀具轨迹生成，依次单击"确定"和"取消"按钮。

9）在工序导航器中，单击程序 1 下的 FACE_MILLING 操作，单击鼠标右键，弹出右键菜单，依次单击"复制"和"粘贴"项，如图 6-23 所示。

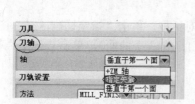

图 6-20

图 6-21

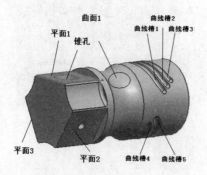

图 6-22

图 6-23

10）双击程序 1 下的 FACE_MILLING_COPY 操作，弹出"面铣"对话框。单击"指定面边界"图标，弹出"指定面几何体"对话框，单击"全重选"按钮，单击"全重选"对话框的"确定"按钮，单击"指定面几何体"对话框的"确定"按钮，返回到"面铣"对话框。

11）单击"指定面边界"图标，弹出"指定面几何体"对话框，过滤器类型选择为"曲线边界"图标，如图 6-16 所示。选取图 6-14 所示矩形 2 的四条边（按照顺时针方向依次选取或用成链方式选取），单击"确定"按钮，返回到"面铣"对话框。

12）选择"刀轴"项目下轴的方向为指定矢量，如图 6-20 所示。选择指定矢量下的"面

/平面法向"图标 🔩，如图 6-21 所示，选取图 6-22 所示的平面 2。

13）单击"生成"图标 🖳，刀具轨迹生成，单击"确定"按钮。

14）在工序导航器中，单击程序 2 下的 FACE_MILLING_COPY 操作，单击鼠标右键，弹出右键菜单，依次单击"复制"和"粘贴"项。

15）双击 FACE_MILLING_COPY_COPY 操作，弹出"面铣"对话框。单击"指定面边界"图标 ⬚，弹出"指定面几何体"对话框，单击"全重选"按钮，单击"全重选"对话框的"确定"按钮，单击"指定面几何体"对话框的"确定"按钮，返回到"面铣"对话框。

16）单击"指定面边界"图标 ⬚，弹出"指定面几何体"对话框，过滤器类型选择为"曲线边界"图标 ∫，如图 6-16 所示。选取图 6-14 所示矩形 3 的四条边（按照顺时针方向依次选取或用成链方式选取），单击"确定"按钮，返回到"面铣"对话框。

17）选择"刀轴"项目下轴的方向为指定矢量，如图 6-20 所示。选择指定矢量下的"面/平面法向"图标 🔩，如图 6-21 所示，选取图 6-22 所示的平面 3。

18）单击"生成"图标 🖳，刀具轨迹生成，单击"确定"按钮。

19）三个平面多轴加工的刀具轨迹如图 6-24 所示。

步骤二　粗加工左边的三个小曲面组

1）单击"创建工序"图标 🖳，在弹出的"创建工序"对话框中，设置类型为 mill_contour、工序子类型为 CONTOUR_AREA、程序为 2、刀具为 R3、几何体为 WORKPIECE、方法为 MILL_ROUGH，如图 6-25 所示。

2）单击"应用"按钮，弹出"轮廓区域"对话框。单击"指定切削区域"图标 ⬚，弹出"切削区域"对话框，选取图 6-26 所示的面组 1（含 3 个曲面），单击"确定"按钮。

图　6-25

图　6-24

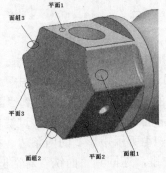

图　6-26

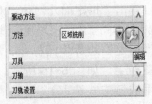

图　6-27

3）在"轮廓区域"对话框中，单击"驱动方法"项下的"编辑"图标 ，如图 6-27 所示，弹出"区域铣削驱动方法"对话框，设置切削模式为往复、切削方式为顺铣、步距为恒定、距离为 0.3000mm、步距已应用为在部件上、切削角为用户定义、度为 90.0000，如图 6-28 所示，单击"确定"按钮。

4）单击"切削参数"图标，在"切削参数"对话框的"余量"选项卡中，设置部件余量为 0.2，其余参数采用默认设置，单击"确定"按钮。

5）单击"非切削移动"图标，弹出"非切削移动"对话框。在"进刀"选项卡中，设置开放区域进刀类型为线性，其余参数采用默认值，单击"确定"按钮。

6）单击"进给和速度"图标，弹出"进给和速度"对话框。设置合适的主轴速度和切削数值，单击"确定"按钮。

7）选择"刀轴"项目下轴的方向为指定矢量，如图 6-20 所示。选择指定矢量下的"面/平面法向"图标，如图 6-21 所示，选取图 6-26 所示的平面 1，单击"确定"按钮，退回到"轮廓区域"对话框。

8）单击"生成"图标，刀具轨迹生成，如图 6-29 所示，依次单击"确定"和"取消"按钮。

图　6-28

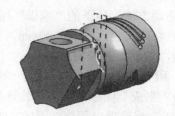

图　6-29

9）单击工序导航器中程序 2 下的 CONTOUR_AREA 操作，并单击鼠标右键，弹出右键菜单，依次单击"复制""粘贴"。

10）双击程序 2 下的 CONTOUR_AREA_COPY 操作，弹出"轮廓区域"对话框。单击"指定切削区域"图标，弹出"切削区域"对话框，单击"移除按钮"图标，重新选取图 6-26 所示面组 2 曲面（含 3 个曲面），单击"确定"按钮，回到"轮廓区域"对话框。

11）选择"刀轴"项目下轴的方向为"指定矢量"，如图 6-20 所示。选择指定矢量下的"面/平面法向"图标，如图 6-21 所示，选取图 6-26 所示的平面 2，单击"确定"按钮。

12）单击"生成"图标，刀具轨迹生成，单击"确定"按钮。

13）单击工序导航器中程序 2 下的 CONTOUR_AREA_COPY 操作，并单击鼠标右键，弹出右键菜单，依次单击"复制""粘贴"。

14）双击程序 2 下的 CONTOUR_AREA_COPY_COPY 操作，弹出"轮廓区域"对话框。单击"指定切削区域"图标，弹出"切削区域"对话框，单击"移除按钮"图标，重新选取图 6-26 所示面组 3 曲面（含 3 个曲面），单击"确定"按钮，回到"轮廓区域"对话框。

15）选择"刀轴"项目下轴的方向为指定矢量，如图 6-20 所示。选择指定矢量下的"面/平面法向"图标，如图 6-21 所示，选取图 6-26 所示的平面 1，单击"确定"按钮。

16）单击"生成"图标，刀具轨迹生成，单击"确定"按钮。

步骤三 精加工左边的三个小曲面组

1）单击工序导航器中程序 2 下的 CONTOUR_AREA 操作，并单击鼠标右键，弹出右键菜单，单击"复制"；单击程序 3，并单击鼠标右键，弹出右键菜单，单击"内部粘贴"。

2）双击程序 3 下的 CONTOUR_AREA_COPY_1 操作，弹出"轮廓区域"对话框。单击"驱动方法"项下的"编辑"图标，如图 6-27 所示，弹出"区域铣削驱动方法"对话框，将距离更改为 0.0600mm，其余数值不变，单击"确定"按钮退出。

3）单击"切削参数"图标，在"切削参数"对话框的"余量"选项卡中，设置部件余量为 0、所有公差为 0.003，单击"确定"按钮退出。

4）单击"生成"图标，刀具轨迹生成，单击"确定"按钮。

5）单击工序导航器中程序 2 下的 CONTOUR_AREA_COPY 操作，并单击鼠标右键，弹出右键菜单，单击"复制"；单击程序 3，并单击鼠标右键，弹出右键菜单，单击"内部粘贴"。

6）双击程序 3 下的 CONTOUR_AREA_COPY_COPY_1 操作，弹出"轮廓区域"对话框。单击"驱动方法"项下的"编辑"图标，如图 6-27 所示，弹出"区域铣削驱动方法"对话框，将距离更改为 0.0600mm，其余数值不变，单击"确定"按钮退出。

7）单击"切削参数"图标，在"切削参数"对话框的"余量"选项卡中，设置部件余量为 0、所有公差为 0.003，单击"确定"按钮退出。

8）单击"生成"图标，刀具轨迹生成，单击"确定"按钮。

9）单击工序导航器中程序 2 下的 CONTOUR_AREA_COPY_COPY 操作，并单击鼠标右键，弹出右键菜单，单击"复制"；单击程序 3，并单击鼠标右键，弹出右键菜单，单击"内部粘贴"

10）双击程序 3 下的 CONTOUR_AREA_COPY_COPY_COPY 操作，弹出"轮廓区域"对话框。单击"驱动方法"项下的"编辑"图标，如图 6-27 所示，弹出"区域铣削驱动方法"对话框，将距离更改为 0.0600mm，其余数值不变，单击"确定"按钮退出。

11）单击"切削参数"图标，在"切削参数"对话框的"余量"选项卡中，设置部件余量为 0、所有公差为 0.003，单击"确定"按钮退出。

12）单击"生成"图标，刀具轨迹生成，单击"确定"按钮。

步骤四 粗加工锥孔

1）单击"创建工序"图标，在弹出的"创建工序"对话框中，设置类型为 mill_contour、工序子类型为 CAVITY_MILL、程序为 4、刀具为 D12、几何体为 WORKPIECE、方法为 MILL_ROUGH。

2）单击"应用"按钮，弹出"型腔铣"对话框。单击"指定切削区域"图标，弹出"切削区域"对话框，选取锥孔的侧面和底面，如图 6-30 所示，单击"确定"按钮，在"型腔铣"对话框中，将切削模式设置为"跟随周边"。

3）单击"切削参数"图标 ，弹出"切削参数"对话框，在"策略"选项卡中，设置切削方向为顺铣、切削顺序为深度优先、刀路方向为向内，勾选"岛清理"复选框、"添加精加工刀路"复选框，并将刀路数设置为 1、精加工步距设置为 0.3000mm，具体如图 6-31 所示；在"余量"选项卡中，勾选"使底面余量和侧面余量一致"复选框，设置部件侧面余量为 0.3，其他余量设置为 0，单击"确定"按钮。

图 6-30

图 6-31

4）单击"非切削移动"图标，在弹出的"非切削移动"对话框中，设置封闭区域进刀类型为螺旋、直径为 35.0000%刀具、倾斜角度为 8.0000、最小倾斜长度为 30.0000%刀具，其余采用默认值，如图 6-32 所示。单击"非切削移动"对话框中的"传递/快速"选项卡，设置区域之间的传递类型为间隙、区域内的传递类型为前一平面，其余采用默认值，具体如图 6-33 所示。单击"确定"按钮，退回到"型腔铣"对话框。

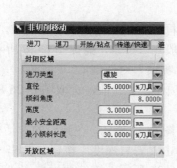

图 6-32

图 6-33

5）单击"进给和速度"图标，弹出"进给和速度"对话框。设置合适的主轴速度和切削数值，单击"确定"按钮。

6）选择刀轴项目下轴的方向为指定矢量，如图 6-20 所示。选择指定矢量下的"面/平面法向"图标，如图 6-21 所示，选取图 6-26 所示的平面 1，单击"确定"按钮，返回到"型腔铣"对话框。

7）单击"生成"图标，刀具轨迹生成，依次单击"确定"和"取消"按钮。

步骤五　精加工锥孔

1) 单击"创建工序"图标 ，在弹出的"创建工序"对话框中，设置类型为 mill_contour、工序子类型为 ZLEVEL_PROFILE、程序为 5、刀具为 D12、几何体为 WORKPIECE、方法为 MILL_FINISH。

2) 单击"应用"按钮，弹出"深度加工轮廓"对话框。单击"指定切削区域"图标 ，弹出"切削区域"对话框，选图 6-30 所示的锥孔侧面，单击"确定"按钮，返回到"深度加工轮廓"对话框。

3) 在"深度加工轮廓"对话框中，设置最小切削深度为 0.02、全局每刀深度为 0.05。

4) 单击"切削参数"图标 ，弹出"切削参数"对话框，在"策略"选项卡中，设置切削方向为混合（减少抬刀次数）、切削顺序为深度优先；在"余量"选项卡中，设置所有余量为 0、所有公差为 0.003，单击"确定"按钮。

5) 单击"非切削移动"图标 ，在弹出的"非切削移动"对话框中，设置开放区域进刀类型为圆弧、半径为 30% 刀具，其余参数采用默认。单击"传递/快速"选项卡，设置区域内的传递类型为前一平面。

6) 选择刀轴项目下轴的方向为指定矢量，如图 6-20 所示。选择指定矢量下的"面/平面法向"图标 ，如图 6-21 所示，选取图 6-26 所示的平面 1，单击"确定"按钮，返回到"深度加工轮廓"对话框。

7) 单击"进给和速度"图标 ，弹出"进给和速度"对话框。设置合适的主轴速度和切削数值，单击"确定"按钮。

8) 单击"生成"图标 ，刀具轨迹生成，依次单击"确定"和"取消"按钮。

步骤六　钻孔加工

1) 单击"创建工序"图标 ，在弹出的"创建工序"对话框中，设置类型为 drill、工序子类型为 PECK_DRILLING、程序为 6、刀具为 DR8、几何体为 WORKPIECE、方法为 DRILL_METHOD。

2) 单击"应用"按钮，弹出"啄钻"对话框。单击"指定孔"图标 ，弹出"点到几何体"对话框，单击"选择"按钮，单击"一般点"按钮，捕捉图 6-26 所示平面 2 孔的中心点，连续三次单击"确定"按钮，返回到"啄钻"对话框。

3) 单击"指定顶面"图标 ，将"顶面选项"设置为面，选取图 6-26 所示平面 2 后单击"确定"按钮。

4) 单击循环类型下面的"编辑"图标 ，如图 6-34 所示。在弹出的对话框中单击"确定"按钮，在弹出的"Cycle 参数"对话框中单击"刀肩深度"按钮，弹出"深度"对话框，在该对话框的文本框内输入 17.9500，如图 6-35 所示。连续两次单击"确定"按钮，返回到"啄钻"对话框。

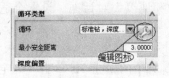

图　6-34

图　6-35

5) 选择刀轴项目下轴的方向为指定矢量，如图 6-20 所示。选择指定矢量下的"面/

平面法向"图标，如图6-21所示，选取图6-26所示的平面2，单击"确定"按钮，退回到"啄钻"对话框。

6）单击"进给和速度"图标，弹出"进给和速度"对话框。设置合适的主轴转速和进给速度，单击"确定"按钮。

7）单击"生成"图标，刀具轨迹生成，依次单击"确定"和"取消"按钮。

8）在图形区域窗口的空白处，单击鼠标右键，弹出右键菜单，单击"刷新"项，清除刀具轨迹线条。

9）单击工序导航器中程序6下的PECK_DRILLING操作，并单击鼠标右键，弹出右键菜单，先后单击"复制""粘贴"。

10）双击程序6下的PECK_DRILLIN_COPY操作，弹出"啄钻"对话框。单击"指定孔"图标，弹出"点到点几何体"对话框，单击"选择"按钮，单击"是"按钮，单击"一般点"按钮，捕捉图6-26所示平面3孔的中心点，连续三次单击"确定"按钮，返回到"啄钻"对话框。

11）单击"指定顶面"图标，将顶面选项设置为面，选取图6-26所示平面3后单击"确定"按钮。

12）选择刀轴项目下轴的方向为指定矢量，如图6-20所示。选择指定矢量下的"面/平面法向"图标，如图6-21所示，选取图6-26所示的平面3，单击"确定"按钮，退回到"啄钻"对话框。

13）单击"生成"图标，刀具轨迹生成，单击"确定"按钮。

步骤七　中间曲面粗加工

1）单击"创建工序"图标，在弹出的"创建工序"对话框中，设置类型为mill_multi_axis、工序子类型为VARIABLE_CONTOUR、程序为7、刀具为D8、几何体为WORKPIECE、方法为MILL_ROUGH，如图6-36。

2）单击"应用"按钮，弹出"可变轮廓铣"对话框。将驱动方法项目下的方法设置为曲面，如图6-37所示。单击"驱动方法"对话框中的"确定"按钮，弹出"曲面区域驱动方法"对话框。单击图6-38所示的"指定驱动几何体"图标，选择图6-22所示的曲面1，单击"确定"按钮，返回到"曲面区域驱动方法"对话框。

图　6-36

图　6-37

3）单击"切削方向"图标🔛，单击图 6-39 所示的箭头。单击"材料反向"图标☒，确保材料方向朝外（如果材料方向已朝外，则不要单击"材料反向"图标☒），如图 6-40 所示。

4）设置切削模式为往复、步距为数字、步距数为 15，如图 6-38 所示，单击"确定"按钮退回到"可变轮廓铣"对话框。

5）单击"刀轴"右侧的展开箭头，选择轴为远离直线，如图 6-41 所示。弹出"远离直线"对话框，指定矢量选择 XC，指定点类型设置为圆弧中心/椭圆中心/球心，并捕捉曲面 1 左侧的圆弧中心，单击"确定"按钮，退回到"可变轮廓铣"对话框。

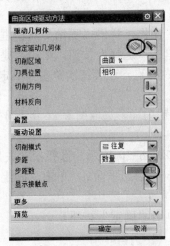

图　6-38

图　6-39

图　6-40

图　6-41

6）单击"切削参数"图标🖼，弹出"切削参数"对话框，在"多条刀路"选项卡中，设置部件余量偏置为 5.0000，勾选"多重深度切削"复选框，设置步进方法为刀路、刀路数为 6，如图 6-42 所示；在"余量"选项卡中，设置部件余量为 0.3，其他采用默认数值，单击"确定"按钮。

7）单击"进给和速度"图标📲，弹出"进给和速度"对话框。设置合适的主轴转速和进给速度，单击"确定"按钮。

8）单击"生成"图标📌，刀具轨迹生成，如图 6-43 所示，依次单击"确定"和"取消"按钮。

图　6-42　　　　　　　　　　　　图　6-43

步骤八　中间曲面半精加工

1）单击工序导航器中程序 7 下的 VARIABLE_CONTOUR 操作，并单击鼠标右键，弹出右键菜单，单击"复制"；用鼠标单击程序 8，并单击鼠标右键，弹出右键菜单，单击"内部粘贴"。

2）双击程序 8 下的 VARIABLE_CONTOUR_COPY 操作，弹出"可变轮廓铣"对话框。单击驱动方法下的"编辑"图标 🔧，弹出"曲面区域驱动方法"对话框。将步距设置为残余高度，残余高度设置为 0.1000，其他采用默认数值，如图 6-44 所示。单击"确定"，退回到"可变轮廓铣"对话框。

3）单击"刀具"项右侧的展开箭头，将 D8 的刀具更改为 R8，如图 6-45 所示。

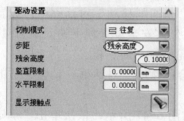

图　6-44　　　　　　　　　　　　图　6-45

4）单击"切削参数"图标 ⬜，弹出切削参数对话框，在"多条刀路"选项卡中，设置部件余量偏置为 0，去除"多重深度切削"复选框前的 √；在"余量"选项卡中，设置部件余量为 0.15、部件的内外公差都为 0.03，单击"确定"按钮。

5）单击"进给和速度"图标 🔧，弹出"进给和速度"对话框。设置合适的主轴转速和进给速度，单击"确定"按钮。

6）单击"生成"图标 🔧，刀具轨迹生成，单击"确定"按钮。

步骤九　中间曲面精加工

1）单击工序导航器中程序 8 下的 VARIABLE_CONTOUR_COPY 操作，并单击鼠标右键，弹出右键菜单，先后单击"复制""粘贴"。

2）双击程序 8 下的 VARIABLE_CONTOUR_COPYR_COPY 操作，弹出"可变轮廓铣"对话框。单击驱动方法下的"编辑"图标 🔧，弹出"曲面区域驱动方法"对话框。将步距设置为残余高度、残余高度设置为 0.002，其他采用默认数值，单击"确定"，退回到"可变轮廓铣"对话框。

3）单击"切削参数"图标 ⬜，弹出"切削参数"对话框，在"余量"选项卡中，设置部件余量为 0、部件的内外公差都为 0.001，单击"确定"按钮。

4）单击"进给和速度"图标 🔧，弹出"进给和速度"对话框。设置合适的主轴转速和进给速度，单击"确定"按钮。

5）单击"生成"图标 ![icon]，刀具轨迹生成，单击"确定"按钮。

步骤十 加工螺旋曲线槽

1）单击"创建工序"图标 ![icon]，在弹出的"创建工序"对话框中，设置类型为 mill_multi_axis、子类型为 VARIABLE_CONTOUR、程序为 9、刀具为 R3、几何体为 WORKPIECE、方法为 MILL_FINISH。

2）单击"应用"按钮，弹出"可变轮廓铣"对话框。将驱动方法项目下的方法设置为曲线/点。单击"驱动方法"对话框中的"确定"按钮，弹出"曲线/点驱动方法"对话框。选择图 6-46 所示的曲线 1，单击"确定"按钮，返回到"可变轮廓铣"对话框。

3）单击"刀轴"右侧的展开箭头，选择轴为远离直线，如图 6-41 所示。弹出"远离直线"对话框，指定矢量选择 XC，指定点类型设置为圆弧中心/椭圆中心/球心，并捕捉曲面 1 左侧的圆弧中心，单击"确定"按钮，退回到"可变轮廓铣"对话框。

4）单击"切削参数"图标 ![icon]，弹出"切削参数"对话框，在"多条刀路"选项卡中，设置部件余量偏置为 3，勾选"多重深度切削"复选框，设置步进方法为刀路、刀路数为 10；在"余量"选项卡中，设置部件余量为 0、部件内外公差均为 0.003，单击"确定"按钮。

5）单击"非切削移动"图标 ![icon]，在弹出的"非切削移动"对话框中，设置开放区域进刀类型为无。单击"传递/快速"选项卡，设置公共安全设置项下的间隙为 15，其他采用默认数值。单击"确定"按钮，返回到"可变轮廓铣"对话框。

6）单击"进给和速度"图标 ![icon]，弹出"进给和速度"对话框。设置合适的主轴转速和进给速度，单击"确定"按钮。

7）单击"生成"图标 ![icon]，刀具轨迹生成，如图 6-47 所示，依次单击"确定"和"取消"按钮。

螺旋曲线1

图 6-46

图 6-47

8）通过相同的操作方法，请读者自行完成其他 4 条螺旋槽的加工编程。

6.2.5 实体模拟仿真加工

1）按住"Ctrl"键不放，依次单击程序下的 9 个操作，松开"Ctrl"键，在程序名上或操作名上单击鼠标右键，弹出右键菜单，并将鼠标移动到"刀轨"→"确认"。

2）单击"确认"项，弹出"刀轨可视化"对话框，单击"2D 动态"，单击"播放"图标，仿真加工开始，最后得到图 6-48 所示的仿真加工效果。

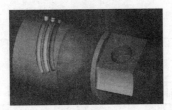

图　6-48

6.2.6　实例小结

1）本例中左端小平面和小曲面的加工采用的是"3+1"方式的多轴定位加工。"3+1"方式（四轴）和"3+2"方式（五轴）的多轴定位加工是在三轴加工方法的基础上，通过在"机床"中重新指定刀轴方向实现的。

2）本例中的中间曲面对应的角度超过 180°，一般不宜采用多轴定位加工方法，而应采用多轴曲面加工（mill_multi_axis）。中间曲面是绕圆柱轴线旋转的，本例中采用多轴曲面加工中的"离开直线"刀轴控制方式，直线选择零件的轴线。

3）本例中零件右端螺旋槽可以采用多轴定位加工也可以采用多轴曲面加工，采用多轴曲面加工可以更好地控制刀轴与螺旋槽的相对角度，从而能加工出形状更准确、表面质量更好的螺旋槽，因此本例采用了多轴曲面加工中"曲线/点"的刀轴控制方式。

6.3　典型"3+2"五轴加工件数控程序编制

6.3.1　实例介绍

图 6-49 是一个五面均需要加工的零件，材质为铝合金，毛坯采用 60mm×55mm×111mm 的长方体铝块。长方体坯料上下两个表面已进行了平面精加工，在五轴加工前该底面已完成了 M10 螺纹孔的加工。在五轴加工中心上，利用底面的螺纹孔可以将毛坯料固定在机床的工作台上。

图　6-49

6.3.2　数控加工工艺分析

该零件在五轴加工中心上加工，通过底面螺纹孔毛坯料可以安装在机床的工作台上，加工坐标系原点确定为零件上表面中心这一点。零件的数控加工路线、切削刀具和切削工艺参数见表 6-2。

表　6-2

工　序　号	加　工　内　容	刀　具　类　型	刀具直径/mm	主轴转速/(r/min)	进给速度/(mm/min)
1	加工零件的四个侧面	平铣刀	20	2500	750
2	加工零件上面部位的斜面	平铣刀	20	2500	750
3	加工零件侧面部位的曲面	平铣刀	20	2500	750
4	粗加工零件顶部曲面	球头铣刀	10	3500	1000
5	精加工零件顶部曲面	球头铣刀	10	3500	1000
6	粗加工零件侧面的矩形槽	平铣刀	8	4000	1500
7	精加工零件侧面的矩形槽	平铣刀	8	4000	1500

6.3.3　创建数控编程的准备操作

打开本书配套光盘\Source\ch06\02 典型 "3+2" 五轴加工件实体模型文件，在下拉菜单条中，单击 "开始" → "加工"，打开 "加工环境" 对话框，直接单击 "确定" 按钮，进入到数控加工界面。

步骤一　创建加工坐标系

1）在 "工序导航器" 的空白处单击鼠标右键，弹出右键菜单，选择 "几何视图" 子菜单项并单击。

2）在 "工序导航器-几何" 对话框中，双击 "MCS-MILL 字母" 图标，如图 6-50 所示。

3）在 "Mill Orient" 对话框中，单击 "CSYS 对话框" 图标，如图 6-51 所示。

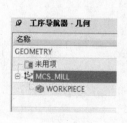

图　6-50　　　　　　　　　　　　图　6-51

4）弹出 "CSYS" 对话框，将类型设置为动态，如图 6-52 所示。

5）启用自动捕抓方式，靠近零件上表面一个端点，具体如图 6-53 所示。

6）单击 "CSYS" 对话框的 "确定" 按钮，界面返回到 "Mill Orient" 对话框。

7）在 "Mill Orient" 对话框中，将安全设置选项设置为自动平面、安全距离设置为 15。

8）单击 "确定" 按钮退出，至此加工坐标系创建完成。

图　6-52

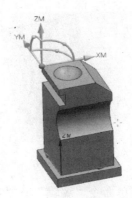

图　6-53

步骤二　创建加工用毛坯

1）在下拉菜单中，单击"开始"→"建模"，单击"拉伸"图标▥。将曲线选择方式更改为面的边缘，并选取零件最下端的底面，如图 6-54 所示。

2）在"拉伸"对话框中，通过反向图标⊠，确保拉伸方向朝向零件的上表面，在结束文本框的距离中输入 111，如图 6-55 所示，单击"拉伸"对话框中的"确定"按钮，毛坯生成。

图　6-54

图　6-55

3）在下拉菜单中，单击"编辑"→"对象显示"，选取刚创建的立方体毛坯，单击"确定"按钮，弹出"编辑对象显示"对话框，将透明度游标拖到 60 的位置，单击"确定"按钮，此时屏幕的图形如图 6-56 所示。

步骤三　创建部件及几何体

1）单击菜单命令"开始"→"加工"，将 UG 从建模界面转到加工界面。

2）在"工序导航器"的空白处单击鼠标右键，弹出右键菜单，选择"几何视图"子菜单项并单击，转到"工序导航器-几何"对话框。

3）在"工序导航器-几何"对话框中，双击"WORKPIECE"字母图标，具体如图 6-57 所示，在"铣削几何体"对话框中，单击"指定毛坯"图标▥，选取透明包络毛坯，单击"毛坯几何体"对话框中的"确定"按钮，退回到"铣削几何体"对话框。

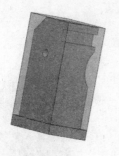

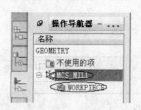

图　6-56　　　　　　　　　　　图　6-57

4）单击菜单命令"编辑"→"显示和隐藏"→"隐藏"，选取透明包络毛坯，将毛坯实体隐藏。

5）在"铣削几何体"对话框中，单击"指定部件"图标，弹出"部件几何体"对话框。

6）选取零件实体，连续两次单击"确定"按钮，分别退出"部件几何体"对话框和"铣削几何体"对话框，至此"3+2"五轴加工件部件和几何体的创建工作已完成。

步骤四　创建刀具

1）创建直径为 8mm、名称为 D8，直径为 20mm、名称为 D20 的两把平铣刀。

2）创建直径为 10mm、名称为 R5 的一把球头铣刀。

6.3.4　创建数控编程的加工操作

步骤一　定位加工零件的四个侧面

在加工零件这四个侧面前，先分别在这四个平面上绘制四个矩形，矩形四条边要比平面的边界大，根据选择刀具的大小来确定矩形边界的大小，此处采用直径为 20mm 的平铣刀，所以矩形单边比边界大 15mm 左右。

矩形边界绘制的过程如下：

1）在下拉菜单条中，单击"开始"→"建模"，将界面转到建模状态。

2）单击"绘制直线"图标，在弹出的"直线"对话框中，单击"选择对象"图标，具体如图 6-58 所示。

3）屏幕弹出"点"对话框，捕捉平面的一个端点，具体如图 6-59 所示。

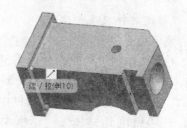

图　6-58　　　　　　　　　　　图　6-59

4）将偏置设置为直角坐标系，将 X 增量设置为-15，具体如图 6-60 所示。

5）单击"确定"按钮，界面退回到"直线"对话框。

6）按照图 6-61 所示输入相应数值，完成一条直线的绘制。

7）单击"直线"对话框的"应用"按钮，继续绘制矩形的另一条边界。

8）单击"绘制直线"图标 ✎，在弹出的"直线"对话框中，单击"选择对象"图标 ⊞，具体如图 6-58 所示。

图　6-60

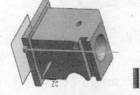

图　6-61

9）屏幕弹出"点"对话框，捕捉平面的一个端点，具体如图 6-62 所示。

10）将偏置设置为直角坐标系，将 X 增量设置为 15，将直线绘制成平行于 Z 的方向，如图 6-63 所示。

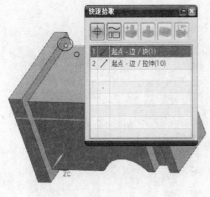

图　6-62

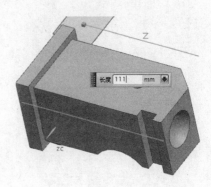

图　6-63

11）单击"确定"按钮，界面退回到"直线"对话框。

12）按照类似的方法可以继续完成矩形其他两条边界直线的绘制，绘制完成后的效果如图 6-64 所示。

"3+2"定位五轴数控程序编制步骤如下：

1）单击"创建工序"图标 ，在弹出的"创建工序"对话框中，设置类型为 mill_planar、工序子类型为 FACE_MILLING、刀具为 D20、几何体为 WORKPIECE、方法为 MILL_FINISH，具体如图 6-65 所示。

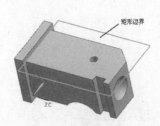

矩形边界

图　6-64

图　6-65

2）单击"应用"按钮，弹出"面铣"对话框。单击"指定面边界"图标 ，弹出"指定面几何体"对话框，如图 6-66 所示。

3）单击图 6-66 所示的"曲线边界"图标 ，并选择图 6-64 所示的矩形边界，单击"确定"按钮退出。

4）将切削模式设置为往复、毛坯距离设置为 5.0000、每刀深度设置为 1.0000、最终底面余量设置为 0.3000，具体如图 6-67 所示；

图　6-66

图　6-67

5）将刀轴设置为指定矢量，并用自动判断的方式选择矩形所在的平面。

6）单击"切削参数"图标 ，在"切削参数"对话框中设置如下参数：将切削方向设置为顺铣，切削角设置为指定，与 X 轴的夹角设置为 90，刀具延展量设置为 0%刀具。

7）在"余量"选项卡中，将部件余量设置为 0、壁余量设置为 0、最终底面余量设置为 0.3，单击"确定"按钮，退回到"面铣"对话框。

8）单击"非切削移动"图标▣，弹出"非切削移动"对话框。设置封闭区域进刀类型为与开放区域相同，开放区域进刀类型为线性，其余采用默认值。单击"非切削移动"对话框中的"传递/快速"选项卡，设置区域之间的传递类型为前一平面、安全距离为 15mm、区域内的传递类型为前一平面、安全距离为 15mm。

9）单击"进给和速度"图标♨，弹出"进给和速度"对话框。设置合适的主轴速度和切削数值，单击"确定"按钮。

10）单击"生成"图标▶，刀具轨迹生成，具体如图 6-68 所示，单击"确定"按钮。

11）按照相同的方法，请自行完成其他三个平面的"3+2"定位五轴数控程序编制。

12）四个侧面数控加工程序完成的加工效果如图 6-69 所示。

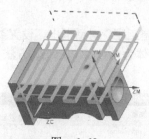

图 6-68

图 6-69

步骤二 加工斜面

1）单击"创建工序"图标🛠，在弹出的"创建工序"对话框中，设置类型为 mill_planar、工序子类型为 FACE_MILLING_AREA、刀具为 D20、几何体为 WORKPIECE、方法为 MILL_FINISH。

2）单击"应用"按钮，弹出"面铣削区域"对话框。单击"指定切削区域"图标▣，弹出"切削区域"对话框。

3）选取图 6-70 所示的斜面，单击"确定"按钮，退回到"面铣削区域"对话框。

4）选择刀轴项目下轴的方向为指定矢量，选择指定矢量下的"面/平面法向"图标⬆，选取图 6-70 所示的平面，单击"确定"按钮，返回到"面铣削区域"对话框。

5）将切削模式设置为往复、毛坯距离设置为 8.0000、每刀深度设置为 1.0000、最终底面余量设置为 0.3000，具体如图 6-71 所示。

图 6-70

图 6-71

6）单击"切削参数"图标 ，在"切削参数"对话框中设置如下参数：将切削方向设置为顺铣、切削角设置为指定、与 X 轴的夹角设置为 180、刀具延展量设置为 100%刀具。

7）在"余量"选项卡中，将部件余量设置为 0、壁余量设置为 0、最终底面余量设置为 0.3，单击"确定"按钮，退回到"面铣"对话框。

8）单击"非切削移动"图标，在弹出的"非切削移动"对话框中，设置封闭区域进刀类型为与开放区域相同、开放区域进刀类型为线性，其余采用默认值。单击"非切削移动"对话框中的"传递/快速"选项卡，设置区域之间的传递类型为前一平面、安全距离为 15mm、区域内的传递类型为前一平面、安全距离为 15mm。

9）单击"进给和速度"图标，弹出"进给和速度"对话框。设置合适的主轴速度和切削数值，单击"确定"按钮。

10）单击"生成"图标，刀具轨迹生成，具体如图 6-72 所示，单击"确定"按钮。

步骤三　加工侧面部位的曲面

1）单击"创建工序"图标，在弹出的"创建工序"对话框中，设置类型为 mill_planar、工序子类型为 PLANAR_MILL、刀具为 D20、几何体为 WORKPIECE、方法为 MILL_FINISH，具体如图 6-73 所示。

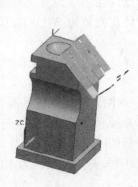

图　6-72

图　6-73

2）单击"应用"按钮，弹出"平面铣"对话框。单击"指定部件边界"图标，弹出"边界几何体"对话框。

3）模式选择为曲线/边，弹出"创建边界"对话框，将类型设置为开放的，选取图 6-74 所示的开放曲线段。

4）连续两次单击"确定"按钮，退回到"平面铣"对话框。

5）选择刀轴项目下轴的方向为指定矢量，选择指定矢量下的"面/平面法向"图标，选取图 6-75 所示的平面，单击"确定"按钮，返回到"平面铣"对话框。

6）将切削模式设置为轮廓加工，设置步距为刀具直径百分比、平面直径百分比为 50%、附加刀路为 0。

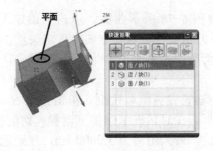

图 6-74   图 6-75

7）单击"切削层"图标，弹出"切削层"对话框。设置类型为恒定、每刀深度下的公共设置为 2.0000，具体如图 6-76 所示。单击"确定"按钮，退回到"平面铣"对话框。

8）单击"切削参数"图标，在"切削参数"对话框中设置如下参数：将切削方向设置为顺铣，切削顺序设置为深度优先。

9）在"余量"选项卡中，将部件余量设置为 0.3、壁余量设置为 0、最终底面余量设置为 0。单击"确定"按钮，退回到"平面铣"对话框。

10）单击"非切削移动"图标，在弹出的"非切削移动"对话框中，设置封闭区域进刀类型为与开放区域相同、开放区域进刀类型为线性，其余采用默认值。单击"非切削移动"对话框中的"传递/快速"选项卡，设置区域之间的传递类型为前一平面、安全距离为 15mm、区域内的传递类型为前一平面、安全距离为 15mm。

11）单击"进给和速度"图标，弹出"进给和速度"对话框。设置合适的主轴速度和切削数值，单击"确定"按钮。

12）单击"生成"图标，刀具轨迹生成，具体如图 6-77 所示，单击"确定"按钮退出。

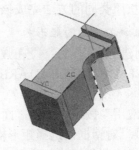

图 6-76   图 6-77

步骤四 粗加工上表面的曲面

1）单击"创建工序"图标，在弹出的"创建工序"对话框中，设置类型为 mill_contour、工序子类型为 CONTOUR_AREA、刀具为 R5、几何体为 WORKPIECE、方法为 MILL_ROUGH。

2）单击"应用"按钮，弹出"轮廓区域"对话框。单击"指定切削区域"图标，弹出"切削区域"对话框。

3）选取图 6-78 所示曲面，单击"确定"按钮，退回到"轮廓区域"对话框。

4）选择刀轴项目下轴的方向为指定矢量，选择指定矢量下的"面/平面法向"图标 ，选取加工曲面所在的平面（零件的顶部平面），单击"确定"按钮，返回到"轮廓区域"对话框。

5）将方法设置为区域铣削，单击方法右边的"编辑"图标 ，弹出"区域铣削驱动方法"对话框。在对话框中做如下设置：切削模式设置为往复，切削方向设置为顺铣，步距设置为恒定，最大距离为 3.0000mm，步距已应用设置为在部件上，切削角设置为自动，具体如图 6-79 所示。

图　6-78

图　6-79

6）单击"切削参数"图标 ，在"余量"选项卡中，将部件余量设置为 0.3、检查余量设置为 0、边界余量设置为 0。单击"确定"按钮，退回到"轮廓区域"对话框。

7）单击"进给和速度"图标 ，弹出"进给和速度"对话框。设置合适的主轴速度和切削数值，单击"确定"按钮。

8）单击"生成"图标 ，刀具轨迹生成，单击"确定"按钮退出。

9）读者请按照类同的方法完成该曲面的精加工数控编程。

步骤五　粗加工侧面的矩形槽

1）单击"创建工序"图标 ，在弹出的"创建工序"对话框中，设置类型为 mill_planar、工序子类型为 FACE_MILLING_AREA、刀具为 D8、几何体为 WORKPIECE、方法为 MILL_ROUGH。

2）单击"应用"按钮，弹出"面铣削区域"对话框。单击"指定切削区域"图标 ，弹出"切削区域"对话框，选择矩形槽底平面，单击"确定"按钮退出。

3）单击"指定壁几何体"图标 ，弹出"壁几何体"对话框，选择矩形槽两个侧面，单击"确定"按钮退出。

4）选择刀轴项目下轴的方向为指定矢量，选择指定矢量下的面/平面法向图标 ，选取矩形槽所在的平面，单击"确定"按钮，返回到"面铣削区域"对话框。

5）将切削模式设置为往复、步距设置为恒定、最大距离设置为 3.0000、毛坯距离设置为 6.0000、每刀深度设置为 1.0000，具体如图 6-80 所示。

6）单击"切削参数"图标 ，在"余量"选项卡中，将部件余量设置为 0、壁余量设置为 0.15、最终底面余量设置为 0。单击"确定"按钮，退回到"面铣削区域"对话框。

7) 单击"非切削移动"图标 ，在弹出的"非切削移动"对话框中，设置封闭区域进刀类型为与开放区域相同、开放区域进刀类型为线性，其余采用默认值。单击"非切削移动"对话框中的"传递/快速"选项卡，设置区域之间的传递类型为前一平面、安全距离为15mm、区域内的传递类型为前一平面、安全距离为15mm。

8) 单击"进给和速度"图标 ，弹出"进给和速度"对话框。设置合适的主轴速度和切削数值，单击"确定"按钮。

9) 单击"生成"图标 ，刀具轨迹生成，具体如图6-81所示，单击"确定"按钮退出。

10) 读者请按照类同的方法完成该槽侧面的精加工数控编程。

图 6-80

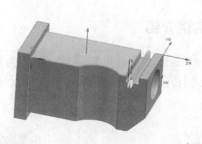

图 6-81

6.3.5 实体模拟仿真加工

1) 按住"Ctrl"键不放，依次单击程序下的所有操作，松开"Ctrl"键，在程序名上或操作名上单击鼠标右键，弹出右键菜单，并将鼠标移动到"刀轨"→"确认"。

2) 单击"确认"项，弹出"刀轨可视化"对话框，单击"2D动态"，单击"播放"图标 ，仿真加工开始，最后得到图6-82所示的仿真加工效果。

图 6-82

6.3.6 实例小结

1) "3+2"数控五轴加工是比较容易理解的一种五轴加工方式，加工过程中数控加工机床并不需要进行五轴联动。根据零件加工需要，五轴机床通过工作台上的两个旋转轴提前旋转到要求的角度，此后的加工形式就完全可以理解为普通的三轴数控加工了。

2)许多还没深入接触五轴加工方式的工艺技术人员普遍认为五轴加工主要是完成复杂结构零件的加工任务，认为"3+2"数控五轴加工方式不是真正意义上的五轴加工模式，且该方式也不能体现五轴机床的优越性。其实不然，五轴加工中心除了加工复杂结构零件外还有一个重要用途，它就是能大幅提高零件的加工效率。本例中如果斜面和曲面安排在三轴机床上加工，不仅加工表面质量差而且效率低，采用五轴加工中心加工则完全可以用二维加工方式完成零件斜面和曲面的加工，这样零件的表面质量不仅高而且加工效率可以大幅提高。

6.4　整体叶轮零件五轴数控加工自动编程

6.4.1　实例介绍

图 6-83 是一个整体叶轮零件，材质为铝。毛坯采用圆柱形棒料，棒料的圆柱形表面已在车床上进行了加工，毛坯棒料的直径尺寸已达到了要求。

图　6-83

6.4.2　数控加工工艺分析

该零件在"3+2"结构的五轴加工中心上加工，毛坯底面已加工出了 3 个安装螺纹孔，通过这 3 个底面螺纹孔圆柱毛坯安装在五轴加工中心的旋转盘上，加工坐标系原点确定为零件轴线与零件上表面的交点，加工坐标系的 Z 向与零件的轴线重合。零件的数控加工路线、切削刀具（高速钢刀具）和切削工艺参数见表 6-3。

表　6-3

工 序 号	加 工 内 容	刀 具 类 型	刀具直径/mm	主轴转速（/r/min）	进给速度/(mm/min)
1	叶轮通道粗加工	球头铣刀	12	6000	1200
2	轮毂精加工	球头铣刀	8	8000	1500
3	叶片半精加工	球头铣刀	8	8000	1500
4	叶片精加工	球头铣刀	8	8000	1500
5	叶根圆角精加工	球头铣刀	6	10000	1200

6.4.3　创建数控编程的准备操作

打开本书配套光盘\Source\ch06\03 整体叶轮零件实体模型文件，在下拉菜单条中，单击"开始"→"加工"，打开"加工环境"对话框，直接单击"确定"按钮，进入到数控加工界面。

步骤一　创建加工坐标系

叶轮上表面与叶轮轴线相交点为数控加工坐标系原点，在软件中创建加工坐标系步骤如下：

1）单击菜单命令"文件"→"打开"，在"打开"对话框中选择叶轮实体模型文件，打开的叶轮实体模型如图 6-84 所示。

2）在"工序导航器"对话框的空白处单击鼠标右键，弹出右键菜单，选择"几何视图"子菜单项并单击，如图 6-85 所示。

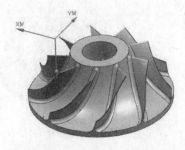

图　6-84　　　　　　　　　　图　6-85

3）在"工序导航器-几何"对话框中，双击 MCS-MILL 字母图标，如图 6-86 所示。

4）在"Mill Orient"对话框中，单击"CSYS 对话框"图标，如图 6-87 所标示。

图　6-86　　　　　　　　　　图　6-87

5）弹出"CSYS"对话框，类型设置为动态，如图 6-88 所标示。

6）启用圆弧中心捕抓方式，靠近叶轮实体上表面小圆中心，出现图 6-89 所示的画面后，单击，此时屏幕如图 6-90 所示。

7）双击图 6-90 所标示的 ZM 箭头，屏幕如图 6-91 所示。

8）单击"CSYS"对话框中的"确定"按钮，退回到"Mill Orient"对话框，将安全设置选项设置为自动平面、安全距离设置为 30.0000，如图 6-92 所示。

9）单 "Mill Orient" 对话框中的 "确定" 按钮，创建的加工坐标系如图 6-93 所示。

图 6-88

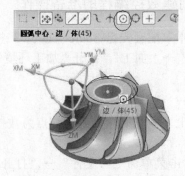

图 6-89

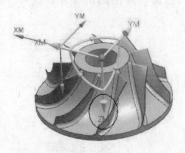

图 6-90

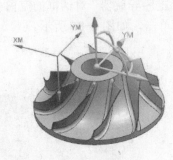

图 6-91

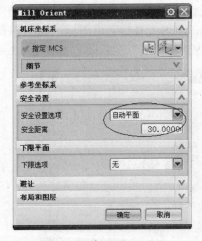

图 6-92

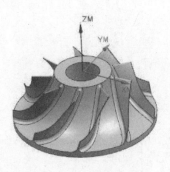

图 6-93

步骤二　创建刀具

创建三把球头铣刀。在软件中创建球头铣刀步骤如下：

1）单击创建刀具图标 "刀"，弹出 "创建刀具" 对话框，单击 "BALL-MILL" 图标，并将名称设置为 D12R6，如图 6-94 所示。

2）单击 "创建刀具" 对话框中的 "确定" 按钮，并在 "铣刀-球头铣" 对话框中设置相关参数：球直径设置为 12.0000，锥角设置为 0.0000，长度设置为 75.0000，刀刃长度设置为 50.0000，刀刃设置为 2，刀具号设置为 1，具体如图 6-95 所示。

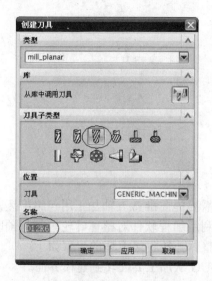

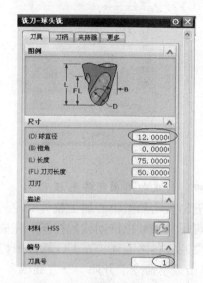

图　6-94　　　　　　　　　　　　　图　6-95

3）单击"铣刀-球头铣"对话框中的"确定"按钮，ϕ12mm 球头铣刀创建完毕。创建好的刀具显示在"工序导航器-机床"对话框中，如图 6-96 所示。

4）按照上述同样的步骤，依次完成 ϕ8mm 球头铣刀、ϕ6mm 球头铣刀的创建。ϕ8mm 球头铣刀的创建，如图 6-97 所示。

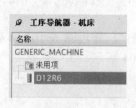

图　6-96　　　　　　　　　　　图　6-97

步骤三　创建程序

根据零件加工需要，分别创建叶轮通道粗加工程序、轮毂精加工程序、叶片半精加工程序、叶片精加工程序和叶根圆角精加工程序。创建程序名的步骤如下。

1）单击"创建程序"图标，弹出"创建程序"对话框，将类型设置为 mill_multi_blade、程序设置为 PROGRAM、名称设置为 BAADE_ROUGH，具体如图 6-98 所示。

2）依次单击"创建程序"对话框中的"确定"按钮和"程序"对话框中的"确定"按钮，名称为 BALDE_ROUGH 的叶轮通道粗加工程序名创建完成。

3）按照相同的方法依次完成轮毂精加工程序、叶片半精加工程序、叶片精加工程序和叶根圆角精加工程序名的创建工作。这些程序在软件中对应的名称分别是"HUB_FINISH""BLADE_SEMI_FINISH""BLADE_FINISH"和"BLEND_FINISH"，程序名创建完成后均显示在"工序导航器-程序顺序"对话框中，如图 6-99 所示。

图 6-98

图 6-99

步骤四 创建加工用包络毛坯

利用五轴联动加工中心加工整体叶轮通常需要提前准备五轴加工用包络毛坯，包络毛坯的制作可用三轴数控铣削或数控车削完成。利用编程软件对整体叶轮进行五轴联动数控编程也需要制作包络毛坯。在 UG 软件中构建整体叶轮包络毛坯的步骤如下：

1）单击菜单命令"开始"→"建模"，将 UG 从加工界面转到建模界面。

2）在"部件导航器"靠左部位的空白处单击鼠标右键，弹出右键菜单，将"时间戳记顺序"子菜单项前的"√"符号去掉，如图 6-100 所示。

3）在曲线工具条中单击"抽取曲线"图标，在"抽取曲线"对话框中单击"边曲线"按钮，弹出"单边曲线"对话框。

4）靠近叶轮某个叶片的上表面，单击选取较长的边缘曲线，如图 6-101 所示，图 6-102 为局部放大视图。

5）连续两次单击"确定"按钮，退出"抽取曲线"对话框，在叶轮上表面就抽取了一条蓝色的边界线。

6）单击菜单命令"编辑"→"曲线"→"修剪"，靠近图 6-103 所示的边界曲线并单击选择，蓝色线条将变成绿色线条，具体如图 6-104 所示。

图 6-100

图 6-101

7）在"修剪曲线"对话框中单击"边界对象 1"条目下的"选择对象"图标，如图 6-105 所示。

8）在"点"对话框中，将类型设置为点在曲线/边上，选取图 5-20 所示的曲线，将"点"对话框中的位置设置为弧长百分比，将弧长百分比设置为 7.7，具体如图 6-106 所示。

9）单击"点"对话框中的"确定"按钮，回到"修剪曲线"对话框，将输入曲线设置为删除、曲线延伸段设置为自然，其他设置参见图 6-107 所示。

图　6-102

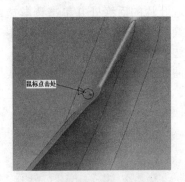

图　6-103

图　6-104

图　6-105

图　6-106

图　6-107

10）单击"修剪曲线"对话框中的"确定"按钮，曲线完成修剪，短部分的线段被删除而长部分的线段被保留。

11）在曲线工具条中单击"抽取曲线"图标 ，在"抽取曲线"对话框中单击"边曲线"按钮，弹出"单边曲线"对话框。

12）靠近叶片的后缘处并单击选取边缘曲线，如图 6-108 所示。

13）连续两次单击"确定"按钮，退出"抽取曲线"对话框，在叶片后缘处又抽取了一条蓝色的边界线。

14）在曲线工具条中单击"绘制直线"图标 ，并捕捉图 6-109 所示直线的端点。垂直拖动鼠标，使新绘制的直线垂直，并在直线旁边出现"Z"，将长度设置为-14.344，在键盘上按 Enter 键，在"直线"对话框中，单击"确定"按钮完成直线的绘制。

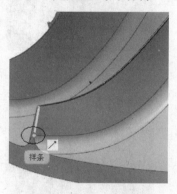

图 6-108 | 图 6-109

15）在曲线工具条中单击"绘制直线"图标 ，在"直线"对话框中，单击起点选项下"选择对象"图标 ，如图 6-110 所示 A 处。在"点"对话框中，将类型设置为终点，并选取长直线的上端，如图 6-111 所示，从而捕捉到直线的一个端点，单击"点"对话框中的"确定"按钮，退回到"直线"对话框。

16）在"直线"对话框中，单击终点选项下选择对象的图标 ，如图 6-110 所示 B 处。在"点"对话框中，将输出坐标项下的参考设置为 WCS、XC 设置为 0.0000、YC 设置为 0.0000、ZC 设置为-3.21，如图 6-112 所示。

17）连续两次单击"确定"按钮，退出"点"和"直线"对话框，创建的直线如图 6-113 所示。

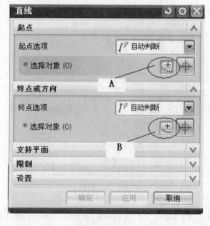

图 6-110 | 图 6-111

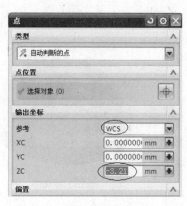
图 6-112

图 6-113

18）在特征工具条中单击"回转图标" ，选取图 6-113 所示的四条线段（三条直线段和一条曲线段），在"回转"对话框中将指定矢量设置为 ZC，指定点设置为圆弧中心，并靠近叶轮上表面小圆中心捕捉上表面小圆的圆心点，如图 6-114 所示。

19）在"回转"对话框中，将开始角度设置为 0、结束角度设置为 360，体类型设置为实体，具体如图 6-115 所示。

图 6-114　　　　　　　图 6-115

20）单击"确定"按钮，退出"回转"对话框，旋转实体创建完成，如图 6-116 所示。

21）在特征工具条中单击偏置图标" "，在"偏置面"对话框中，将偏置设置为 0.5，选取图 6-117 所示旋转体的上表面，并保证箭头朝上。

22）单击"确定"按钮，退出"偏置面"对话框，完成实体偏置。

23）单击菜单命令"插入"→"曲线"→"直线和圆弧"→"圆（圆心-半径）"，打开圆心捕捉器按钮，捕捉叶轮上表面小圆的圆心，并将半径设置为 46，具体如图 6-118 所示。在键盘上按 Enter 键，完成直径为 92mm 圆的创建。

24）在特征工具条中，单击拉伸图标"▥"，并选取 ϕ92mm 的圆曲线，保证拉伸箭头朝下，如图 6-119 所示。

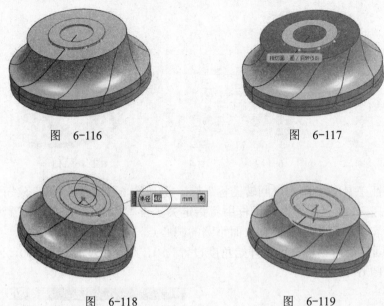

图 6-116

图 6-117

图 6-118

图 6-119

25）在"拉伸"对话框中，将开始距离设置为 0、结束距离设置为 5、布尔设置为求和，如图 6-120 所示。

26）单击"确定"按钮，退出"拉伸"对话框，完成实体拉伸和实体求和。

27）将叶轮零件隐藏，在屏幕上只显示旋转实体。

28）单击菜单命令"编辑"→"对象显示"，选取屏幕上的旋转实体，如图 6-121 所示。

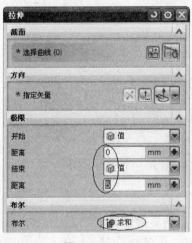

图 6-120

图 6-121

29）单击"类选择"对话框中的"确定"按钮，将"编辑对象显示"对话框中的透明度游标拖动至 60，如图 6-122 所示。

30）单击"编辑对象显示"对话框中的"确定"按钮，包络毛坯变成了透明显示，如图 6-123 所示。

31）单击菜单命令"编辑"→"显示和隐藏"→"全部显示"，至此包络毛坯创建完成。

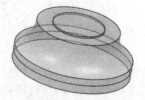

图　6-122　　　　　　　　　　　　图　6-123

步骤五　创建部件及几何体

利用 UG 编程软件对整体叶轮进行五轴联动数控编程必须创建部件 WORKPIECE 和部件下的几何体 MULTI_BLADE_GEOM。在 UG 软件中构建整体叶轮部件和几何体的具体步骤如下：

1）单击菜单命令"开始"→"加工"，将 UG 从建模界面转到加工界面。

2）在"工序导航器"对话框的空白处单击鼠标右键，弹出右键菜单，选择"几何视图"子菜单项并单击，转到"工序导航器-几何"对话框。

3）在"工序导航器-几何"对话框中双击"WORKPIECE"字母图标，在"铣削几何体"对话框中单击"指定毛坯"图标⬡，选取透明包络毛坯，单击"毛坯几何体"对话框中的"确定"按钮，退回到"铣削几何体"对话框。

4）单击菜单命令"编辑"→"显示和隐藏"→"隐藏"，选取透明包络毛坯，将毛坯实体隐藏。

5）在"铣削几何体"对话框中，单击"指定部件"图标⬡，弹出"部件几何体"对话框，将选择方式设置为没有选择过滤器，如图 6-124 所示。

6）框选屏幕中所有的叶轮片体，如图 6-125 所示。依次两次单击"确定"按钮，分别退出"部件几何体"对话框和"铣削几何体"对话框，至此完成整体叶轮部件的创建。

图　6-124　　　　　　　　　　　　图　6-125

7）在刀片工具条中单击创建几何体图标"▨"，在"创建几何体"对话框中，将类型设置为 mill_multi_blade、几何体子类型设置为 MULTI_BLADE_GEOM、几何体设置为 WORKPIECE。

8）单击"创建几何体"对话框中的"确定"按钮，在"多叶片几何体"对话框中单击

"指定叶毂"图标👆，依次选取叶轮当中的 9 块叶毂曲面。单击"Hub 几何体"对话框中的"确定"按钮，退回到"多叶片几何体"对话框。

9）在"多叶片几何体"对话框中，单击"指定叶片"图标👆，选取某一个叶片的侧面和上表面，如图 6-126 所示。单击"Blade 几何体"对话框中的"确定"按钮，退回到"多叶片几何体"对话框。

10）在"多叶片几何体"对话框中，单击"指定叶根圆角"图标👆，选取相同叶片的叶根圆角曲面，如图 6-127 所示。单击"Blade Blend 几何体"对话框中的"确定"按钮，退回到"多叶片几何体"对话框。

11）在"多叶片几何体"对话框中，单击"指定包覆"图标👆，选取透明包络毛坯的圆弧大曲面。单击"Shroud 几何体"对话框中的"确定"按钮，退回到"多叶片几何体"对话框。在"多叶片几何体"对话框中，设置叶片总数为 9。

12）单击"多叶片几何体"对话框中的"确定"按钮，多叶片几何体的四个几何体全部创建完成。

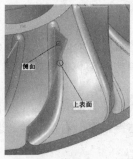

图 6-126

图 6-127

6.4.4　创建五轴数控加工程序

步骤一　叶轮通道粗加工程序编制

1）在刀片工具条中单击"创建工序"图标📷，在"创建工序"对话框中，将类型设置为 mill_multi_blade、工序子类型设置为 MUTI_BLADE_ROUGH、程序设置为 BLADE_ROUGH、刀具设置为 D12R6、几何体设置为 MULTI_BLADE_GEOM，方法设置为 MILL_ROUGH，如图 6-128 所示。

图 6-128

图 6-129

2）单击"创建工序"对话框中的"确定"按钮，弹出"多叶片粗加工"对话框，单击驱动方法项目下"叶片粗加工的编辑"图标![icon]，弹出"叶片粗加工驱动方法"对话框。

3）在"叶片粗加工驱动方法"对话框中，将叶片边缘点设置为沿叶片方向、相切延伸设置为50.0000%刀具、后缘设置为与前缘相同、切削模式设置为往复上升、切削方向设置为逆铣、步距设置为恒定、最大距离设置为30.0000%刀具，如图6-129所示。

4）单击"叶片粗加工驱动方法"对话框中的"确定"按钮，退回到"多叶片粗加工"对话框。单击刀轨设置项目下"切削层"图标![icon]，在"切削层"对话框中，将深度模式设置为从包覆插补到叶毂、范围深度设置为指定、切削数设置为15、起始设置为0、终止设置为100，如图6-130所示。

5）单击"切削层"对话框中的"确定"按钮，退回到"多叶片粗加工"对话框。单击刀轨设置项目下切削参数图标"![icon]"，在"切削参数"对话框的"余量"选项卡中，将叶片余量设置为0.3500、叶毂余量设置为0.3500，其他参数采用默认值，如图6-131所示。

6）在"切削参数"对话框的"刀轴控制"选项卡中，将最大刀轴更改设置为180.0000、将叶片最大滚动角设置为30.0000，其余参数采用默认设置，如图6-132所示。

图　6-130

图　6-131

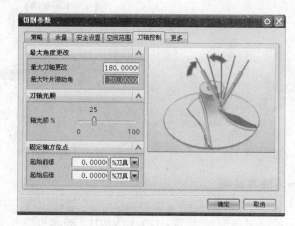

图　6-132

7）单击"切削参数"对话框中的"确定"按钮，退回到"多叶片粗加工"对话框。单击刀轨设置项目下"非切削移动"图标![icon]，在"非切削移动"对话框的"进刀"选项卡中，将进刀类型设置为圆弧-垂直于刀轴、半径设置为50.0000%刀具，其他参数如图6-133所示。

8）在"非切削移动"对话框的"更多"选项卡中，勾选"碰撞检查"项，如图 6-134 所示。

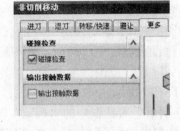

图 6-133   图 6-134

9）单击"非切削移动"对话框中的"确定"按钮，退回到"多叶片粗加工"对话框。进给率和速度请读者按照自己确定的工艺参数进行设置，在此不再详述。在"多叶片粗加工"对话框的下方单击程序生成图标"⚡"，待计算机运算，刀轨生成完毕，如图 6-135 所示。单击"多叶片粗加工"对话框中的"确定"按钮，至此已彻底完成叶轮一个通道粗加工轨迹的生成。

10）在"工序导航器-程序顺序"对话框中选中刚生成的程序，如图 6-136 所示。在图 6-136 所标示蓝色区域单击鼠标右键，弹出右键菜单。

11）依次单击"对象"→"变换"，弹出"变换"对话框中，将类型设置为绕直线旋转、直线方法设置为点和矢量、指定点设置为圆弧中心，并捕捉叶轮上表面小圆圆心，指定矢量设置为 ZC、角度设置为 40、结果设置为复制、非关联副本数设置为 8，单击"变换"对话框中的"确定"按钮，完成加工轨迹的旋转复制。

图 6-135   图 6-136

步骤二　轮毂精加工程序编制

1）在刀片工具条中单击"创建工序"图标 ⚡，在"创建工序"对话框中，将类型设置为 mill_multi_blade、工序子类型设置为 HUB_FINISH、程序设置为 HUB_FINISH、刀具设置为 D8R4、几何体设置为 MULTI_BLADE_GEOM、方法设置为 MILL_FINISH。

2）单击"创建工序"对话框中的"确定"按钮，弹出"叶毂精加工"对话框。单击驱动方法项目下"叶毂精加工的编辑"图标 ⚡，弹出"叶毂精加工驱动方法"对话框。

3）在"叶毂精加工驱动方法"对话框中，将叶片边缘点设置为沿叶片方向、相切延伸设置为 50%刀具、径向延伸设置为 0%刀具、切削模式设置为往复上升、切削方向设置为混合、步距设置为残余高度、最大残余高度设置为 0.002。

4）单击"叶毂精加工驱动方法"对话框中的"确定"按钮，退回到"叶毂精加工"对话框。单击刀轨设置项目下"切削参数"图标，在"切削参数"对话框的"余量"选项卡中，将叶片余量设置为 0、叶毂余量设置为 0、内公差设置为 0.01、外公差设置为"0.01"。

5）在"切削参数"对话框的"刀轴控制"选项卡中，将最大刀轴更改设置为 180、叶片最大滚动角设置为 30，其余参数采用默认设置。

6）单击"切削参数"对话框中的"确定"按钮，退回到"叶毂精加工"对话框。单击刀轨设置项目下"非切削移动"图标，在"非切削移动"对话框的"进刀"选项卡中，将进刀类型设置为圆弧-垂直于刀轴、半径设置为 50%刀具，其余参数采用默认设置。

7）在"非切削移动"对话框的"更多"选项卡中，勾选"碰撞检查"项，单击"非切削移动"对话框中的"确定"按钮，退回到"叶毂精加工"对话框。

8）进给率和速度请读者按照自己确定的工艺参数进行设置，在此不再详述。在"叶毂精加工"对话框的下方单击"程序生成"图标，待计算机运算，刀轨生成完毕，如图 6-137 所示。单击"叶毂精加工"对话框中的"确定"按钮，至此已彻底完成叶轮一个叶毂曲面精加工轨迹的生成。

图　6-137

9）在"工序导航器-程序顺序"对话框中选中刚生成的程序，在蓝色区域单击鼠标右键，弹出右键菜单。

10）依次单击"对象"→"变换"，在"变换"对话框中，将类型设置为绕直线旋转、直线方法设置为点和矢量、指定点设置为圆弧中心，捕捉叶轮上表面小圆圆心，指定矢量设置为 ZC，角度设置为 40，结果设置为复制，非关联副本数设置为 8，单击"变换"对话框中的"确定"按钮，完成加工轨迹的旋转复制。

步骤三　叶片半精加工和精加工程序编制

1）在刀片工具条中单击"创建工序"图标，在"创建工序"对话框中，将类型设置为 mill_multi_blade、工序子类型设置为 BLADE_FINISH、程序设置为 BLADE_SEMI _FINISH、刀具设置为 D8R4、几何体设置为 MULTI_BLADE_GEOM、方法设置为 MILL_SEMI_FINISH。

2）单击"创建工序"对话框中的"确定"按钮，弹出"叶片精加工"对话框。单击驱动方法项目下"叶片精加工的编辑"图标，弹出"叶片精加工驱动方法"对话框。

3）在"叶片精加工驱动方法"对话框中将要精加工的几何体设置为叶片，要切削的面设置为左面、右面、前缘，将后缘项目下叶片边缘点设置为沿叶片方向，相切延伸设置为

30.0000%刀具，切削模式设置为单向，切削方向设置为顺铣，起点设置为后缘，如图 6-138 所示。

4）单击"叶片精加工驱动方法"对话框中的"确定"按钮，退回到"叶片精加工"对话框。单击刀轨设置项目下"切削参数"图标，在"切削参数"对话框的"余量"选项卡中，将叶片余量设置为 0.1000、叶毂余量设置为 0.1000、内公差设置为 0.0500、外公差设置为 0.0500，如图 6-139 所示。

图 6-138

图 6-139

5）在"切削参数"对话框的"刀轴控制"选项卡中，将最大刀轴更改设置为 180、叶片最大滚动角设置为 30，其余参数采用默认设置。

6）单击"切削参数"对话框中的"确定"按钮，退回到"叶片精加工"对话框。单击刀轨设置项目下"非切削移动"图标，在"非切削移动"对话框的"进刀"选项卡中，将进刀类型设置为线性、进刀位置设置为距离、长度设置为 100%刀具、旋转角度设置为 0.0000、斜坡角设置为 30.0000，如图 6-140 所示。

7）在"非切削移动"对话框的"更多"选项卡中，勾选"碰撞检查"项，单击"非切削移动"对话框中的"确定"按钮，退回到"叶片精加工"对话框。

8）进给率和速度请读者按照自己确定的工艺参数进行设置，在此不再详述。在"叶片精加工"对话框的下方单击"程序生成"图标，待计算机运算，刀轨生成完毕，如图 6-141 所示。单击"叶片精加工"对话框中的"确定"按钮，至此已彻底完成一个叶轮半精加工轨迹的生成。

9）在"工序导航器-程序顺序"对话框中选中刚生成的程序，在蓝色区域单击鼠标右键，弹出右键菜单。

10）依次单击"对象"→"变换"，在弹出的"变换"对话框中，将类型设置为绕直线旋转、直线方法设置为点和矢量、指定点设置为圆弧中心，捕捉叶轮上表面小圆的圆心，指定矢量设置为 ZC，角度设置为 40，结果设置为复制，非关联副本数设置为 8，单击"变换"对话框中的"确定"按钮，完成加工轨迹的旋转复制。

11）叶片精加工程序的编制，读者可参照叶片半精加工程序步骤自行完成，此处不再详述。

图 6-140

图 6-141

步骤四 叶根圆角精加工程序编制

1）在刀片工具条中单击"创建工序"图标，在"创建工序"对话框中，将类型设置为 mill_multi_blade、工序子类型设置为 BLEND_FINISH、程序设置为 BLEND_FINISH、刀具设置为 D6R3、几何体设置为 MULTI_BLADE_GEOM、方法设置为 MILL_FINISH。

2）单击"创建工序"对话框中的"确定"按钮，弹出"圆角精加工"对话框。单击驱动方法项目下"圆角精加工的编辑"图标，弹出"圆角精加工驱动方法"对话框。

3）在"圆角精加工驱动方法"对话框中，将要精加工的几何体设置为叶根圆角，要切削的面设置为左面、右面、前缘，将后缘项目下叶片边缘点设置为沿叶片方向，相切延伸设置为 30.0000%刀具，驱动模式设置为较低的圆角，切割条带设置为步进，步距设置为残余高度，最大残余高度设置为 0.0020，切削模式设置为单向，顺序设置为先陡，切削方向设置为顺铣，起点设置为后缘，如图 6-142 所示。

4）单击"圆角精加工驱动方法"对话框中的"确定"按钮，退回到"圆角精加工"对话框。单击刀轨设置项目下"切削参数"图标，在"切削参数"对话框的"余量"选项卡中，将叶片余量设置为 0、叶毂余量设置为 0、内公差设置为 0.02、外公差设置为 0.02。

5）在"切削参数"对话框的"刀轴控制"选项卡中，将最大刀轴更改设置为 180、叶片最大滚动角设置为 30，其余参数采用默认设置。

6）单击"切削参数"对话框中的"确定"按钮，退回到"圆角精加工"对话框。单击刀轨设置项目下"非切削移动"图标，在"非切削移动"对话框的"进刀"选项卡中，将进刀类型设置为圆弧-垂直于刀轴、半径设置为 50.0000%刀具、圆弧角度设置为 30.0000、斜坡角设置为 30.0000、线性延伸设置为 1.0000mm，如图 6-143 所示。

7）进给率和速度请读者按照自己确定的工艺参数进行设置，在此不再详述。在"圆角精加工"对话框的下方单击"程序生成"图标，待计算机运算，刀轨生成完毕，如图 6-144所示。单击"圆角精加工"对话框中的"确定"按钮，至此已彻底完成叶轮一个叶根圆角精加工轨迹的生成。

图 6-142　　　　　　　　　　　　　　图 6-143

8）在"工序导航器-程序顺序"对话框中选中刚生成的程序，在蓝色区域单击鼠标右键，弹出右键菜单。

9）依次单击"对象"→"变换"，在弹出的"变换"对话框中，将类型设置为绕直线旋转、直线方法设置为点和矢量、指定点设置为圆弧中心，捕捉叶轮上表面小圆圆心，指定矢量设置为 ZC，角度设置为 40，结果设置为复制，非关联副本数设置为 8，单击"变换"对话框中的"确定"按钮，完成加工轨迹的旋转复制，如图 6-145 所示。

图 6-144　　　　　　　　　　　　　　图 6-145

6.4.5　实体模拟仿真加工

整体叶轮仿真模拟加工的效果如图 6-146 所示。

图 6-146

6.4.6　实例小结

UG 叶轮编程模块使整体叶轮五轴数控编程工作变得简单了。编程者只需按照固定的步骤操作就可完成叶轮的五轴编程。

6.5　数控加工自动编程训练题

1）图 6-147 是一个需要四轴加工中心完成的零件实体，工件材质为合金铝。依据图的结构和尺寸特点，试选择合适的加工刀具，确定合理的加工方案和切削用量。从附带光盘 /home exercise/exercise651 中打开该实体模型，利用 UG 软件 CAM 模块完成该零件的数控编程，并输出数控代码。

图　6-147

2）图 6-148 是一个需要五轴加工中心完成的零件实体，工件材质为 45 钢。依据图的结构和尺寸特点，试选择合适的加工刀具，确定合理的加工方案和切削用量。从附带光盘 /home exercise/exercise652 中打开该实体模型，利用 UG 软件 CAM 模块完成该零件的数控编程，并输出数控代码。

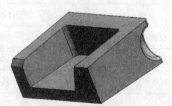

图　6-148

附　　录

附录 A　常用材料数控铣削切削用量参考表

附表 A-1　铣削速度 v_c 　　　　　（单位：m/min）

工 件 材 料	硬度 HBW	铣 削 速 度	
		硬质合金铣刀	高速钢铣刀
低、中碳钢	<220	60～150	20～40
	225～290	55～115	15～35
	300～425	35～75	10～15
高碳钢	<220	60～130	20～35
	225～325	50～105	15～25
	325～375	35～50	10～12
	375～425	35～45	5～10
合金钢	<220	55～120	15～35
	225～325	35～80	10～25
	325～425	30～60	5～10
工具钢	200～250	45～80	12～25
铸钢	—	45～75	15～25
灰铸铁	100～140	110～115	25～35
	150～225	60～110	15～20
	230～290	45～90	10～18
	300～320	20～30	5～10
可锻铸铁	110～160	100～200	40～50
	160～200	80～120	25～35
	200～240	70～110	15～25
	240～280	40～60	10～20
铝合金	—	300～600	180～300
黄铜	—	180～300	60～90
青铜	—	180～300	30～50

附表 A-2 铣削每齿进给量 f_z （单位：mm/z）

工件材料	工件硬度 HBW	硬质合金		高速钢		
		面铣刀	三面刃铣刀	立铣刀	面铣刀	三面刃铣刀
低碳钢	≈150	0.2～0.4	0.1～0.30	0.04～0.2	0.15～0.3	0.12～0.2
	150～200	0.2～0.35	0.12～0.25	0.03～0.18	0.15～0.3	0.1～0.15
中高碳钢	120～180	0.15～0.5	0.15～0.3	0.05～0.2	0.15～0.3	0.12～0.2
	180～220	0.15～0.4	0.12～0.25	0.04～0.2	0.15～0.25	0.07～0.15
	220～300	0.12～0.25	0.07～0.20	0.03～0.15	0.1～0.2	0.05～0.12
$w(C)<0.3\%$的合金钢	125～170	0.15～0.5	0.12～0.3	0.05～0.2	0.15～0.3	0.12～0.2
	170～220	0.15～0.4	0.12～0.25	0.05～0.1	0.15～0.25	0.07～0.15
	220～280	0.1～0.3	0.08～0.2	0.03～0.08	0.12～0.2	0.07～0.12
	280～300	0.08～0.2	0.05～0.15	0.025～0.05	0.07～0.12	0.05～0.1
$w(C)>0.3\%$的合金钢	170～220	0.125～0.4	0.12～0.3	0.12～0.2	0.15～0.25	0.07～0.15
	220～280	0.1～0.3	0.08～0.2	0.07～0.15	0.12～0.2	0.07～0.2
	280～320	0.08～0.2	0.05～0.15	0.05～0.12	0.07～0.12	0.05～0.1
	320～380	0.06～0.15	0.05～0.12	0.05～0.1	0.05～0.1	0.05～0.1
工具钢	退火态	0.15～0.5	0.12～0.3	0.05～0.1	0.12～0.2	0.07～0.15
	36HRC	0.12～0.25	0.08～0.15	0.03～0.08	0.07～0.12	0.05～0.1
	46HRC	0.1～0.2	0.06～0.12	—	—	—
	56HRC	0.07～0.1	0.05～0.1	—	—	—
灰铸铁	150～180	0.2～0.5	0.12～0.30	0.07～0.18	0.2～0.35	0.15～0.25
	180～220	0.2～0.4	0.12～0.25	0.05～0.15	0.15～0.3	0.12～0.2
	220～300	0.15～0.3	0.1～0.2	0.03～0.1	0.1～0.15	0.07～0.12
可锻铸铁	110～160	0.2～0.5	0.1～0.25	0.08～0.2	0.2～0.4	0.152～0.25
	160～200	0.2～0.4	0.1～0.25	0.07～0.2	0.2～0.35	0.15～0.2
	200～240	0.15～0.3	0.1～0.20	0.05～0.15	0.15～0.3	0.1～0.2
	240～280	0.1～0.3	0.1～0.15	0.02～0.08	0.1～0.2	0.07～0.12
铝合金	—	0.15～0.38	0.125～0.3	0.15～0.2	0.2～0.3	0.07～0.2

附表 A-3 热塑性塑料的铣削规范（使用的刀具材料为 W18Cr4V 高速钢）

被加工材料	铣削方式	切削速度/(m/min)	进给量/(mm/r)	背吃刀量/mm	备注
聚氯乙烯	粗铣	300～550	1.0～2.0	8～12	无冲击铣削
	精铣	600～800	0.5～10	3～8	
聚酰胺（尼龙-6）	粗铣	60～120	0.2～0.25	3～5	
	精铣	120～180	0.05～0.12	1～2	
聚乙烯树脂	粗铣	60～120	0.25～0.3	3～5	用螺旋齿刀
	精铣	120～180	0.08～0.2	1～2	
聚苯乙烯	粗铣	60～120	0.3～0.5	3～5	
	精铣	120～180	0.08～0.2	1～2	
聚酰胺酯	粗铣	60～120	0.08～0.1	3～5	逆铣
	精铣	120～180	0.03～0.05	1～2	
聚甲基丙基酸甲酯	粗铣	60～120	0.2～0.4	1～3	
	精铣	120～180	0.1～0.2	0.5～1.0	
卡普隆	粗铣	60～120	0.1～0.4	1～2	
	精铣	120～180	0.05～0.1	0.5～1.0	

附表 A-4 热固性塑料与压层塑料的铣削规范

被加工材料	刀具材料	铣削方式	切削速度/(m/min)	进给量/(mm/r)	背吃刀量/mm
酚基塑料	YG6，YG8	粗铣	150～250	0.4～0.8	5～7
		精铣	250～350	0.2～0.25	2～3
氨基塑料	YG6，YG8	粗铣	150～250	0.4～0.8	5～7
		精铣	250～350	0.1～0.25	3～5
酚醛胶纸板	W18Cr4V	粗铣	100～120	0.1～0.25	2～4
		精铣	140～180	0.08～0.1	1～2
布层塑料	W18Cr4V	粗铣	100～300	0.3～0.4	6～8
		精铣	200～350	0.1～0.2	3～5
纤维塑料	W18Cr4V	粗铣	150～200	0.2～0.3	5～7
		精铣	200～350	0.08～0.15	2～4
玻璃布层牙塑料	YG6，YG8	粗铣	200～300	0.1～0.15	3～5
		精铣	350～500	0.05～0.1	1～2

附录 B　孔数控切削用量参考表

附表 B-1　钢件的钻削参数（钻头材料为高速钢）

材料强度 σ_b/MPa	520～700		700～900		1000～1100	
切削用量 钻头直径/mm	v_c/（m/min）	f/（mm/r）	v_c/（m/min）	f/（mm/r）	v_c/（m/min）	f/（mm/r）
1～6	8～25	0.05～0.1	12～30	0.05～0.1	8～15	0.03～0.08
6～12	8～25	0.1～0.2	12～30	0.1～0.2	8～15	0.08～0.15
12～22	8～25	0.2～0.3	12～30	0.2～0.3	8～15	0.15～0.25
22～50	8～25	0.3～0.45	12～30	0.3～0.45	8～15	0.25～0.35

附表 B-2　铸铁的钻削参数（钻头材料为高速钢）

材料硬度 HBW	160～200		200～300		300～400	
切削用量 钻头直径/mm	v_c/（m/min）	f/（mm/r）	v_c/（m/min）	f/（mm/r）	v_c/（m/min）	f/（mm/r）
1～6	16～24	0.07～0.12	12～18	0.05～0.1	5～12	0.03～0.08
6～12	16～24	0.12～0.2	12～18	0.1～0.18	5～12	0.08～0.15
12～22	16～24	0.2～0.4	12～18	0.18～0.25	5～12	0.15～0.2
22～50	16～24	0.4～0.8	12～18	0.25～0.4	5～12	0.2～0.3

附表 B-3　铜合金高速钢钻头的切削用量

工件 材料		钻头直径/mm								
		2～5		6～11		12～18		19～25		26～50	
		v_c/（m/min）	f/（mm/r）	v_c/（m/min）	f/（mm/r）	v_c/（m/min）	f/（mm/r）	v_c/（m/min）	f/（mm/r）	v_c/（m/min）	f/（mm/r）
黄铜	（软）	50 以下	0.05	50 以下	0.15	50 以下	0.3	50 以下	0.45	50 以下	—
青铜	（软）	35 以下	0.05	35 以下	0.1	35 以下	0.2	35 以下	0.35	35 以下	—

附表 B-4　钢件的铰削参数

切削用量 铰刀直径/mm	v_c/（m/min）	f/（mm/r）
6～10	1.2～5	0.3～0.4
10～15	1.2～5	0.4～0.5
15～25	1.2～5	0.5～0.6
25～40	1.2～5	0.4～0.6
40～60	1.2～5	0.5～0.6

注：铰刀材料为高速钢。

附表 B-5　铸铁的铰削参数

切削用量 铰刀直径/mm	v_c/（m/min）	f/（mm/r）
6～10	2～6	0.3～0.5
10～15	2～6	0.5～1.0
15～25	2～6	0.8～1.5
25～40	2～6	0.8～1.5
40～60	2～6	1.2～1.8

注：铰刀材料为高速钢。

附表 B-6　钢件的镗削参数

切削用量 工序	高速钢镗刀		硬质合金镗刀	
	v_c/（m/min）	f/（mm/r）	v_c/（m/min）	f/（mm/r）
粗镗	15～30	0.35～0.7	50～70	0.35～0.7
半精镗	15～50	0.15～0.45	95～135	0.15～0.45
精镗	100～135	0.12～0.15	100～135	0.12～0.15

附表 B-7　铸铁的镗削参数

切削用量 工序	高速钢镗刀		硬质合金镗刀	
	v_c/（m/min）	f/（mm/r）	v_c/（m/min）	f/（mm/r）
粗镗	20～25	0.4～1.5	35～50	0.4～1.5
半精镗	20～25	0.15～0.45	50～70	0.15～0.45
精镗	70～90	<0.08	70～90	0.12～0.15

附录 C　孔数控切削加工方式及加工余量参考表

附表 C-1　在实体材料上的孔加工方式及加工余量

（单位：mm）

加工孔的直径	直径							
	钻		粗加工		半精加工		精加工（H7、H8）	
	第一次	第二次	粗镗	或扩孔	粗铰	或半精镗	精铰	或精镗
3	2.9	—	—	—	—	—	3	—
4	3.9	—	—	—	—	—	4	—
5	4.8	—	—	—	—	—	5	—
6	5.0	—	—	5.85	—	—	6	—
8	7.0	—	—	7.85	—	—	8	—
10	9.0	—	—	9.85	—	—	10	—
12	11.0	—	—	11.85	11.95	—	12	—
13	12.0	—	—	12.85	12.95	—	13	—
14	13.0	—	—	13.85	13.95	—	14	—
15	14.0	—	—	14.85	14.95	—	15	—
16	15.0	—	—	15.85	15.95	—	16	—
18	17.0	—	—	17.85	17.95	—	18	—
20	18.0	—	19.8	19.8	19.95	19.90	20	20
22	20.0	—	21.8	21.8	21.95	21.90	22	22
24	22.0	—	23.8	23.8	23.95	23.90	24	24
25	23.0	—	24.8	24.8	24.95	24.90	25	25
26	24.0	—	25.8	25.8	25.95	25.90	26	26
28	26.0	—	27.8	27.8	27.95	27.90	28	28
30	15.0	28.0	29.8	29.8	29.95	29.90	30	30
32	15.0	30.0	31.7	31.75	31.93	31.90	32	32
35	20.0	33.0	34.7	34.75	34.93	34.90	35	35
38	20.0	36.0	37.7	37.75	37.93	37.90	38	38
40	25.0	38.0	39.7	39.75	39.93	39.90	40	40
42	25.0	40.0	41.7	41.75	41.93	41.90	42	42
45	30.0	43.0	44.7	44.75	44.93	44.90	45	45
48	36.0	46.0	47.7	47.75	47.93	47.90	48	48
50	36.0	48.0	49.7	49.75	49.93	49.90	50	50

参 考 文 献

,肖军民.数控加工中心加工工艺与技巧[M].北京：化学工业出版社，2009.

,肖军民.数控加工自动编程[M].北京：化学工业出版社，2009.

民.UG 数控加工自动编程经典实例[M].北京：机械工业出版社，2011.

尤.UG NX 8.0 数控编程教程[M].北京：机械工业出版社，2013.

胜利，等.UG NX 8 数控编程基本功特训[M].北京：电子工业出版社.2014.

龙汉.UG NX 8.0 数控编程[M].北京：清华大学出版社.2013.

卫兵.UG NX 8 数控编程实用教程[M].3 版.北京：清华大学出版社，2013.

康亚鹏，等.UG NX 8.0 数控加工自动编程[M].4 版.北京：机械工业出版社，2013.